Gestione delle scorte

Modelli matematici e loro applicazione

SECONDA EDIZIONE

Lorenzo Tiacci*

*Prof. Lorenzo Tiacci, Phd
Università degli Studi di Perugia
Dipartimento di Ingegneria
Via Duranti, 93 – 06125 Perugia - Italy
Tel: +39-0755853743
e-mail: lorenzo.tiacci@unipg.it

ISBN: 978-1-68474-386-5

Indice

INTRODUZIONE

Questo libro si pone l'obiettivo di fornire gli strumenti matematici necessari alla gestione delle scorte in un sistema di produzione. Il testo copre la prima parte del corso di Gestione dei Sistemi Produttivi che tengo presso il Dipartimento di Ingegneria dell'Università degli Studi di Perugia.

Il testo non si pone l'obiettivo di descrivere il funzionamento generale di un sistema di Produzione, al cui approfondimento dedico la seconda parte del corso. L'approccio che seguo nell'insegnamento della materia agli studenti di ingegneria è infatti quello di separare l'apprendimento dei modelli matematici dal funzionamento di un sistema di produzione, al quale successivamente essi saranno applicati.

Questo perché lo sviluppo e l'apprendimento di modelli matematici prevede spesso un approccio graduale, consistente nel paritre dallo sviluppo di modelli semplici, in cui vengono fatte diverse ipotesi semplificative rispetto alla realtà, per poi formulare modelli via via più complessi e realistici. Ciò implica che non tutti i modelli trattati sono direttamente applicabili, ma il loro apprendimento è necessario a sviluppare e comprendere i modelli di più ampia applicabilità. Questo processo aiuta lo studente ad acquisire la qualità fondamentale dell'Ingegnere, che è quella di *possedere* strumenti di analisi quantitativi da utilizzare e, se necessario, adattare nei vari contesti che si presenterranno. E per possedere intendo:

- essere consci delle ipotesi a cui il modello sottosta, per valutare se possono essere applicate al caso pratico, ed in caso di non completa applicabilità acquisire, con l'esperienza, l'ordine di grandezza dell'errore che si commette;
- conoscere la logica con cui il modello è stato sviluppato, per saperlo adattare ai molteplici casi che si presentano nella realtà;
- saper applicare il modello numericamente, ovvero saper utilizzare gli strumenti di calcolo e le procedure necessarie per ottenere i risultati quantitativi di interesse.

Per questo nel testo vengono descritti tutti i passaggi matematici e le dimostrazioni necessarie allo sviluppo di ciascun modello, a cui si aggiungono esempi numerici di applicazione del modello stesso.

Il testo è diviso in due parti: la prima dedicata alla previsione della domanda, la seconda alla gestione delle scorte. Questo perché da un punto di vista temporale la previsione della domanda è il processo che fornisce i dati in ingresso utilizzati nei modelli di gestione delle scorte.

Nella prima parte vengono illustrati due metodi di previsione della domanda, la correlazione (Cap. 1) e l'estrapolazione (Cap. 2), che comprende i modelli di previsione autoadattativi come le medie mobile e i vari tipi di smorzamento esponenziale. Ci si è limitati quindi alla trattazione dei modelli quantitativi più frequentemente utilizzati nella pratica industriale.

Nella seconda parte vengono trattati i modelli di gestione delle scorte. La presentazione dei modelli è preceduta da due capitoli dedicati all'illustrazione degli elementi di base indispensabili alla comprensione dei modelli trattati: la classificazione delle scorte (Cap. 3) e la classificazione dei costi rilevanti per le decisioni (Cap. 4). I modelli veri e propri partono dalla trattazione del caso più semplice, caratterizzato da due ipotesi sulla domanda, che viene supposta deterministica e costante (Cap. 5). Successivamente vengono affrontati i casi in cui queste due ipotesi vengono rilassate, ovvero domanda deterministica ma variabile nel tempo (Cap. 6), e domanda probabilistica (Cap. 7). Un paragrafo all'interno di quest'ultimo capitolo è dedicato al collegamento tra il sistema di previsione della domanda e il sistema di gestione delle scorte. Argomento quest'ultimo che merita un approfondimento, in quanto troppo spesso queste due componenti vengono viste come due elementi separati del sistema di produzione. E' chiaro invece che poiché la bontà delle previsioni influenza le prestazioni delle politiche gestionali riguardanti le scorte, l'interazione tra previsione della domanda e gestione delle scorte è diretta.

Lorenzo Tiacci

PARTE I - MODELLI PER LA PREVISIONE DELLA DOMANDA

Il processo di previsione della domanda fornisce i dati in ingresso ai modelli di gestione delle scorte, oggetto della seconda parte del testo. Di seguito verranno elencati due tra i principali metodi quantitativi di previsione della domanda: la correlazione e l'estrapolazione. Nella pratica, le previsioni potranno essere una combinazione tra i risultati di tali metodi e conoscenze dei manager riguardo all'andamento della domanda.

1 La Correlazione per la previsione della domanda di mercato

La correlazione è un metodo indicato quando la domanda di un certo prodotto ha un legame con il valore di un indicatore economico, ad esempio il PIL. Stabilito il legame tra le due grandezze, si sfrutta la previsione futura dell'indicatore economico, previsione che per sua natura dovrebbe essere abbastanza accurata, per ottenere la previsione della domanda del prodotto.
Il legame più semplice che si può ipotizzare tra un indicatore economico e la domanda di un prodotto è quello lineare. In questo caso per correlare le due grandezze può essere usata la regressione lineare semplice.
Si indichi con x l'indicatore economico, e con y la domanda del prodotto. I dati di partenza sono costituiti da un numero n di coppie di valori (x_i, y_i), per i quali si ha cioè il valore della domanda y_i in corrispondenza a un certo valore dell'indicatore economico x_i.
Eseguire la regressione lineare fra x e y significa come detto ipotizzare che vi sia un legame *lineare* tra x e y, esprimibile quindi attraverso la funzione di una retta:

$$\eta(x) = \alpha + \beta(x - \overline{x}) \quad (1.1)$$

dove $\overline{x} = \sum_{i=1}^{n} x_i / n$ è la media dei valori relativi all'indicatore economico.

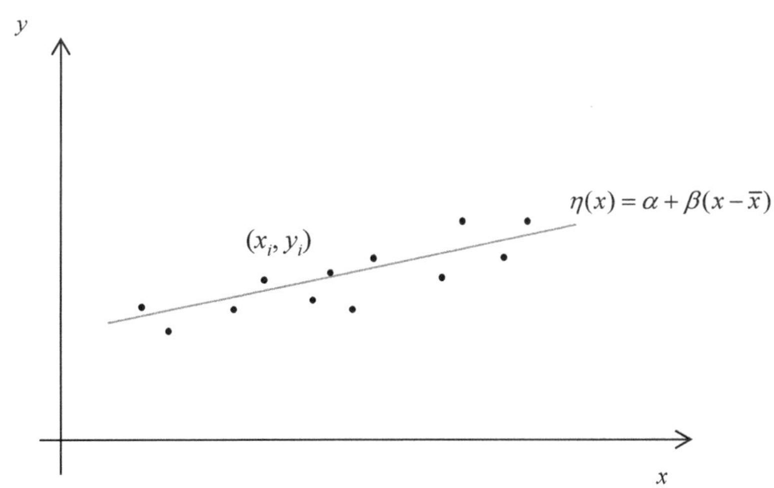

Figura 1. Legame lineare ipotizzato tra indicatore x e domanda y.

Si suppone che y sia una variabile *aleatoria dipendente* da x, che invece è una variabile *indipendente non casuale*. In altre parole, se y non fosse una variabile aleatoria, tutti i punti (x_i, y_i) sarebbero allineati lungo la retta descritta dall'eq. (1.1).

Questo non si verifica proprio perché invece y è una variabile aleatoria, e si suppone che essa sia distribuita normalmente attorno al suo valore medio $\eta(x)$ con una varianza pari a σ^2 per qualsiasi valore di x.

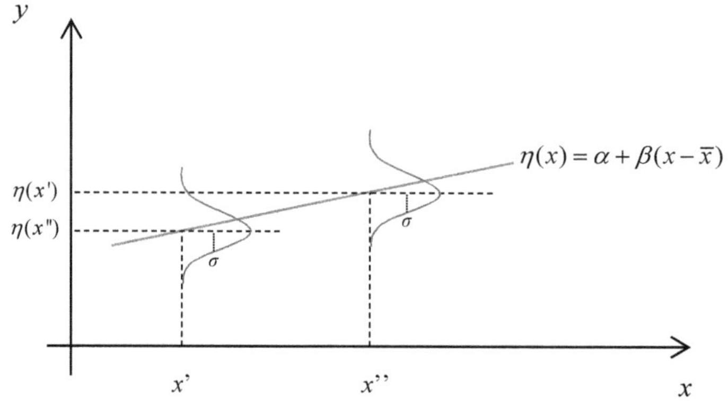

Figura 2. Aleatorietà della domanda y per un dato valore dell'indicatore x.

Il problema è quello di ottenere da n osservazioni, ciascuna costituita da una coppia di valori (x_i, y_i), una stima della retta che esprime la relazione lineare 'vera' tra x e y, ovvero della retta (1.1). Ottenere una stima della retta significa stimarne i coefficienti α e β. Chiameremo quindi a e b le stime di α e β rispettivamente, così da poter introdurre la retta 'stimatrice':

$$Y(x) = a + b(x - \overline{x}) \tag{1.2}$$

La (1.2) rappresenta la retta di regressione, i cui coefficiente a e b sono quelli della retta dei minimi quadrati, ovvero della retta che minimizza la somma delle distanze al quadrato tra tutti i punti (x_i, y_i) e la retta stessa. Per trovare a e b si deve minimizzare quindi la funzione che esprime tale somma:

$$S(a,b) = \sum_{i=1}^{n} (y_i - Y(x_i))^2 \tag{1.3}$$

Derivando parzialmente la (1.3) rispetto ad a e a b ed eguagliando a zero, si ottiene (si veda lo svolgimento nell'Appendice alla fine del presente capitolo):

$$a = \frac{\sum_{i=1}^{n} y_i}{n} = \overline{y} \quad , \quad b = \frac{\sum_{i=1}^{n} (x_i - \overline{x}) y_i}{\sum_{i=1}^{n} (x_i - \overline{x})^2} \tag{1.4}$$

Ottenuti a e b, la (1.2) può essere usata per prevedere la domanda di un bene qualora si avesse una stima accurata x^* del valore futuro dell'indicatore economico:

$$Y^* = a + b(x^* - \overline{x}) \tag{1.5}$$

La previsione Y^* sarà naturalmente soggetta ad incertezza, in quanto:

1. la retta di regressione è solo una stima della retta vera, poiché i valori di a e b sono stati ottenuti usando un campione limitato di valori (x_i, y_i);

2. anche se conoscessi i valori veri dei coefficienti della retta, α e β, poiché la variabile y è supposta aleatoria, in corrispondenza di un valore x^* dell'indicatore economico non avrei un valore deterministico della domanda.

Per costruire l'intervallo di confidenza relativo alla previsione ottenuta tramite la (1.5) devo valutare entrambe queste due componenti di incertezza.
La varianza dovuta all'incertezza sul calcolo dei valori di a e b (punto 1) può essere calcolata applicando l'operatore varianza ad Y, ovvero, dalla (1.2):

$$V(Y) = V[a + b(x - \bar{x})] = V(a) + (x - \bar{x})^2 V(b) \tag{1.6}$$

Da notare che nella (1.6) a e b sono variabili aleatorie: se infatti si ripetesse il calcolo della retta dei minimi quadrati usando un altro campione, ovvero un altro insieme di punti (x_i, y_i), si otterrebbero valori diversi dei coefficienti. Il termine $(x - \bar{x})$ è invece considerato come una costante rispetto all'operatore varianza, essendo x per ipotesi una grandezza non casuale.
Per calcolare $V(a)$ e $V(b)$ occorre stimare la varianza σ^2 della variabile aleatoria y. Tale varianza, lo ricordiamo, è stata supposta essere uguale per qualsiasi valore dell'indicatore economico x. Questa ipotesi permette di utilizzare tutti i valori delle distanze al quadrato $(y_i - \eta(x_i))^2$ per stimare la σ^2, benché i punti x_i siano tra loro distinti.
La varianza dell'intera popolazione sarebbe pari a:

$$\sigma^2 = \frac{\sum_{i=1}^{N} (y_i - \eta(x_i))^2}{N} \tag{1.7}$$

dove N dovrebbe rappresentare la numerosità dell'intera popolazione dei punti (x_i, y_i), che sarebbe quindi infinita. Noi per stimare σ^2 abbiamo però a disposizione solo il nostro campione di numerosità n; inoltre non conosciamo il valore della retta vera, ma solo di quella stimata, e possiamo quindi calcolarci la 'varianza del campione' come:

$$\sigma_C^2 = \frac{\sum_{i=1}^{n} (y_i - Y(x_i))^2}{n} \tag{1.8}$$

Si dimostra però che σ_C^2 non è uno stimatore corretto e consistente[1] di σ^2, mentre lo è invece:

$$s^2 = \frac{\sum_{i=1}^{n} (y_i - Y(x_i))^2}{n - 2} \tag{1.9}$$

Ora che abbiamo una stima di σ^2 possiamo procedere al calcolo di $V(a)$ e $V(b)$, per poi ottenere, tramite la (1.6), la $V(Y)$, che ci serve per costruire l'intervallo di confidenza della nostra previsione.
Si ha dalle (1.4):

---

[1] Per il significato di stimatore corretto e consistente si rimanda all'Appendice del presente capitolo.

$$V(a)=V[\bar{y}]=V\left(\sum_{i=1}^{n}\frac{y_i}{n}\right)=\frac{1}{n}n^2\sigma^2=\frac{\sigma^2}{n}\approx\frac{s^2}{n} \tag{1.10}$$

$$V(b)=V\left(\frac{\sum_{i=1}^{n}(x_i-\bar{x})y_i}{\sum_{i=1}^{n}(x_i-\bar{x})^2}\right)=\frac{1}{\left[\sum_{i=1}^{n}(x_i-\bar{x})^2\right]^2}\cdot V\left(\sum_{i=1}^{n}(x_i-\bar{x})y_i\right)=$$

$$\frac{\sum_{i=1}^{n}(x_i-\bar{x})^2V(y_i)}{\left[\sum_{i=1}^{n}(x_i-\bar{x})^2\right]^2}=\frac{\sum_{i=1}^{n}(x_i-\bar{x})^2\sigma^2}{\left[\sum_{i=1}^{n}(x_i-\bar{x})^2\right]^2}=$$

$$\frac{\sigma^2}{\sum_{i=1}^{n}(x_i-\bar{x})^2}\approx\frac{s^2}{\sum_{i=1}^{n}(x_i-\bar{x})^2} \tag{1.11}$$

Sostituendo quanto ottenuto dalla (1.10) e dalla (1.11) nella (1.6) si ottiene infine:

$$V(Y)\approx\frac{s^2}{n}+(x-\bar{x})^2\frac{s^2}{\sum_{i=1}^{n}(x_i-\bar{x})^2}=s^2\left[\frac{1}{n}+\frac{(x-\bar{x})^2}{\sum_{i=1}^{n}(x_i-\bar{x})^2}\right] \tag{1.12}$$

A questo punto dobbiamo aggiungere la varianza dovuta all'incertezza intrinseca della variabile y (punto 2), che è pari a $V(y) = \sigma^2$, e che, analogamente a quanto abbiamo fatto prima, possiamo stimare atraverso $V(y) = s^2$.
Otterremo dunque che la varianza della variabile aleatoria Y^* ottenuta tramite la retta di regressione in corrispondenza di un valore x^* sarà pari a $V(Y^*)=V(Y)+V(y)$ e dunque:

$$V(Y^*)=s^2\left[\frac{1}{n}+\frac{(x-\bar{x})^2}{\sum_{i=1}^{n}(x_i-\bar{x})^2}\right]+s^2=s^2\left[1+\frac{1}{n}+\frac{(x-\bar{x})^2}{\sum_{i=1}^{n}(x_i-\bar{x})^2}\right] \tag{1.13}$$

Questo è il valore della varianza relativa all'incertezza della mia previsione, attraverso cui è possibile costruire l'intervallo di confidenza usando le note proprietà della distribuzione gaussiana[2]:

$$P\left\{Y^*-\sqrt{V(Y^*)}\le\eta^*\le Y^*+\sqrt{V(Y^*)}\right\}\cong 68\% \tag{1.14}$$

[2] Per la precisione, in questo caso si dovrebbe utilizzare la distribuzione t di Student con un numero di gradi di libertà pari ad $n-2$. Questo è dovuto essenzialmente al fatto che la varianza σ^2 della variabile y non è nota ed è stato quindi necessario utilizzare una sua stima, pari a s^2. La distribuzione t di Student, che ha anch'essa la forma di una campana simmetrica rispetto al valor medio, si discosta sempre meno dalla gaussiana al crescere di n.

$$P\left\{ Y^* - 2\sqrt{V(Y^*)} \le \eta^* \le Y^* + 2\sqrt{V(Y^*)} \right\} \cong 95\% \qquad (1.15)$$

$$P\left\{ Y^* - 3\sqrt{V(Y^*)} \le \eta^* \le Y^* + 3\sqrt{V(Y^*)} \right\} \cong 99\% \qquad (1.16)$$

ESEMPIO NUMERICO

Si abbiano a disposizione i seguenti dati storici relativi alla popolazione degli Stati Uniti negli anni dal 1994 al 2002, ed i corrispondenti numeri di paia di calze spedite dai produttori ai punti vendita (entrambe le quantità sono espresse in milioni).

	1994	1995	1996	1997	1998	1999	2000	2001	2002
Popolazione USA	260,7	266,1	268,7	271,3	272,9	279,3	282,2	285	287,6
Paia di calze spedite	2927,2	3002,4	3217,3	3410,5	3419,2	3635	3527	3698	3670

Supponiamo che per l'anno 2003 sia previsto che il livello di popolazione si attesti a 290,1 milioni. Stabilire attraverso la correlazione l'intervallo di confidenza al 95% previsto per le paia di calze spedite dai produttori nel 2003.

Calcoliamo i coefficienti a e b della retta di regressione attraverso le (1.4).

$$a = \frac{2927,2 + 3002,4 + 3217,3 + 3410,5 + 3419,2 + 3635 + 3527 + 3698 + 3670}{9}$$

$$a = 3389,6$$

Per ottenere b calcoliamo innanzi tutto la quantità:

$$\bar{x} = \frac{260,7 + 266,1 + 268,7 + 271,3 + 272,9 + 279,3 + 282,2 + 285 + 287,6}{9} = 274,867$$

Organizziamo quindi una tabella (Tabella 1) calcolando le seguenti quantità:

$$(x_1 - \bar{x}) = 260,7 - 274,867 = -14,167$$

$$(x_1 - \bar{x})y_1 = -14,167 \cdot 2927,2 = -41468,7$$

$$(x_1 - \bar{x})^2 = (-14,167)^2 = 200,69$$

Completiamo la tabella ripetendo i calcoli per $i = 2,\ldots,9$.
Possiamo quindi calcolare:

$$\sum_{i=1}^{9} (x_i - \bar{x})y_i = -41468,7 - 26321 - 19840 - \ldots. + 46731,33 = 19666$$

$$\sum_{i=1}^{9} (x_i - \bar{x})^2 = 200,69 + 76,854 + \ldots + 162,14 = 670,42$$

Da cui è possibile calcolare b:

$$b = \frac{19666}{670,42} = 29,334$$

Avendo calcolato i coefficienti a e b, possiamo stimare la domanda nel 2003 attraverso la retta di regressione (1.5), in cui x^* è proprio la stima della popolazione nel 2003:

$$Y^* = a + b(x^* - \bar{x}) = 3389,6 + 29,334 \cdot (290,1 - 274,867) = 3836,5$$

Costruiamo ora l'intervallo di confidenza al 95% attorno a questa stima puntuale. Per farlo ci occorre stimare la varianza di Y^* attraverso la (1.13). Per far ciò occorre innanzi tutto calcolare s^2 attraverso la (1.9). Calcoliamo e quindi riportando in Tabella 1 le seguenti quantità:

$$Y(x_1) = a + b(x_1 - \bar{x}) = 3389,6 + 29,334 \cdot (260,7 - 274,867) = 2974,1$$
$$(y_1 - Y(x_1))^2 = (2927,2 - 2974,1)^2 = 2195,8$$

Completiamo la tabella ripetendo i calcoli per $i = 2,\ldots,9$.
A questo punto è possibile calcolare:

$$\sum_{i=1}^{9}(y_i - Y(x_i))^2 = 2195,8 + 16916 + 73,437 + \ldots + 8674,9 = 70695$$

e quindi, applicando la (1.9), ottenere s^2:

$$s^2 = \frac{70695}{9-2} = 10099,3$$

Utilizzando ora la (1.13) calcoliamo la varianza di Y^*:

$$V(Y^*) = 10099,3\left[1 + \frac{1}{9} + \frac{(290,1 - 274,867)^2}{670,42}\right] = 14712,6$$

Ora è possibile definire l'intervallo di confidenza al 95%, infatti dalla (1.15):

$$P\left\{\ 3836,35 - 2\sqrt{14712,6} \le \eta^* \le\ 3836,35 + 2\sqrt{14712,6}\ \right\} \cong 95\%$$

ovvero:

$$P\{\ 3594 \le \eta^* \le\ 4079\ \} \cong 95\%$$

Quest'ultima espressione ci dice che il numero di spedizioni di paia di calze nel 2003 sarà compreso, con una probabilità del 95%, tra 3594 e 4079 milioni.

i	x_i	y_i	$(x_i - \bar{x})$	$(x_i - \bar{x})y_i$	$(x_i - \bar{x})^2$	$Y(x_i)$	$(y_i - Y(x_i))^2$
1	260,7	2927,2	-14,167	-41469	200,69	2974,1	2195,8
2	266,1	3002,4	-8,7667	-26321	76,854	3132,5	16916
3	268,7	3217,3	-6,1667	-19840	38,028	3208,7	73,437
4	271,3	3410,5	-3,5667	-12164	12,721	3284	15751
5	272,9	3419,2	-1,9667	-6724,4	3,8678	3331,9	7615,6
6	279,3	3635	4,4333	16115	19,654	3519,7	13301
7	282,2	3527	7,3333	25865	53,778	3604,7	6043
8	285	3698	10,133	37473	102,68	3686,8	123,845
9	287,6	3670	12,733	46731	162,14	3763,1	8674,9

Tabella 1. Calcoli per la stima dell'intervallo di confidenza.

Problemi

1.1 L'item COR25 è usato esclusivamente come parte di ricambio quando viene eseguita la manutenzione di un certo macchinario. L'attività di manutenzione di questo macchinario è eseguita dall'azienda MANTPRO, che vende ai propri clienti, quando necessario, anche la parte di ricambio COR25. I clienti, che possiedono il macchinario, devono ordinare la manutenzione con due mesi di anticipo. Si considerino i seguenti dati che mostrano la domanda dell'item COR25 ed il corrispondente numero di macchine in manutenzione (noto) mese per mese.

	1	2	3	4	5	6	7	8	9
domanda	33	27	38	39	32	40	36		
N. macchine	55	49	75	72	63	80	58	76	86

Alla fine del mese 7, risulta che il numero di macchine per cui è stata complessivamente ordinata la manutenzione per i successivi due mesi è pari a 76 e 86. Assumendo intuitivamente che la domanda della parte di ricambio sarà proporzionale al numero di macchine che dovranno essere sottoposte a manutenzione, usare la correlazione per stabilire la domanda dell'item COR 25 per i mesi 8 e 9. Indicare l'intervallo di confidenza entro cui la domanda si troverà con una probabilità del 95%.

1.2 Si abbiano a disposizione i seguenti dati storici degli ultimi 10 anni di domanda di auto ed i corrispondenti dati del prodotto interno lordo

	1	2	3	4	5	6	7	8	9	10
Domanda auto	2103	2010	1523	1624	1709	1840	1990	1756	1869	1893
PIL	1925	1900	1756	1814	1856	1910	2010	1926	1954	1987

In un diagramma PIL/Domanda (x,y) si disegnino:

- la retta di regressione tra le due grandezze
- le previsoni di domanda di auto ed il relativo intervallo di confidenza sulla previsione per i seguenti valori di PIL: 1700, 1750, 1800, 1850, 1900, 1900, 1950, 2000, 2050, 2100.

Come varia l'ampiezza dell'intervallo di confidenza al variare del PIL?

Appendice

Variabili aleatoree, valor medio e varianza

Una variabile aleatorea è una variabile che può assumere valori tra loro diversi come risultato di uno stesso esperimento. Viene detta aleatorea (o random) perché non è noto in atnicipo il valore esatto che assumerà a seguito dell'esperimento.
Sia x una variabile aleatoria, rappresentante ad esempio un attributo di ciascun elemento di una popolazione costituita da N elementi. L'obiettivo è quello di trarre delle considerazioni sull'intera popolazione usando un campione estratto dalla popolazione stessa (inferenza statistica = estensione dell'osservato di un particolare al tutto). Se la popolazione contiene N elementi ed il campione da estrarre ne contiene n, ciascuno degli $N!/(N-n)!n!$ possibili campionamenti ha la stessa probabilità di essere estratto. Si parla in questo caso di *campionamento aleatorio* (random sampling).
Definiamo una *statistica* come ogni funzione degli elementi di un campione che non contenga parametri sconosciuti.
Se $x_1, x_2, \ldots, x_n$ rappresentano gli elementi di un campione, definiamo il *valor medio* del campione come:

$$\bar{x} = \frac{\sum_{i=1}^{n} x_i}{n} \qquad 1 \le i \le n \tag{1.17}$$

Se $x_1, x_2, \ldots, x_N$ sono invece gli elementi dell'intera popolazione, il valor medio dell'intera popolazione sarà:

$$\mu = \frac{\sum_{i=1}^{N} x_i}{N} \qquad 1 \le i \le N \tag{1.18}$$

Possiamo introdurre l'operatore E (*E=expected value=valore atteso = valore medio*), che può avere per argomento una qualsiasi variabile aleatoria. Se la variabile aleatoria è x:

$$E(x) = \frac{\sum_{i=1}^{N} x_i}{N} = \mu \qquad 1 \le i \le N \tag{1.19}$$

Definiamo invece *varianza* del campione la quantità:

$$\sigma_c^2 = \frac{\sum_{i=1}^{n} (x_i - \bar{x})^2}{n} \qquad 1 \le i \le n \tag{1.20}$$

La varianza dell'intera popolazione è pari invece a:

$$\sigma^2 = \frac{\sum_{i=1}^{N} (x_i - \mu)^2}{N} \qquad 1 \le i \le N \tag{1.21}$$

Da notare che la varianza può essere espressa come il valore atteso degli scarti quadrataci medi.

$$\sigma^2 = E[(x-\mu)^2] \qquad (1.22)$$

Anche in questo caso possiamo introdurre l'operatore *V* (*V=varianza*), che si applica anch'esso ad una variabile aleatoria. Se la variabile aleatoria è *x* avremo:

$$V(x) = E\left[\left(x - E(x)\right)^2\right] = \frac{\sum_{i=1}^{N}(x_i-\mu)^2}{N} = \sigma^2 \qquad 1 \le i \le N \qquad (1.23)$$

Vediamo alcune proprietà elementari degli operatori *E* e *V*. Se *x* è una variabile aleatoria con valor medio μ e varianza σ^2, e *c* è una costante, allora:

1. $E(c) = c$
2. $E(x) = \mu$
3. $E(c \cdot x) = c \cdot E(x) = c \cdot \mu$
4. $V(c) = 0$

   dim: $V(c) = E[(c - E(c))^2] = E[(c - c)^2] = 0$
5. $V(x) = \sigma^2$
6. $V(c \cdot x) = c^2 V(x) = c^2 \sigma^2$

   dim: $V(cx) = E[(cx - E(cx))^2] = E[(cx - cE(x))^2] = E[c^2(x - E(x))^2] = c^2 V(x)$

Se *x* è una variabile aleatoria con valor medio μ_1 e varianza σ_1^2, e *y* è una variabile aleatoria con valor medio μ_2 e varianza σ_2^2, allora:

7. $E(x \pm y) = E(x) \pm E(y) = \mu_1 \pm \mu_2$
8. $V(x + y) = V(x) + V(y) + 2\,Cov(x, y)$

   dove $Cov(x, y) = E[(x - \mu_1) \cdot (y - \mu_2)]$ è la *covarianza* delle variabili aleatorie *x* e *y*. Infatti:

$$V(x+y) = \frac{\sum_i[(x_i + y_i) - (\mu_1 + \mu_2)]^2}{N} = \frac{1}{N}\sum_i[(x_i - \mu_1) + (y_i - \mu_2)]^2 =$$

$$= \frac{1}{N}\sum_i[(x_i - \mu_1)^2 + (y_i - \mu_2)^2 + 2(x_i - \mu_1)\cdot(y_i - \mu_2)] =$$

$$= \frac{1}{N}\sum_i(x_i - \mu_1)^2 + \frac{1}{N}\sum_i(y_i - \mu_2)^2 + 2\frac{1}{N}\sum_i(x_i - \mu_1)\cdot(y_i - \mu_2)$$

9. $V(x - y) = V(x) + V(y) - 2\,Cov(x, y)$
10. $E(x \cdot y) = E(x)\,E(y) + E[(x - \mu_1)\cdot(y - \mu_2)] = \mu_1 \cdot \mu_2 + Cov(x,y)$

   dim:

$$E(x \cdot y) = \frac{\sum_i x_i y_i}{N}$$

   Aggiungendo e sottraendo al numeratore l'espressione $(\mu_1\mu_2 - x_i\mu_2 - y_i\mu_1)$ si ottiene:

$$E(x \cdot y) = \frac{\sum_i (x_i y_i + \mu_1\mu_2 - x_i\mu_2 - y_i\mu_1) - (\mu_1\mu_2 - x_i\mu_2 - y_i\mu_1)}{N} =$$

$$= \frac{1}{N}\sum_i (x_i - \mu_1)\cdot(y_i - \mu_2) - \frac{1}{N}\sum_i \mu_1\mu_2 + \frac{1}{N}\sum_i x_i\mu_2 + \frac{1}{N}\sum_i y_i\mu_1 =$$

$$= Cov(x,y) - \mu_1\mu_2 + \mu_1\mu_2 + \mu_2\mu_1 = Cov(x,y) + \mu_1\mu_2$$

La covarianza è una misura dell'associazione lineare tra x e y. Se la $Cov(x,y) = 0$ le due variabili aleatoree sono dette tra di loro indipendenti, e si ha quindi:

11. $V(x \pm y) = V(x) + V(y) = \sigma_1^2 + \sigma_2^2$ (se x e y sono indipendenti)
12. $E(x \cdot y) = E(x) \cdot E(y) = \mu_1 \cdot \mu_2$ (se x e y sono indipendenti)

Stimatori non distorti e consistenti

Il valore medio (o atteso) $\bar{x}$ di un campione è uno stimatore puntuale del valor medio μ dell'intera popolazione. In generale, uno stimatore di un parametro sconosciuto è una funzione calcolabile su un campione il cui valore vuole avvicinarsi a quello del parametro sconosciuto nell'intera popolazione. Un particolare valore numerico di uno stimatore, calcolato da un campione, è chiamato stima. Da notare che lo stimatore è a sua volta una variabile aleatoria, poiché al variare del campione cambia anche il valore della stima.
Definiamo ora due proprietà che può avere uno stimatore:

- uno stimatore è detto <u>non distorto</u> (unbiased) o <u>corretto</u> se il valore atteso dello stimatore è uguale al parametro che si vuole stimare.
- uno stimatore non distorto è inoltre <u>consistente</u> se il limite per n che tende ad infinito della varianza dello stimatore è pari a 0.

Il valore medio (o atteso) $\bar{x}$ di un campione è uno stimatore non distorto del valor medio μ dell'intera popolazione. Infatti:

$$E(\bar{x}) = E\left(\frac{1}{n}\sum_{i=1}^{n} x_i\right) = \frac{1}{n}\,E\left(\sum_{i=1}^{n} x_i\right) = \frac{1}{n}\sum_{i=1}^{n} E(x_i) = \frac{1}{n}\sum_{i=1}^{n}\mu = \mu$$

Da notare che $E(x_i) = \mu$ perché le n variabili aleatorie x_i appartengono allo stesso universo di definizione ed hanno lo stesso valor medio μ.
Andiamo ora a vedere quanto vale la varianza di questo *stimatore*, considerando che l'intera popolazione ha valor medio μ e varianza σ^2.

$$V(\bar{x}) = V\left(\sum_{i=1}^{n}\frac{x_i}{n}\right) = \sum_{i=1}^{n} V\left(\frac{x_i}{n}\right) = \sum_{i=1}^{n}\frac{\sigma^2}{n^2} = n \cdot \frac{\sigma^2}{n^2} = \frac{\sigma^2}{n} \qquad (1.24)$$

Poiché abbiamo che:

$$\lim_{n\to\infty} V(\bar{x}) = \lim_{n\to\infty}\frac{\sigma^2}{n} = 0$$

lo stimatore $\bar{x}$, oltre ad essere uno stimatore corretto di μ, è anche uno stimatore consistente.
Quale è uno stimatore corretto e consistente della varianza σ^2 dell'intera popolazione? Dimostriamo che tale stimatore è pari a:

$$s^2 = \frac{\sum_{i=1}^{n}(x_i - \bar{x})^2}{n-1} \qquad (1.25)$$

Dovrà dunque essere $E(s^2) = \sigma^2$
DIM:

$$E(s^2) = E\left[\frac{\sum_{i=1}^{n}(x_i - \overline{x})^2}{n-1}\right] = \frac{1}{n-1}\ E\left[\sum_{i=1}^{n}(x_i - \overline{x})^2\right]$$

Poiché è:

$$\sum_{i=1}^{n}(x_i - \overline{x})^2 = \sum_{i=1}^{n}x_i^2 + \sum_{i=1}^{n}\overline{x}^2 - 2\overline{x}\sum_{i=1}^{n}x_i = \sum_{i=1}^{n}x_i^2 + n\overline{x}^2 - 2n\overline{x}^2 = \sum_{i=1}^{n}x_i^2 - n\overline{x}^2$$

sostituendo otterremo:

$$E(s^2) = \frac{1}{n-1}\ E\left[\sum_{i=1}^{n}x_i^2 - n\overline{x}^2\right] = \frac{1}{n-1}\left[\sum_{i=1}^{n}E(x_i^2) - nE(\overline{x}^2)\right] \quad (1.26)$$

Troviamo adesso i valori di $E(x_i^2)$ *e di* $E(\overline{x}^2)$ da sostituire nella (1.26).
Dalla definizione di varianza:

$$V(x) = E[x - E(x)]^2 = E[x - \mu]^2 = E(x^2 + \mu^2 - 2x\mu) = E(x^2) - \mu^2 \quad (1.27)$$

$$\Rightarrow \quad E(x^2) = \sigma^2 + \mu^2 \quad (1.28)$$

Per quanto riguarda $E(\overline{x}^2)$ dalla (1.27) possiamo scrivere (ricordando che è anche $E(\overline{x}) = \mu$):

$$V(\overline{x}) = E(\overline{x}^2) - \mu^2$$

dalla quale, sfruttando anche la (1.24), otteniamo:

$$E(\overline{x}^2) = \mu^2 + V(\overline{x}) = \mu^2 + \frac{\sigma^2}{n} \quad (1.29)$$

Sostituendo nella (1.26) le espressioni trovate in (1.28) e (1.29) otteniamo:

$$E(s^2) = \frac{1}{n-1}\left\{\left[\sum_{i=1}^{n}(\mu^2 + \sigma^2)\right] - n\left(\mu^2 + \frac{\sigma^2}{n}\right)\right\} = \frac{1}{n-1}(n-1)\,\sigma^2 = \sigma^2$$

che è quanto volevamo dimostrare.
Anche s^2 è facilmente ricavabile, calcolando la varianza del campione; infatti confrontando la (2) e la (10):

$$s^2 = \frac{n}{n-1}\sigma_c^2 \quad (1.30)$$

Si dimostra, che s^2 è uno stimatore anche consistente della varianza dell'intera popolazione. s^2 viene detta varianza campionaria corretta.

Regressione Lineare

Si supponga di avere una serie di n punti di coordinate (x_i, y_i). Ipotizzando che la relazione tra x e y sia lineare, si vuole trovare l'equazione della retta che esprime tale relazione, e che viene chiamata retta di regressione.
Scriviamo l'equazione generale di una retta come:

$$y(x) = a + b(x - \overline{x}) \tag{1.31}$$

con $\overline{x} = \sum_{i=1}^{n} x_i / n$, cioè pari al valor medio dei valori delle ascisse. Tale retta è equivalente alla retta:

$$y(x) = (a - b\overline{x}) + b \cdot x \tag{1.32}$$

La retta come si vede avrà quindi coefficiente angolare pari a b e termine noto pari a $(a - b\overline{x})$.

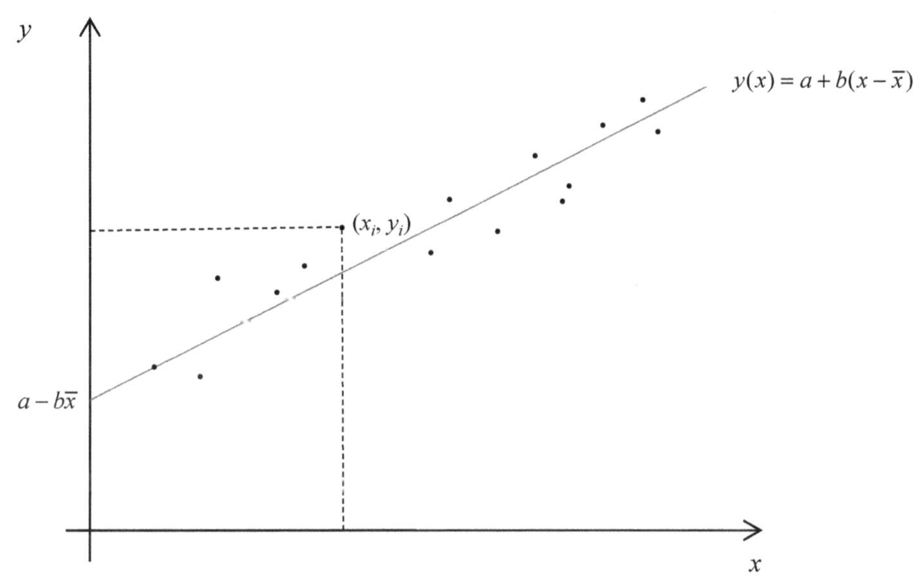

Figura 3. Retta di regressione dei minimi quadrati.

La retta di regressione è la retta dei minimi quadrati, ovvero la retta per cui è minima la somma delle distanze al quadrato tra tutti i punti (x_i, y_i) e la retta stessa. Per trovare a e b si deve minimizzare quindi la funzione che esprime tale somma:

$$S(a,b) = \sum_{i=1}^{n} (y_i - y(x_i))^2 = \sum_{i=1}^{n} [(y_i - a - b(x_i - \overline{x})]^2 \tag{1.33}$$

Derivando parzialmente la (1.33) rispetto ad a e a b ed eguagliando a zero, si ottiene:

$$\frac{\partial S}{\partial a}=-2\sum_{i=1}^{n}[y_i-a-b(x_i-\overline{x})]=0$$

$$\Leftrightarrow \sum_{i=1}^{n}y_i-\sum_{i=1}^{n}a+b\sum_{i=1}^{n}(x_i-\overline{x})=\sum_{i=1}^{n}y_i-na+bn\sum_{i=1}^{n}\frac{x_i}{n}-bn\overline{x}=\sum_{i=1}^{n}y_i-na=0$$

$$\Leftrightarrow \boxed{a=\frac{\sum_{i=1}^{n}y_i}{n}=\overline{y}} \tag{1.34}$$

$$\frac{\partial S}{\partial b}=-2\sum_{i=1}^{n}[y_i-\overline{y}-b(x_i-\overline{x})](x_i-\overline{x})=0$$

$$\Leftrightarrow \sum_{i=1}^{n}[(y_i-\overline{y})-b(x_i-\overline{x})](x_i-\overline{x})=\sum_{i=1}^{n}(y_i-\overline{y})(x_i-\overline{x})-b\sum_{i=1}^{n}(x_i-\overline{x})^2=0$$

$$\Leftrightarrow \boxed{b=\frac{\sum_{i=1}^{n}(y_i-\overline{y})(x_i-\overline{x})}{\sum_{i=1}^{n}(x_i-\overline{x})^2}} \tag{1.35}$$

Un'espressione equivalente per il coefficiente b è la seguente:

$$\boxed{b=\frac{\sum_{i=1}^{n}(x_i-\overline{x})y_i}{\sum_{i=1}^{n}(x_i-\overline{x})^2}} \tag{1.36}$$

Si ha infatti che il numeratore della (1.35) può essere scritto come:

$$\sum_{i=1}^{n}(y_i-\overline{y})(x_i-\overline{x})=\sum_{i=1}^{n}(x_i-\overline{x})y_i-\sum_{i=1}^{n}(x_i-\overline{x})\overline{y}=$$

$$=\sum_{i=1}^{n}(x_i-\overline{x})y_i-\sum_{i=1}^{n}\overline{y}x_i+\sum_{i=1}^{n}\overline{x}\,\overline{y}=\sum_{i=1}^{n}(x_i-\overline{x})y_i-\overline{y}n\sum_{i=1}^{n}\frac{x_i}{n}+n\overline{x}\,\overline{y}=\sum_{i=1}^{n}(x_i-\overline{x})y_i$$

Sostituendo questa espressione nella (1.35) si ottiene la (1.36).
Altra espressione equivalente per b è la seguente:

$$\boxed{b=\frac{\sum_{i=1}^{n}x_iy_i-\frac{1}{n}\left(\sum_{i=1}^{n}x_i\right)\left(\sum_{i=1}^{n}y_i\right)}{\sum_{i=1}^{n}x_i^2-\frac{1}{n}\left(\sum_{i=1}^{n}x_i\right)^2}} \tag{1.37}$$

Infatti il numeratore della (1.36) può essere scritto come:

$$\sum_{i=1}^{n}(x_i-\overline{x})y_i=\sum_{i=1}^{n}x_iy_i-\overline{x}\sum_{i=1}^{n}y_i=$$

$$= \sum_{i=1}^{n} x_i y_i - \left(\sum_{i=1}^{n} \frac{x_i}{n} \right) \cdot \sum_{i=1}^{n} y_i = \sum_{i=1}^{n} x_i y_i - \frac{1}{n} \left(\sum_{i=1}^{n} x_i \right) \left(\sum_{i=1}^{n} y_i \right)$$

Mentre il denominatore può essere scritto come:

$$\sum_{i=1}^{n} (x_i - \bar{x})^2 = \sum_{i=1}^{n} x_i^2 + \sum_{i=1}^{n} \bar{x}^2 - 2\bar{x} \sum_{i=1}^{n} x_i = \sum_{i=1}^{n} x_i^2 + n\bar{x}^2 - 2\bar{x}n\bar{x} =$$

$$\sum_{i=1}^{n} x_i^2 - n\bar{x}^2 = \sum_{i=1}^{n} x_i^2 - n \left(\sum_{i=1}^{n} \frac{x_i}{n} \right)^2 = \sum_{i=1}^{n} x_i^2 - \frac{1}{n} \left(\sum_{i=1}^{n} x_i \right)^2$$

Nota bene.
Nel caso in cui come equazione di riferimento della retta generica si prenda:

$$y(x) = a + bx$$

si avrà, osservando la (1.32) e la (1.34):

$$\boxed{a = \bar{y} - b\bar{x}} \tag{1.38}$$

mentre per il coefficiente angolare b continueranno a valere le espressioni (1.35), (1.36) o (1.37).

Nel caso particolare di una serie di n punti di coordinate (t, y_t), con $t = 1, 2, \ldots, n$ (è il caso delle serie temporali ad intervalli equispaziati) è possibile derivare delle formule per i coefficienti della retta che richiedono minor sforzo computazionale per essere calcolate.

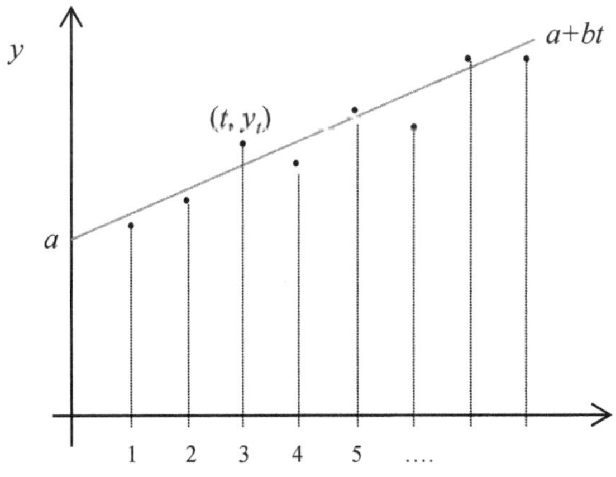

Figura 4. Retta di regressione nel caso di serie temporale ad intervalli equispaziati con inizio t=1.

Questo è possibile perché in questo caso si possono sfruttare le seguenti relazioni note:

$$\sum_{t=1}^{n} t = \frac{(n+1)n}{2} \tag{1.39}$$

$$\sum_{t=1}^{n} t^2 = \frac{(n+1)(2n+1)n}{6} \tag{1.40}$$

In questo caso, supponiamo di voler trovare i coefficienti a e b della retta di equazione (Figura 4):

$$y_t = a + b \cdot t$$

che minimizza la somma S delle distanze al quadrato tra i punti e la retta stessa. Dalla (1.38), sfruttando appunto la (1.39), si ottiene:

$$a = \overline{y} - b\overline{t} = \overline{y} - b\frac{1}{n} \cdot \sum_{t=1}^{n} t = \overline{y} - b\frac{1}{n}\left(\frac{n+1}{2}\right)n$$

$$\boxed{a = \overline{y} - b\left(\frac{n+1}{2}\right)} \tag{1.41}$$

Dalla (1.37) invece, utilizzando sia la (1.39) che la (1.40), si ottiene:

$$b = \frac{\sum_{t=1}^{n} t y_t - \frac{1}{n}\left(\sum_{t=1}^{n} t\right)\left(\sum_{t=1}^{n} y_t\right)}{\sum_{t=1}^{n} t^2 - \frac{1}{n}\left(\sum_{t=1}^{n} t\right)^2} = \frac{\sum_{t=1}^{n} t y_t - \frac{1}{n}\left(\frac{n+1}{2}\right)n\sum_{t=1}^{n} y_t}{\frac{(n+1)(2n+1)n}{6} - \frac{1}{n}\left(\frac{n+1}{2}\right)^2 n^2}$$

$$\boxed{b = \frac{\sum_{t=1}^{n} t \cdot y_t - \left(\frac{n+1}{2}\right)\sum_{t=1}^{n} y_t}{n(n^2-1)/12}} \tag{1.42}$$

<table>
<tr><th>punti</th><th>equazione retta</th><th>a</th><th>b</th></tr>
<tr><td rowspan="2">(x_i, y_i)
$i = 1, \ldots, n$</td><td>$y(x) = a + b(x - \overline{x})$</td><td>$a = \overline{y}$</td><td rowspan="2">$b = \frac{\sum_{i=1}^{n} (y_i - \overline{y})(x_i - \overline{x})}{\sum_{i=1}^{n} (x_i - \overline{x})^2}$
$b = \frac{\sum_{i=1}^{n} (x_i - \overline{x}) y_i}{\sum_{i=1}^{n} (x_i - \overline{x})^2}$
$b = \frac{\sum_{i=1}^{n} x_i y_i - \frac{1}{n}\left(\sum_{i=1}^{n} x_i\right)\left(\sum_{i=1}^{n} y_i\right)}{\sum_{i=1}^{n} x_i^2 - \frac{1}{n}\left(\sum_{i=1}^{n} x_i\right)^2}$</td></tr>
<tr><td>$y(x) = a + bx$</td><td>$a = \overline{y} - b\overline{x}$</td></tr>
<tr><td>(t, y_t)
$t = 1, \ldots, n$</td><td>$y_t = a + b \cdot t$</td><td>$a = \overline{y} - b\left(\frac{n+1}{2}\right)$</td><td>$b = \frac{\sum_{t=1}^{n} t \cdot y_t - \left(\frac{n+1}{2}\right)\sum_{t=1}^{n} y_t}{n(n^2 - 1)/12}$</td></tr>
</table>

Tabella 2. Formule riassuntive della regressione lineare.

Le espressioni (1.41) e (1.42) si possono ottenere direttamente anche minimizzando la distanza al quadrato tra i punti e la retta stessa, ovvero minimizzando questa espressione:

$$S = \sum_{t=1}^{n} (y_t - a - b \cdot t)^2$$

Derivando rispetto ad a e b la suddetta espressione ed eguagliando a 0, si ottengono:

$$\frac{\partial S}{\partial a} = -2\sum_{t=1}^{n}(y_t - a - b\cdot t) = -2\left(\sum_{t=1}^{n} y_t - \sum_{t=1}^{n} a - \sum_{t=1}^{n} b\cdot t\right) = 0$$

$$\Leftrightarrow \quad n\sum_{t=1}^{n}\frac{y_t}{n} - n\cdot a - bn\sum_{t=1}^{n}\frac{t}{n} = 0$$

$$\Leftrightarrow n\sum_{t=1}^{n}\frac{y_t}{n} - na - n\left(\frac{n+1}{2}\right)b = 0 \Leftrightarrow \quad a = \sum_{t=1}^{n}\frac{y_t}{n} - b\left(\frac{n+1}{2}\right) = 0$$

$$\boxed{a = \bar{y} - b\left(\frac{n+1}{2}\right)}$$

$$\frac{\partial S}{\partial b} = -2b\sum_{t=1}^{n}(y_t - a - b\cdot t)\cdot t = 0 \Leftrightarrow \sum_{t=1}^{n}\left(y_t t - at - bt^2\right) = 0$$

$$\Leftrightarrow \sum_{t=1}^{n} y_t t - \sum_{t=1}^{n}\left[\bar{y} - b\cdot\left(\frac{n+1}{2}\right)\right]\cdot t - b\sum_{t=1}^{n} t^2 = 0$$

$$\Leftrightarrow \sum_{t=1}^{n} y_t t - \bar{y}\sum_{t=1}^{n} t + b\cdot\left(\frac{n+1}{2}\right)\sum_{t=1}^{n} t - b\sum_{t=1}^{n} t^2 = 0$$

$$\Leftrightarrow \sum_{t=1}^{n} y_t t - \left(\frac{n+1}{2}\right)\sum_{t=1}^{n} y_t + b\cdot\left(\frac{n+1}{2}\right)\left(\frac{n+1}{2}\right)n - b\sum_{t=1}^{n} t^2 = 0$$

$$\Leftrightarrow b\left[\sum_{t=1}^{n} t^2 - \frac{(n+1)^2}{4}n\right] = \sum_{t=1}^{n} y_t t - \left(\frac{n+1}{2}\right)\sum_{t=1}^{n} y_t$$

$$\Leftrightarrow b = \frac{\sum_{t=1}^{n} y_t t - \left(\frac{n+1}{2}\right)\sum_{t=1}^{n} y_t}{\frac{(n+1)(2n+1)n}{6} - \frac{(n+1)^2}{4}n}$$

$$\Leftrightarrow \boxed{b = \frac{\sum_{t=1}^{n} t\cdot y_t - \left(\frac{n+1}{2}\right)\sum_{t=1}^{n} y_t}{n(n^2-1)/12}}$$

2 L'estrapolazione

L'estrapolazione consiste nell'usare dati di domanda passati per prevedere la domanda futura. Più in particolare si tratta di determinare le componenti della domanda di un certo prodotto osservandone la serie temporale, per capirne l'andamento e proiettarlo nel futuro.

2.1 Le componenti della domanda

Possiamo vedere la domanda come un 'segnale' formato da più componenti.

- **Componente Tendenziale:** è descritta da due parametri, il Livello (L) ed il trend (T)
    - **Livello (L)**: il livello rappresenta la 'scala' della serie temporale. Una domanda che presenti solo un livello che non varia nel tempo sarebbe costante:

Figura 5. La componente del Livello.

- **Trend (T)**: rappresenta il tasso di crescita (trend positivo) o decrescita (trend negativo) della componente Livello nel tempo. Nella figura seguente si mostra una domanda con un trend positivo costante pari a T, che non è altro che il coefficiente angolare della retta.

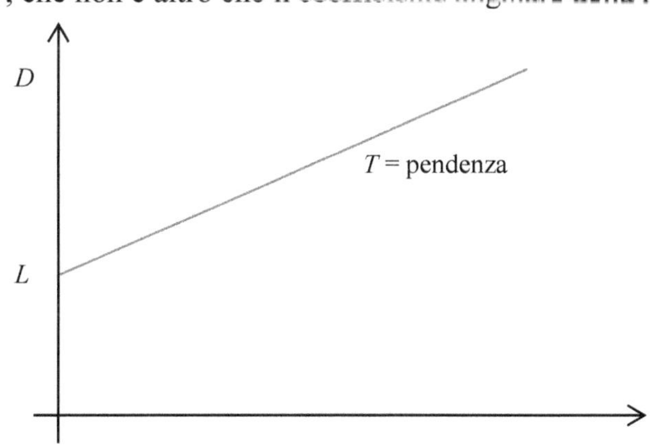

Figura 6. La componente del Trend.

Nel suo complesso, la componente tendenziale è descritta dalla retta $D(t) = L + t\,T$.

- **Componente Stagionale (*S*)**: la componente stagionale è dovuta a fenomeni che si ripetono *con periodo costante* e che influenzano la domanda. Possono essere sia dovuti a eventi naturali (es: alternarsi delle stagioni) che a fattori umani (es: festività natalizie). La componente stagionale fa sì che la domanda sia superiore alla componente tendenziale (in caso di influenza positiva) o inferiore alla componente tendenziale (in caso di influenza negativa).

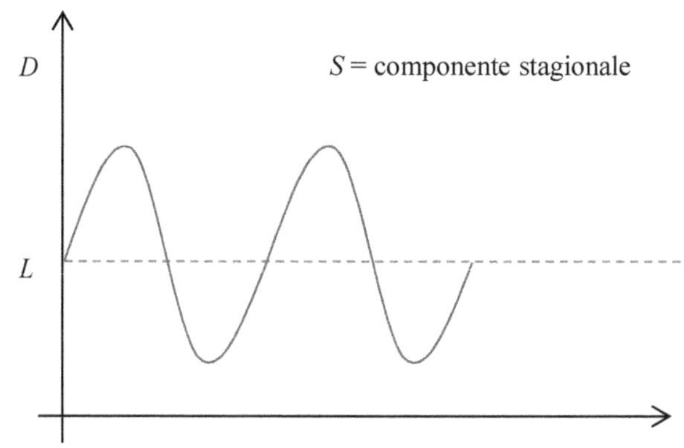

Figura 7. La componente Stagionale.

- **Componente Ciclica (*C*)**: la componente ciclica è una componente oscillatoria a periodo ed ampiezza *non costanti*, di periodo solitamente superiore ad un anno, che corrisponde a cicli economici di espansione e contrazione.

- **Componente casuale (*ε*)**: Se si eliminano dalla domanda tutte le componenti sopra citate ciò che rimane è la componente casuale, che è il risultato di eventi imprevedibili. A causa di questa componente è impossibile prevedere con esattezza la domanda.

2.2 Possibili modelli di domanda

I metodi di previsione della domanda che verranno analizzati consistono nel riconoscere le componenti di livello (*L*), trend (*T*) e stagionalità (*S*) della domanda di un prodotto dai dati del passato, per poi proiettarli nel futuro ed ottenere delle previsioni. Non viene presa in considerazione la componente ciclica (*C*), in quanto ci interessano soprattutto previsioni di breve-medio termine.
Per calcolare le componenti della domanda bisogna prima assumere un 'modello matematico sottostante' della domanda stessa, modello che descrive come le varie componenti, combinandosi, esprimono la domanda complessiva.

2.2.1 Modello additivo

Nel modello additivo la domanda è vista come la somma della componente tendenziale, della componente stagionale e di quella casuale.

$$D_t = (L + t \cdot T) + S_t + \varepsilon_t \qquad (2.1)$$

Come detto dunque nel modello additivo la componente stagionale si somma a quella tendenziale. I valori dei coefficienti stagionali S_t saranno dunque variazioni assolute di domanda oscillanti attorno allo zero con periodo costante. Potranno assumere valori positivi o negativi a seconda che nel periodo la stagionalità abbia l'effetto di incrementare o diminuire la componente tendenziale (Figura 8).

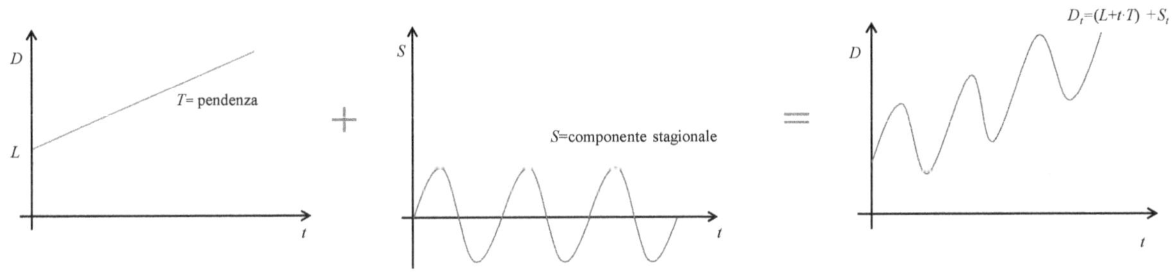

Figura 8. Componenti della domanda nel modello additivo.

2.2.2 Modello misto

Nel modello misto la domanda è vista come il prodotto della componente tendenziale e della componente stagionale, a cui si somma la componente casuale.

$$D_t = (L + t \cdot T) \cdot S_t + \varepsilon_t \qquad (2.2)$$

Poiché nel modello misto la componente stagionale moltiplica quella tendenziale, i coefficienti stagionali S_t saranno valori oscillanti con periodo costante attorno ad 1, ed esprimeranno la variazione percentuale in più (se maggiori di 1) o in meno (se minori di 1) che gli effetti stagionali apportano alla componente tendenziale (Figura 9).

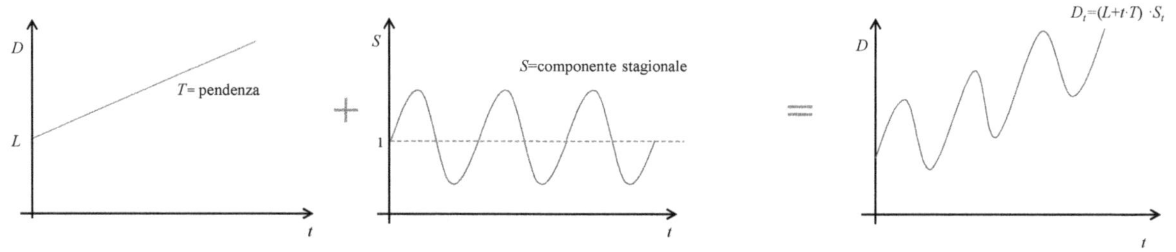

Figura 9. Componenti della domanda nel modello misto.

Andando ad evidenziare il legame tra le tre componenti fra due intervalli temporali consecutivi, t e t+1, avremo che il trend nell'intervallo t non è altro che la differenza tra il livello all'intervallo t+1 ed il livello all'intervallo t, e che la domanda in ogni periodo è pari al livello moltiplicato per il coefficiente stagionale relativo al periodo stesso (Figura 10).

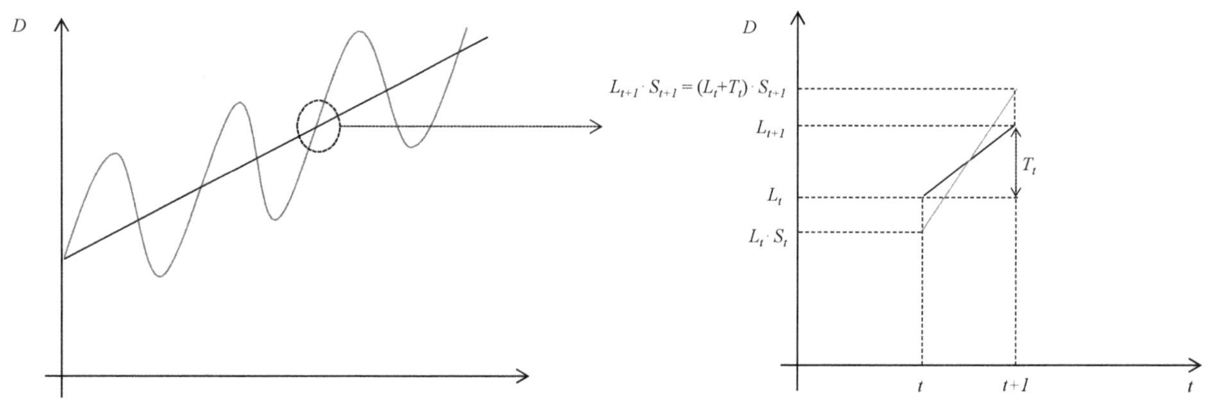

Figura 10. Legame tra le componenti di due intervalli temporali consecutivi.

2.3 Intervalli e periodi temporali

Nelle serie temporali di domanda che andremo ad analizzare faremo spesso riferimento ai termini 'intervallo' e 'periodo' temporale. E' bene stabilire un significato univoco per entrambi i termini.

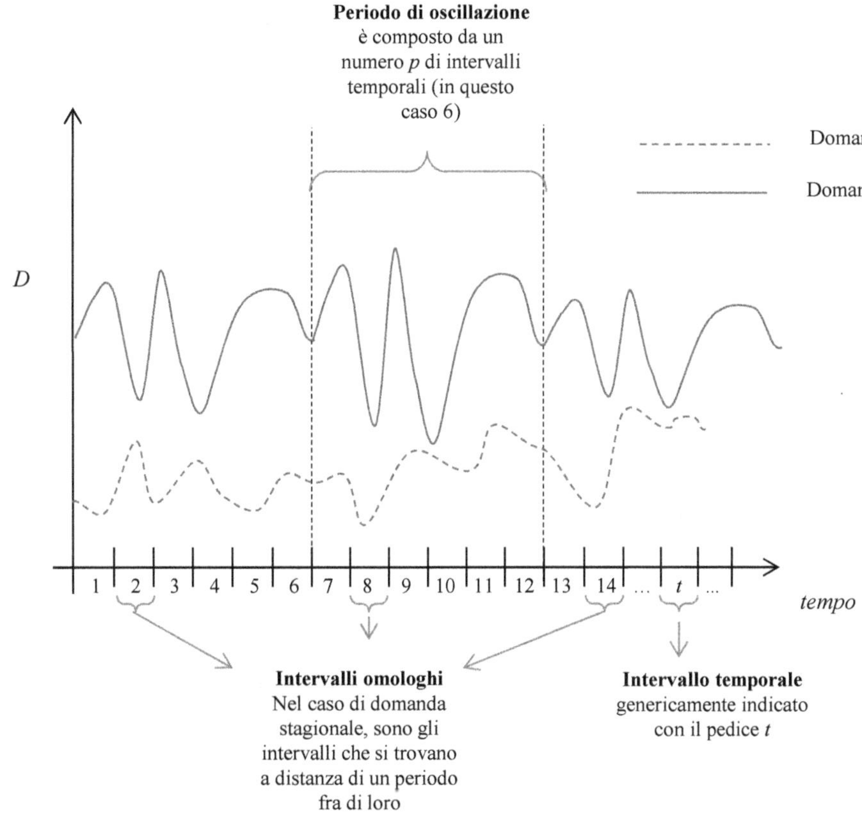

Figura 11. Intervalli temporali omologhi e periodo di oscillazione.

Con il termine **intervallo temporale** ci riferiamo all'unità temporale a cui è riferito il singolo dato di domanda. Se i dati di domanda sono registrati su base mensile, l'intervallo temporale sarà appunto il mese. Se i dati di domanda sono registrati su base giornaliera, l'intervallo temporale sarà il giorno, e così via. Indicheremo il generico intervallo temporale con il pedice t, cosicché ad esempio D_t sarà ad indicare la domanda nell'intervallo *t-esimo*.

Con il termine **periodo** ci riferiremo invece al periodo di oscillazione che caratterizza una domanda avente componente stagionale. Dunque i picchi e le valli della domanda si osserveranno a distanza di un periodo. Indicheremo il numero di intervalli temporali che compongono un periodo con la lettera p. Nel caso di domanda con periodicità annuale e intervalli temporali su base mensile, sarà $p = 12$.

Gli intervalli temporali che si trovano a distanza di un periodo l'uno dagli altri vengono detti **intervalli omologhi**. Ad esempio, in caso di domanda stagionale con periodicità annuale e base temporale mensile ($p = 12$), gli intervalli omologhi saranno quelli corrispondenti agli stessi mesi dei diversi anni. In Figura 12 è riportato un andamento di domanda stagionale con periodo di oscillazione $p = 6$, che potrebbe riferirsi ad una domanda con periodicità annuale registrata su base bimestrale. In questo caso i periodi omologhi sarebbero tutti i primi bimestri di ogni anno (intervalli 1, 7, 13, …), i secondi bimestri di ogni anno (intervalli 2,8,14,…) etc.

2.4 Il metodo statico

Nel metodo statico si adotta un modello di domanda misto in cui la componente tendenziale è costante, non ci sono variazioni di livello (se non quelle dovute al solo trend), e i coefficienti stagionali sono costanti nel tempo.
Il metodo consiste nell'utilizzare i dati storici disponibili al periodo corrente, t, per stimare i valori di L, T ed S_t.
Il modello di domanda ipotizzato è il modello misto:

$$D_t = (L_0 + t \cdot T) \cdot S_t + \varepsilon_t \quad (2.3)$$

Sia p il numero di intervalli temporali che costituiscono il periodo della componente stagionale (es: con dati mensili e periodicità annuale, $p = 12$).
Avendo a disposizione dei dati storici di domanda per un numero t di intervalli del passato $D_1, D_2, ..., D_t$, (Figura 12) la formula attraverso cui, nel periodo t, verranno effettuate le previsioni per un generico periodo $t+r$ successivo a t è la seguente:

$$F_{t,t+r} = [L_0 + (t+r) \cdot T] \cdot S_{t+r} \quad (2.4)$$

dove:
L_0 è il livello al periodo 0;
T è il trend considerato costante;
S_{t+r} è il coefficiente stagionale relativo al periodo $t+r$;
$F_{t,t+r}$ è la previsione per il periodo $t+r$ effettuata al periodo t.

Per calcolare i suddetti valori dai dati storici (intervalli da 1 a t, Figura 12) si procede come segue.

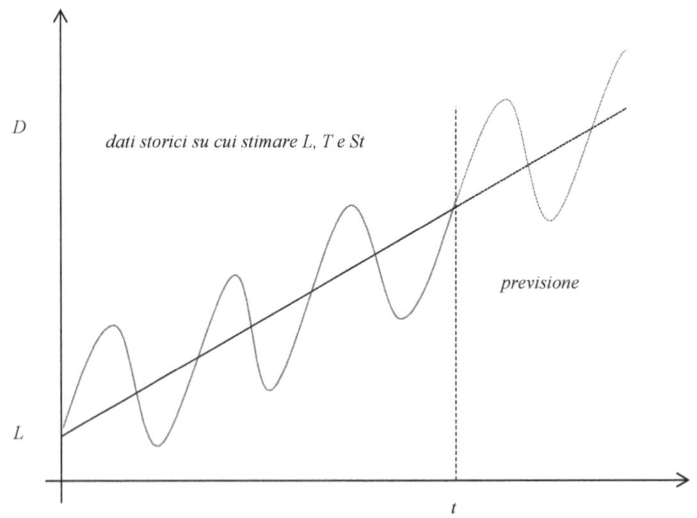

Figura 12. Dati storici su cui calcolare le componenti della domanda.

1. Destagionalizzazione

Per destagionalizzare la domanda si procede a calcolare, per ogni periodo, una media centrata attorno al periodo stesso di ampiezza pari alla periodicità. In questo modo, essendo i dati mediati su un intero periodo di oscillazione, i picchi e le valli dovuti alla stagionalità si compenseranno, così che la media centrata rappresenterà il valore di domanda nel periodo privato della componente stagionale.
Da notare che per centrare opportunamente la media in un periodo, occorre procedere ad una doppia media nel caso di p pari, mentre è sufficiente una sola media nel caso di p dispari. Osservando infatti la Figura 13, se ad esempio l'intervallo temporale base è il trimestre e la periodicità è annuale, si avrà p=4. Volendo ad esempio trovare il dato destagionalizzato centrato nell'intervallo 6, dovremmo prendere una media centrata attorno all'intervallo 6 di ampiezza pari a 4 intervalli. Prendendo però gli intervalli 4-5-6-7, vedremo che la media non sarà centrata esattamete nell'intervallo 6, ma sarà centrata tra l'intervallo 5 e il 6. Prenderemo dunque una seconda media considerando gli intervalli 5-6-7-8, che sarà centrata tra l'intervallo 6 e 7. La media di queste due medie sarà finalmente centrata nell'intervallo 6.

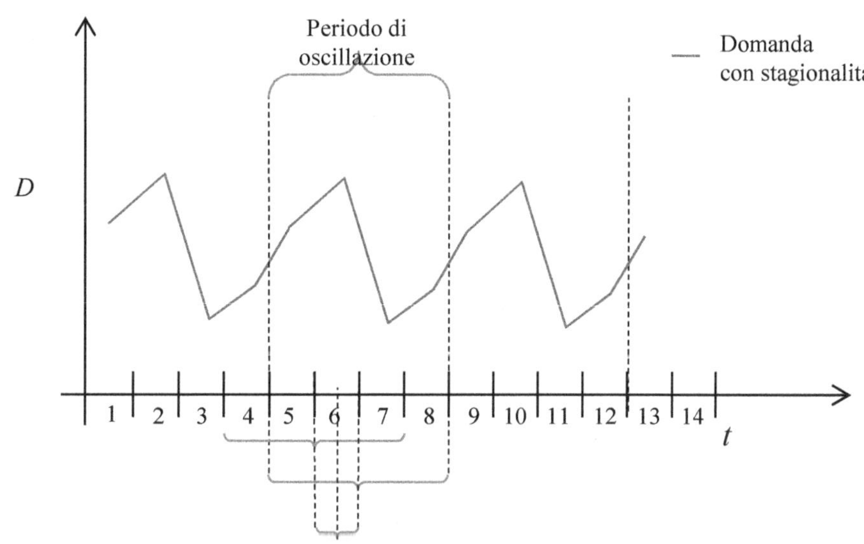

Figura 13. Doppia media mobile nel caso di periodicità pari.

In formule:

se p è pari
$$M_t = \left[D_{t-(p/2)} + D_{t+(p/2)} + \sum_{i=t+1-(p/2)}^{t-1+(p/2)} 2 \cdot D_i \right] / (2p) \quad (2.5)$$

se p è dispari
$$M_t = \sum_{i=t-\lfloor (p/2) \rfloor}^{t+\lfloor (p/2) \rfloor} D_i / p \quad (2.6)$$

Da notare che tale procedura non permette il calcolo delle medie nei primi e negli ultimi $p/2$ periodi considerati.

2. Regressione lineare – calcolo di L_0 e T

Viene trovata la retta dei minimi quadrati interpolando i valori destagionalizzati ottenuti al punto precedente.

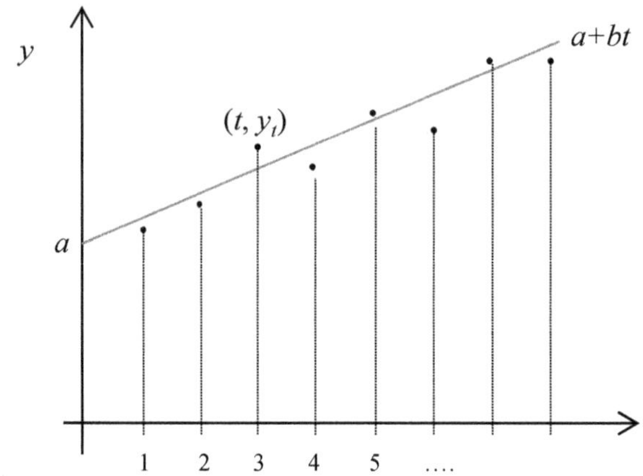

Figura 14. Retta di regressione dei minimi quadrati.

Data una serie di n punti di coordinate (t, y_t), con $t = 1, 2, \ldots, n$ si vuole trovare la retta:

$$y(t) = a + b \cdot t$$

che minimizza la somma S delle distanze al quadrato tra i punti e la retta stessa:

$$S = \sum_{t=1}^{n} (y_t - a - b \cdot t)^2$$

Derivando rispetto ad a e b la suddetta espressione ed eguagliando a 0, si ottengono (per la dimostrazione si rimanda all'Appendice del precedente capitolo):

$$a = \sum_{t=1}^{n} \frac{y_t}{n} - b \cdot \left(\frac{n+1}{2} \right) \tag{2.7}$$

$$b = \frac{\sum_{t=1}^{n} t \cdot y_t - \left(\frac{n+1}{2} \right) \sum_{t=1}^{n} y_t}{n(n^2 - 1)/12} \tag{2.8}$$

N.B. Le formule sopra riportate sono valide per una serie di punti di coordinate (t, y_t), **con $t = 1, 2, \ldots, n$** (vedi figura). Poiché nel nostro caso nei primi $p/2$ intervalli, come detto al punto 1, non è possibile calcolare le medie centrate, il primo punto avrà ascissa >1. Occorre quindi operare un cambio del sistema di riferimento. Questo implica che il valore del termine noto a che si ottiene è corrispondente al valore del livello all'intervallo temporale precedente a quello in cui si è calcolata la prima media centrata al punto 1. Il valore del coefficiente angolare b corrisponde al trend T.

Ottenuto il valore del livello al periodo 0, L_0, e del trend T si possono calcolare tutti i punti giacenti sulla retta in corrispondenza di un intervallo t, punti che rappresentano il livello in ogni periodo L_t, in questo modo:

$$L_t = (L_0 + t \cdot T) \tag{2.9}$$

3. Calcolo dei coefficienti di stagionalità $S_{t+1}, \ldots, S_{t+p}$

Facendo il rapporto tra il dato di domanda D_t ed il livello L_t, si può vedere dalla (2.3) che, a meno della componente casuale, tale rapporto rappresenta proprio il coefficiente stagionale, ovvero:

$$S_t = D_t/L_t \tag{2.10}$$

E' possibile dunque ricavare per ogni intervallo t il corrispondente valore del coefficiente stagionale S_t.
I coefficienti stagionali $S_{t+1}, \ldots, S_{t+p}$, necessari per calcolare le previsioni attraverso la (2.4), saranno presi uguali ai coefficienti stagionali S_t negli intervalli omologhi del periodo di inizializzazione. Se gli intervalli omologhi nel periodo di inizializzazione sono più di uno, perché si avevano a disposizione più periodi di oscillazione nei dati storici, il coefficiente stagionale usato per la previsione sarà posto pari alla media dei coefficienti degli intervalli omologhi.

4. Previsione domanda futura

Trovati i valori di Livello, Trend e coefficienti Stagionali, la domanda futura in un generico periodo $t+r$ può essere prevista tramite la (2.4).

ESEMPIO NUMERICO

Si abbiano a disposizione i seguenti dati storici su base trimestrale della domanda di un prodotto:

anno	2014			2015				2016				2017
trimestre	2	3	4	1	2	3	4	1	2	3	4	1
t	1	2	3	4	5	6	7	8	9	10	11	12
D_t	4000	6500	11500	17000	5000	9000	11500	19000	6000	6500	16000	20500

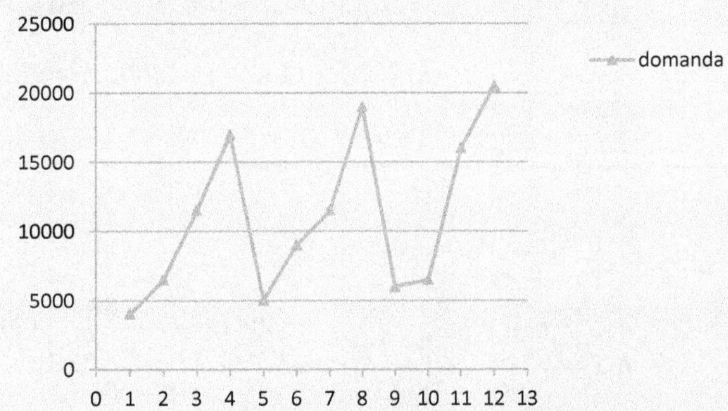

Figura 15. Domanda con trend e stagionalità.

I dati di domanda sono raffigurati in Figura 11. Come si vede, l'andamento è periodico con periodicità pari ad un anno. Essendo l'intervallo di tempo di riferimento il trimestre, $p = 4$.

Destagionalizzazione
Calcoliamo le medie mobili centrate tramite la (2.5):

$$M_3 = \frac{1}{2}\left(\frac{D_1 + D_2 + D_3 + D_4}{4} + \frac{D_2 + D_3 + D_4 + D_5}{4}\right) = \frac{1}{2}(9750 + 10000) = 9875$$

$$M_4 = \frac{1}{2}\left(\frac{D_2 + D_3 + D_4 + D_5}{4} + \frac{D_3 + D_4 + D_5 + D_6}{4}\right) = \frac{1}{2}(10000 + 10625) = 10312,5$$

...

Analogamente si possono calcolare i valori delle medie centrate per i restanti periodi M_5, M_6, M_7, e M_8. (si veda la Tabella 3 e Figura 16).

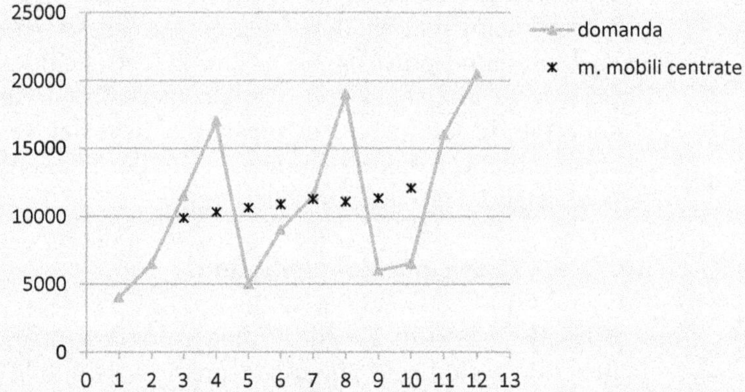

Figura 16. Destagionalizzazione attraverso le medie mobile centrate.

Regressione lineare – calcolo di L_0 e T
Calcoliamo i valori a e b tramite la (2.7) e la (2.8), ponendoci in un sistema di riferimento in cui al primo dato (corrispondente ad M_3=9875) corrisponda un'ascissa t = 1. Abbiamo che:

$$\sum_{t=1}^{n} t \cdot y_t = 1 \cdot 9875 + 2 \cdot 10312,5 + 3 \cdot 10625 + 4 \cdot 10875 +$$
$$+ 5 \cdot 11250 + 6 \cdot 11062,5 + 7 \cdot 11312,5 + 8 \cdot 12062,5 = 404187,5$$

$$\sum_{t=1}^{n} y_t = 9875 + 10312,5 + 10625 + 10875 + 11250 +$$
$$11062,5 + 11312,5 + 12062,5 = 87375$$

$$\sum_{t=1}^{n} \frac{y_t}{n} = \frac{87375}{8} = 10921,9$$

E quindi:

$$b = \frac{\sum_{t=1}^{n} t \cdot y_t - \left(\frac{n+1}{2}\right)\sum_{t=1}^{n} y_t}{n(n^2 - 1)/12} = \frac{404187,5 - \left(\frac{8+1}{2}\right)87375}{8(8^2 - 1)/12} = 261,9$$

$$a=\sum_{t=1}^{n}\frac{y_t}{n}-b\cdot\left(\frac{n+1}{2}\right)=10921,9-261,9\cdot\left(\frac{8+1}{2}\right)=9743,3$$

Il coefficiente angolare b della retta di regressione sarà pari al trend:
$T=b=261,9$
Il valore del coefficiente a invece corrisponde al livello nell'intervallo precedente al primo dato M_3, ovvero al livello nell'intervallo $t=2$. Il livello al tempo $t = 0$ sarà pari dunque a:

$L_0= a - 2b=9743,3 - 2\cdot261,9 = 9219,5$

Calcoliamo il valore del livello negli intervalli 1–12 attraverso la (2.9):

$L_1 = 9219,5+261,9 = 9481,4$
$L_2 = 9219,5+2\cdot261,9 = 9743,3$
…
I restanti valori, calcolati analogamente, sono riportati in Tabella 3 e raffigurati in Figura 17.

Calcolo dei coefficienti di stagionalità $S_{t+1}, \ldots, S_{t+p}$
Possiamo a questo punto calcolare i valori dei coefficienti stagionali per i periodi da 1 a 12 tramite la (2.10) in questo modo:

$$S_1=\frac{D_1}{L_1}=\frac{4000}{9481,4}=0,4219,\qquad S_2=\frac{D_2}{L_2}=\frac{6500}{9743,3}=0,6671,\qquad \ldots.$$

I restanti valori fino a S_{12}, calcolati analogamente, sono riportati in Tabella 3.
I valori S_{13}, S_{14}, S_{15}, S_{16} vengono calcolati come una media dei coefficienti stagionali degli intervalli omologhi:

$$S_{13}=\frac{S_1+S_5+S_9}{3}=\frac{0,4219+0,4749+0,5183}{3}=0,47169$$
$$S_{14}=\frac{S_2+S_6+S_{10}}{3}=0,6834$$

I valori di S_{15}, S_{16}, calcolati analogamente, sono riportati in Tabella 3.
Applicazione del metodo e previsione domanda futura
Le previsioni per i periodi futuri, ad esempio da 13 a 16, eseguite nel periodo 12, possono essere calcolate tramite la (2.4):

$$F_{12,13}=(9219,5+13\cdot261,9)\cdot0,47169=5954,7\approx5955$$
$$F_{12,14}=(9219,5+14\cdot261,9)\cdot0,68340=8803,5\approx8803$$

I restanti valori, calcolati analogamente, sono riportati in Tabella 3 e raffigurati in Figura 17.

t	D_t	M_t	L_t	S_t	F_t

0			9219,5		
1	4000		9481,4	0,4219	
2	6500		9743,3	0,6671	
3	11500	9875	10005,2	1,1494	
4	17000	10312,5	10267,1	1,6558	
5	5000	10625	10529,0	0,4749	
6	9000	10875	10790,9	0,8340	
7	11500	11250	11052,8	1,0405	
8	19000	11062,5	11314,7	1,6792	
9	6000	11312,5	11576,6	0,5183	
10	6500	12062,5	11838,5	0,5491	
11	16000		12100,4	1,3223	
12	20500		12362,4	1,6583	
13				0,4717	5955
14				0,6834	8803
15				1,1707	15392
16				1,6644	22319

Tabella 3. Previsioni col metodo statico.

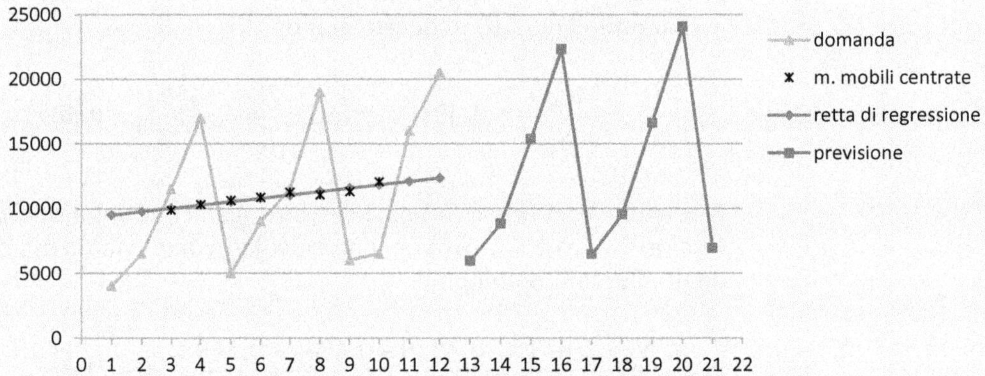

Figura 17. Previsione della domanda futura.

2.5 Metodi autoadattativi

Al contrario del metodo statico, in cui i valori di livello, trend, e coefficienti stagionali si calcolano una sola volta sui dati storici, e poi si utilizzano senza cambiarli per tutte le previsioni future, nei metodi autoadattativi tali valori vengono via via aggiornati in base ai nuovi valori di domanda effettiva che si verificano.
Vedremo come sviluppare e applicare i metodi autoadattativi per tre modelli di domanda, al variare delle componenti presenti, ed in particolare:

- domanda in cui si suppone presente solo il **livello** e assenti trend e stagionalità: metodo delle medie mobili e metodo dello smorzamento esponenziale semplice (o modello di Brown);

- domanda in cui si suppongono presenti **livello** e **trend** e assente stagionalità: metodo dello smorzamento esponenziale corretto per il trend (o modello di Holt);

- domanda in cui si suppongono presenti **livello**, **trend** e **stagionalità**: metodo dello smorzamento esponenziale corretto per trend e stagionalità (o modello di Winters).

In tutti i casi, i metodo vengono applicati secondo il seguente schema logico:

1. **Inizializzazione** su dati storici: i valori iniziali delle componenti della domanda vengono determinati utilizzando dei dati storici di domanda. Supponendo di prendere un numero t di intervalli temporali come dati storici per l'inizializzazione, verranno dunque determinati:
   a. il livello iniziale L_t per il metodo delle medie mobili e per il modello di Brown;
   b. il livello iniziale L_t ed il trend iniziale T_t per il modello di Holt;
   c. il livello iniziale L_t, il trend iniziale T_t e i coefficienti stagionali iniziali S_{t+1}, ..., S_{t+p} per il modello di Winters.

2. **Previsione** della domanda: siamo nel generico intervallo t. In base al modello di domanda sottostante si effettuerà una previsione per l'intervallo temporale successivo t+1 andando a ricostruire la domanda utilizzando le ultime stime delle varie componenti, e quindi:

   a. $F_{t+1} = L_t$, se c'è solo il livello (medie mobili e modello di Brown);
   b. $F_{t+1} = L_t + T_t$, se ci sono livello e trend (modello di Holt);
   c. $F_{t+1} = (L_t + T_t)\ S_{t+1}$,se ci sono livello e trend e stagionalità (modello di Winters).

Se si vuole prevedere non per l'intervallo di tempo successivo, ma per un intervallo più distante, ovvero per un generico intervallo $t+r$, si utilizzeranno:

a. $F_{t,t+r} = L_t$, se c'è solo il livello (medie mobili e modello di Brown);
b. $F_{t,t+r} = L_t + r\ T_t$, se ci sono livello e trend (modello di Holt);
c. $F_{t,t+r} = (L_t + r\ T_t)\ S_{t+r}$, se ci sono livello e trend e stagionalità (modello di Winters).

3. **Registrazione** nuovo dato di domanda e **modifica delle stime** delle componenti della domanda: quando si verifica il nuovo dato di domanda, siamo entrati nel nuovo generico intervallo temporale $t+1$ successivo al precedente. Le stime delle componenti della domanda vengono aggiornate in modo da tenere in considerazione la domanda D_{t+1} appena osservata. In particolare si modificheranno le stime di:

   a. L_{t+1} , se c'è solo il livello (medie mobili e modello di Brown);
   b. L_{t+1} , T_{t+1} se ci sono livello e trend (modello di Holt);
   c. L_{t+1}, T_{t+1}, S_{t+1+p} , se ci sono livello e trend e stagionalità (modello di Winters).

I vari metodi autoadattativi si differenziano tra di loro proprio per il modo in cui vengono aggiornate le stime delle componenti della domanda ogni volta che si manifesta un nuovo dato di domanda.

4. **Iterazione dei punti 2 e 3**: con i valori aggiornati delle componenti della domanda si ritorna al punto 2, in cui si calcola la previsione per l'intervallo successivo. Quando si registra il nuovo valore di domanda riscontrato in quell'intervallo si aggiornano nuovamente le stime delle componenti della domanda (punto 3). Il processo continua iterativamente.

2.5.1 Media mobile

Questo metodo si utilizza quando si suppone un modello sottostante di domanda avente la sola componente del livello (nessun trend né stagionalità).
Il metodo è caratterizzato da un parametro, N, che è l'*ordine* della media mobile. N rappresenta il numero di intervalli precedenti all'intervallo t utilizzati per correggere il livello (punto 3). Vediamo nel dettaglio come lo schema logico generico si applica con questo metodo.

1. **Inizializzazione** su dati storici: la domanda come detto si suppone sia costituita dalla sola componente del livello, quindi sarà necessario calcolare il valore iniziale di tale livello dall'insieme dei dati storici utilizzati per l'inizializzazione. Ponendoci nell'intervallo t alla fine del periodo di inizializzazione, il livello si calcola attraverso:

$$L_t = \frac{D_t + D_{t-1} + \ldots + D_{t-N+1}}{N} = \frac{1}{N}\sum_{i=t}^{t-N+1} D_i \qquad (2.11)$$

   ovvero, il valore del livello iniziale è pari alla media delle N domande più recenti.

2. **Previsione**: poiché si suppone che la domanda sia costituita dal solo livello, la previsione per l'intervallo $t+1$ sarà ancora pari all'ultima stima della componente del livello, L_t. Anche se la previsione viene fatta per un intervallo più distante, $t+r$, poiché non ho elementi per cambiare l'ultima stima del livello fatta, la previsione sarà sempre pari a L_t.

$$F_{t+1} = L_t \qquad (2.12)$$
$$F_{t,t+r} = L_t \qquad (2.13)$$

3. **Registrazione** nuovo dato di domanda e **modifica delle stime** delle componenti della domanda: quando si verifica il nuovo dato di domanda D_{t+1}, viene aggiornata la stima della componente del livello nell'intervallo $t+1$ attraverso:

$$L_{t+1} = \frac{D_{t+1} + D_t + \ldots + D_{t-N+2}}{N} = \frac{1}{N}\sum_{i=t+1}^{t-N+2} D_i \qquad (2.14)$$

   ovvero, facendo sempre una media delle N domande più recenti, compresa l'ultima verificatasi.

ESEMPIO NUMERICO

Si abbiano a disposizione i seguenti dati di domanda per un item:

t	**1**	**2**	**3**	**4**	**5**	**6**	**7**	**8**	**9**	**10**	**11**	**12**
D_t	130	104	122	143	107	133	125	139	183	172	168	182

Applicare il metodo della media mobile di ordine N=5, utilizzando la metà dei dati a disposizione, ovvero 6 intervalli temporali, per inizializzare il metodo, ed i restanti dati per simulare l'applicazione del metodo.
Inizializzazione (2.11):

$$L_6 = \frac{D_6 + D_5 + D_4 + D_3 + D_2}{5} = 121{,}8$$

Previsione (2.12):

$$F_7 = L_6 = 121{,}8 \approx 122$$

Registrazione nuovo dato di domanda (D_7) e correzione delle stime (2.14):

$$L_7 = \frac{D_7 + D_6 + D_5 + D_4 + D_3}{5} = 126$$

A questo punto si ripete la procedura e si calcola quindi la nuova previsione per l'intervallo successivo:

$$F_8 = L_7 = 126$$

Registrazione domanda e correzione delle stime (2.14):

$$L_8 = \frac{D_8 + D_7 + D_6 + D_5 + D_4}{5} = 129{,}4$$

Nuova previsione (2.12):

$$F_9 = L_8 = 129$$

Ripetendo il procedimento, è possibile calcolare le previsioni per gli intervalli 10–13 (i valori sono riportati in Tabella 4 e raffigurati in Figura 18).

t	D_t	L_t	F_t
1	130		
2	104		
3	122		
4	143		
5	107		
6	133	121,8	
7	125	126	122
8	139	129,4	126
9	183	137,4	129
10	172	150,4	137
11	168	157,4	150
12	182	168,8	157
13			169

Tabella 4. Previsioni con media mobile di ordine 5.

Volendo calcolare, in t=12, la previsione per un qualsiasi intervallo futuro, ad esempio t=20, poiché $F_{t,t+r} = L_t$ avremo che $F_{12,20}=L_{12} = 169$.

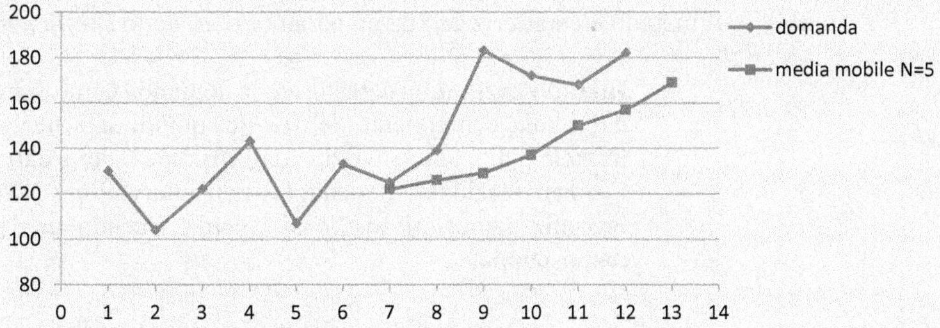

Figura 18. Previsioni con media mobile di ordine 5.

2.5.2 Smorzamento Esponenziale Semplice (modello di Brown)

Anche in questo caso si suppone un modello sottostante di domanda avente la sola componente del livello (nessun trend né stagionalità).
Il metodo è caratterizzato da un parametro, α, detto *coefficiente di smorzamento*.

1. **Inizializzazione** su dati storici: la domanda come detto si suppone sia costituita dalla sola componente del livello, quindi sarà necessario calcolare il valore iniziale di tale livello dall'insieme dei dati storici utilizzati per l'inizializzazione. Ponendoci nell'intervallo t alla fine del periodo di inizializzazione, il livello si calcola facendo una media dei dati storici a disposizione:

$$L_t = \frac{D_1 + D_2 + ... + D_t}{N} = \frac{1}{N}\sum_{i=1}^{t} D_i \qquad (2.15)$$

2. **Previsione**: poiché si suppone che la domanda sia costituita dal solo livello, la previsione per l'intervallo $t+1$ sarà ancora pari all'ultima stima della componente del livello, L_t. Anche se la previsione viene fatta per un intervallo più distante, $t+r$, poiché non ho elementi per cambiare l'ultima stima del livello fatta, la previsione sarà sempre pari a L_t.

$$F_{t+1} = L_t \qquad (2.16)$$

$$F_{t,t+r} = L_t \qquad (2.17)$$

3. **Registrazione** nuovo dato di domanda e **modifica delle stime** delle componenti della domanda: quando si verifica il nuovo dato di domanda D_{t+1}, viene aggiornata la stima della componente del livello nell'intervallo $t+1$ attraverso:

$$L_{t+1} = \alpha \cdot L_{t+1}^{new} + (1-\alpha) \cdot L_{t+1}^{old}, \qquad \text{con} \qquad 0 \le \alpha \le 1,$$

ovvero, facendo una media pesata tra due stime del livello nell'intervallo $t+1$:
- L_{t+1}^{new}: stima del livello nell'intervallo $t+1$ fatta *con il nuovo dato di domanda*: $L_{t+1}^{new} = D_{t+1}$
- L_{t+1}^{old}: Stima del livello nell'intervallo $t+1$ fatta *senza il nuovo dato di domanda*, ovvero con i dati a disposizione nell'intervallo t: $L_{t+1}^{old}=L_t$
Si ottiene quindi:

$$\boxed{L_{t+1} = \alpha \cdot D_{t+1} + (1-\alpha) \cdot L_t}, \qquad \text{con} \qquad 0 \le \alpha \le 1. \qquad (2.18)$$

4. **Iterazione dei punti 2 e 3**: con il valore aggiornato del livello si ritorna al punto 2, in cui si calcola la previsione per l'intervallo successivo. Quando si registra il nuovo valore di domanda riscontrato in quell'intervallo si aggiorna nuovamente il livello (punto 3). Il processo continua iterativamente.

ESEMPIO NUMERICO

Si consideri l'item dell'esempio numerico descritto al paragrafo precedente. Applichiamo stavolta il metodo dello smorzamento esponenziale semplice, assumendo un valore di $\alpha = 0,3$. Si prendano sempre i primi 6 intervalli temporali per inizializzare il metodo, ed si utilizzino i restanti per simulare l'applicazione del metodo.

Inizializzazione (2.15):

$$L_6 = \frac{D_6 + D_5 + D_4 + D_3 + D_2 + D_1}{6} = 123,17$$

Previsione (2.16):

$$F_7 = L_6 = 123,17 \approx 123$$

Registrazione nuovo dato di domanda (D_7) e correzione delle stime (2.18):

$$L_7 = \alpha \cdot D_7 + (1-\alpha) \cdot L_6 = 123,72$$

A questo punto si ripete la procedura e si calcola quindi la nuova previsione per l'intervallo successivo:

$$F_8 = L_6 \approx 124$$

Registrazione domanda e correzione delle stime:

$$L_8 = \alpha \cdot D_8 + (1-\alpha) \cdot L_7 = 128,3$$

Nuova previsione

$$F_9 = L_8 \approx 128$$

Ripetendo il procedimento, è possibile calcolare le previsioni per gli intervalli 10-13 (i valori sono riportati in Tabella 5 e raffigurati in Figura 19).

t	D_t	L_t	F_t
1	130		
2	104		
3	122		
4	143		
5	107		
6	133	123,17	
7	125	123,72	123
8	139	128,30	124
9	183	144,71	128
10	172	152,9	145
11	168	157,42	153
12	182	164,8	157
13			165

Tabella 5. Previsioni con smorzamento esponenziale semplice ($\alpha = 0,3$).

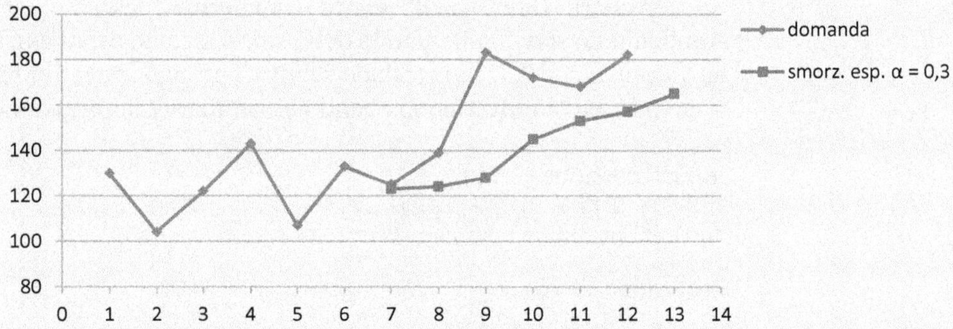

Figura 19. Previsioni con smorzamento esponenziale semplice ($\alpha = 0{,}3$).

Il metodo dello smorzamento esponenziale prende questo nome perché, adottando per più iterazioni la (2.18) per aggiornare il livello, si può vedere che il livello all'intervallo t+1 viene in pratica calcolato facendo una media pesata delle domande del passato, con i pesi che decrescono esponenzialmente man mano che ci si allontana dall'intervallo corrente. Si osserva infatti che il valore di L_{t+1} nella (2.18) è stato ottenuto, all'iterazione precedente, attraverso una analoga formula avente gli indici decrementati di uno:

$$L_t = \alpha \cdot D_t + (1-\alpha) \cdot L_{t-1} \tag{2.19}$$

A sua volta, il valore di L_{t-1} nella (2.19) è stato ottenuto all'iterazione precedente attraverso:

$$L_{t-1} = \alpha \cdot D_{t-1} + (1-\alpha) \cdot L_{t-2} \tag{2.20}$$

Sostituendo la (2.20) e la (2.19) nella (2.18) si ottiene:

$$\begin{aligned} L_{t+1} = \alpha D_{t+1} + (1-\alpha)L_t = \alpha D_{t+1} + (1-\alpha)[\alpha D_t + (1-\alpha)L_{t-1}] = \\ \alpha D_{t+1} + (1-\alpha)\alpha D_t + (1-\alpha)^2 L_{t-1} = \\ \alpha D_{t+1} + (1-\alpha)\alpha D_t + (1-\alpha)^2[\alpha D_{t-1} + (1-\alpha)L_{t-2}] = \\ \alpha D_{t+1} + (1-\alpha)\alpha D_t + (1-\alpha)^2 \alpha D_{t-1} + (1-\alpha)^3 L_{t-2} \end{aligned}$$

Continuando a sostituire L_{t-2} nella precedente, e continuando analogamente, si ottiene alla fine:

$$L_{t+1} = \alpha D_{t+1} + (1-\alpha)\alpha D_t + (1-\alpha)^2 \alpha D_{t-1} + (1-\alpha)^3 \alpha D_{t-2} + (1-\alpha)^4 \alpha D_{t-3} + \ldots$$

Si vede quindi che il livello all'intervallo t+1 è ottenuto come una media pesata delle domande del passato con i pesi che decrescono esponenzialmente (ricordando che α < 1).

La somma dei pesi:

$$\sum_{i=0}^{n}(1-\alpha)^i\alpha$$

è una serie geometrica con ragione minore di 1, la cui somma per *n* che tende a infinto è pari a 1, infatti:

$$\lim_{n\to\infty}\sum_{i=0}^{n}(1-\alpha)^i\alpha=\lim_{n\to\infty}1-(1-\alpha)^{n+1}=1$$

2.5.3 Smorzamento Esponenziale corretto per il Trend (modello di Holt)

In questo caso si suppone un modello sottostante di domanda avente sia la componente del livello che del trend, ma nessuna stagionalità. Il metodo è caratterizzato da due parametri, α e β, detti rispettivamente *coefficiente di smorzamento per il livello* e *coefficiente di smorzamento per il trend.*

1. **Inizializzazione** su dati storici: la domanda come detto si suppone sia costituita da livello e trend, senza stagionalità. Sarà quindi necessario calcolare i valori iniziali di livello e trend dall'insieme dei dati storici utilizzati per l'inizializzazione. Per valori iniziali intendiamo quelli relativi all'ultimo intervallo t corrispondente al periodo di inizializzazione.
   Si esegue quindi una regressione lineare su tutti i dati del periodo di inizializzazione, ovvero per gli intervalli 1,..., t, ottenendo la retta di regressione rappresentata tramite il termine noto L (intercetta con l'asse delle ordinate) e il coefficiente angolare T.
   I valori iniziali del livello e del trend saranno dunque i valori di livello e trend all'intervallo t:

$$L_t = L + t \cdot T$$
$$T_t = T$$

2. **Previsione**: poiché si suppone che la domanda sia costituita da livello e trend, la previsione per l'intervallo $t+1$ sarà pari al livello L_t a cui viene sommato il trend nello stesso intervallo T_t:

$$F_{t+1} = L_t + T_t \qquad (2.21)$$

   Se la previsione viene fatta per un intervallo più distante, $t+r$, utilizzando sempre le ultime stime disponibili per livello e trend (ovvero quelle dell'intervallo t), occorrerà sommare il trend al livello un numero di volte pari al numero di intervalli di distanza tra la previsione e l'intervallo corrente:

$$F_{t,t+r} = L_t + r\, T_t \qquad (2.22)$$

3. **Registrazione** nuovo dato di domanda e **modifica delle stime** delle componenti della domanda: quando si verifica il nuovo dato di domanda D_{t+1}, vengono aggiornate le stime delle due componenti (livello e trend) all'intervallo $t+1$.
   La stima della componente del livello all'intervallo $t+1$ viene aggiornata attraverso:

$$L_{t+1} = \alpha \cdot L_{t+1}^{new} + (1-\alpha) \cdot L_{t+1}^{old}\,, \quad \text{con} \quad 0 \le \alpha \le 1,$$

   ovvero, facendo una media pesata tra due stime del livello all'intervallo $t+1$:
   - L_{t+1}^{new}: stima del livello nell'intervallo t+1 fatta *con il nuovo dato di domanda*: $L_{t+1}^{new} = D_{t+1}$
   - L_{t+1}^{old}: stima del livello nell'intervallo t+1 fatta *senza il nuovo dato di domanda*, ovvero con i dati a disposizione nell'intervallo t: $L_{t+1}^{old} = L_t + T_t$. Da notare che in questo secondo caso, rispetto al modello esponenziale semplice, essendoci la componente tendenziale, il livello nell'intervallo t+1 previsto con

i dati a disposizione nell'intervallo t sarà la somma di livello e trend nell'intervallo t, e non semplicemente il livello nell'intervallo t.
Si ottiene quindi:

$$\boxed{L_{t+1} = \alpha \cdot D_{t+1} + (1-\alpha) \cdot (L_t + T_t)}, \quad \text{con} \quad 0 \le \alpha \le 1. \tag{2.23}$$

La stima della componente del trend nell'intervallo $t+1$ viene aggiornata attraverso:

$$T_{t+1} = \beta \cdot T_{t+1}^{new} + (1-\beta) \cdot T_{t+1}^{old}, \quad \text{con} \quad 0 \le \beta \le 1,$$

ovvero, facendo una media pesata tra due stime del trend nell'intervallo $t+1$:
- T_{t+1}^{new}: stima del trend nell'intervallo $t+1$ fatta *con il nuovo dato di domanda*: $T_{t+1}^{new} = L_{t+1} - L_t$. Si noti che il nuovo dato di domanda è utilizzato perché serve a calcolare L_{t+1} tramite la (2.23).
- T_{t+1}^{old}: stima del trend nell'intervallo $t+1$ fatta *senza il nuovo dato di domanda*, ovvero con i dati a disposizione nell'intervallo t: $T_{t+1}^{old} = T_t$
Si ottiene quindi:

$$\boxed{T_{t+1} = \beta \cdot (L_{t+1} - L_t) + (1-\beta) \cdot T_t}, \quad \text{con} \quad 0 \le \beta \le 1 \tag{2.24}$$

ESEMPIO NUMERICO

Si abbiano a disposizione i seguenti dati di domanda per un item:

t	**1**	**2**	**3**	**4**	**5**	**6**	**7**	**8**	**9**	**10**	**11**	**12**
D_t	97	118	107	145	141	128	135	216	245	360	400	460

Applicare il metodo di previsione di Holt con α = 0,8 β = 0,4 utilizzando i primi 5 intervalli temporali per inizializzare il metodo, ed i restanti dati per simulare l'applicazione del metodo.

Inizializzazione:
Applicando le formule di regressione lineare (1.41) e (1.42) agli intervalli temporali da 1 a 5 si ottiene:
$a = 87{,}1$; $\quad b = 11{,}5$
Il livello ed il trend iniziali corrispondono a quelli dell'ultimo intervallo facente parte del periodo di inizializzazione, ovvero il 5:
$L_5 = a + 5b = 144{,}6$
$T_5 = b$
Previsione (2.21):
$F_6 = L_5 + T_5 = 156{,}1 \approx 156$
Registrazione nuovo dato di domanda (D_6) e correzione delle stime (2.23)(2.24):
$L_6 = \alpha \cdot D_6 + (1-\alpha) \cdot (L_5 + T_5) = 133{,}62$
$T_6 = \beta \cdot (L_6 - L_5) + (1-\beta) \cdot T_5 = -2{,}51$
Previsione:
$F_7 = L_6 + T_6 \approx 136$
Registrazione nuovo dato di domanda (D_7) e correzione delle stime (2.23)(2.24):

$L_7 = \alpha \cdot D_7 + (1-\alpha) \cdot (L_6 + T_6) = 135{,}23$

$T_7 = \beta \cdot (L_7 - L_6) + (1-\beta) \cdot T_6 = -2{,}15$

Previsione:

$F_8 = L_7 + T_7 \approx 136$

Ripetendo il procedimento, è possibile calcolare le previsioni per gli intervalli 10–13 (i valori sono riportati in Tabella 6 e raffigurati in Figura 20).

t	D_t	L_t	T_t	F_t
0		87,10		
1	97	98,60		
2	118	110,10		
3	107	121,60		
4	145	133,10		
5	141	144,60	11,50	
6	128	133,62	2,51	156
7	135	135,23	2,15	136
8	216	200,27	27,31	137
9	245	241,52	32,88	228
10	360	342,88	60,27	274
11	400	400,63	59,26	403
12	460	459,98	59,30	460
13				519

Tabella 6. Previsioni con modello di Holt (α = 0,8 e β=0,4).

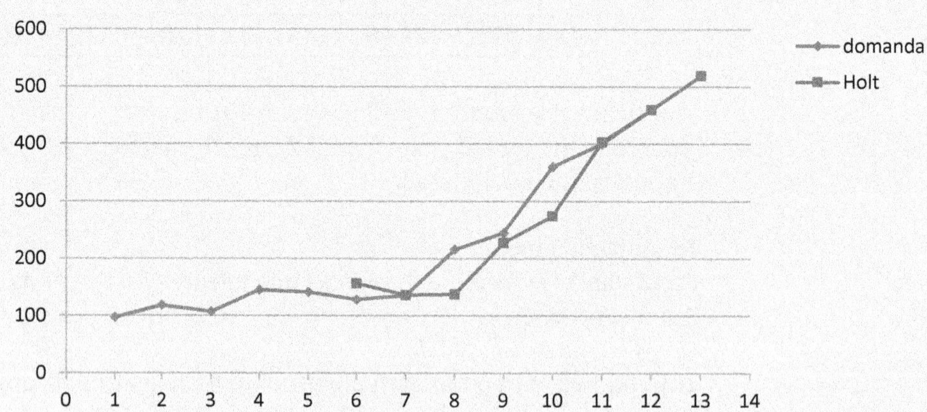

Figura 20. Previsioni con modello di Holt (α = 0,8, e β=0,4).

2.5.4 Smorzamento Esponenziale corretto per il Trend e la stagionalità (modello di Winters)

In questo caso si suppone un modello sottostante di domanda avente tutte e tre le componenti, livello, trend e stagionalità.
Il metodo è caratterizzato da tre parametri, α, β e γ detti rispettivamente *coefficiente di smorzamento per il livello, per il trend e per la stagionalità.*

1. **Inizializzazione** su dati storici: corrisponde all'applicazione del metodo statico ai dati corrispondenti al periodo di inizializzazione. Il metodo statico infatti, che suppone lo stesso modello di domanda, porta alla determinazione del livello e del trend all'intervallo t, e dei coefficienti stagionali $S_{t+1}, \ldots, S_{t+p}$, ovvero dei valori iniziali delle componenti della domanda. Occorrerà dunque: 1) eseguire la destagionalizzazione della domanda; 2) calcolare la retta di regressione (ottenendo i valori di L e T); 3) calcolare i coefficienti stagionali $S_{t+1}, \ldots, S_{t+p}$.
   I valori iniziali del livello e del trend all'intervallo t saranno:

   $$L_t = L_0 + t \cdot T$$
   $$T_t = T$$

2. **Previsione**: la previsione per l'intervallo $t+1$ sarà pari al livello L_t a cui viene sommato il trend nello stesso intervallo T_t. A tale valore va poi moltiplicato il coefficiente stagionale relativo nell'intervallo $t+1$.

   $$F_{t+1} = (L_t + T_t)\, S_{t+1} \qquad (2.25)$$

   Se la previsione viene fatta per un intervallo più distante, $t+r$, utilizzando sempre le ultime stime disponibili per livello, trend e coefficiente stagionale, occorrerà sommare il trend al livello un numero di volte pari al numero di intervalli di distanza tra la previsione e l'intervallo corrente, e a questo moltiplicare il coefficiente stagionale nell'intervallo $t+r$:

   $$F_{t,t+r} = (L_t + r\, T_t)\, S_{t+r} \qquad (2.26)$$

3. **Registrazione** nuovo dato di domanda e **modifica delle stime** delle componenti della domanda: quando si verifica il nuovo dato di domanda D_{t+1}, vengono aggiornate le stime del livello e del trend all'intervallo $t+1$ e la stima del coefficiente stagionale all'intervallo $t+1+r$.
   La stima della componente del livello all'intervallo $t+1$ viene aggiornata attraverso:

   $$L_{t+1} = \alpha \cdot L_{t+1}^{new} + (1-\alpha) \cdot L_{t+1}^{old}, \qquad \text{con} \qquad 0 \le \alpha \le 1,$$

   ovvero, facendo una media pesata tra due stime del livello all'intervallo $t+1$:
   - L_{t+1}^{new}: stima del livello nell'intervallo $t+1$ fatta *con il nuovo dato di domanda*: $L_{t+1}^{new} = D_{t+1}/S_{t+1}$. La stima del livello fatta con il nuovo dato di domanda non sarà altro che il nuovo dato stesso a cui si deve dividere il coefficiente stagionale dell'intervallo, per eliminare la componente stagionale.

- L_{t+1}^{old}: stima del livello nell'intervallo t+1 fatta *senza il nuovo dato di domanda*, ovvero con i dati a disposizione nell'intervallo t: $L_{t+1}^{old}=L_t + T_t$. Anche in questo caso, essendoci la componente tendenziale, il livello all' intervallo t+1 previsto con i dati a disposizione dell'intervallo t sarà la somma di livello e trend all'intervallo t, e non semplicemente il livello all'intervallo t.

Si ottiene quindi:

$$\boxed{L_{t+1} = \alpha \cdot \frac{D_{t+1}}{S_{t+1}} + (1-\alpha)\cdot(L_t + T_t)}, \quad \text{con} \quad 0 \le \alpha \le 1. \qquad (2.27)$$

La stima della componente di trend all'intervallo $t+1$ viene aggiornata attraverso:

$$T_{t+1} = \beta \cdot T_{t+1}^{new} + (1-\beta)\cdot T_{t+1}^{old}, \quad \text{con} \quad 0 \le \beta \le 1,$$

ovvero, facendo una media pesata tra due stime del trend all'intervallo $t+1$:
- T_{t+1}^{new}: stima del trend nell'intervallo t+1 fatta *con il nuovo dato di domanda*: $T_{t+1}^{new}=L_{t+1} - L_t$. Si noti che il nuovo dato di domanda è utilizzato perché serve a calcolare L_{t+1} tramite la (2.27).
- T_{t+1}^{old}: stima del trend nell'intervallo t+1 fatta *senza il nuovo dato di domanda*, ovvero con i dati a disposizione nell'intervallo t: $T_{t+1}^{old}= T_t$.
Si ottiene quindi:

$$\boxed{T_{t+1} = \beta \cdot (L_{t+1} - L_t) + (1-\beta)\cdot T_t}, \quad \text{con} \quad 0 \le \beta \le 1 \qquad (2.28)$$

La stima del nuovo coefficiente stagionale corrisponde all'intervallo $t+1+p$, ovvero viene aggiornato il coefficiente stagionale omologo a quello dell'intervallo $t+1$ ma corrispondente al periodo di oscillazione successivo:

$$S_{t+1+p} = \gamma \cdot S_{t+1+p}^{new} + (1-\gamma)\cdot S_{t+1+p}^{old}, \quad \text{con} \quad 0 \le \gamma \le 1,$$

ovvero, si ottiene facendo una media pesata tra due stime del coefficiente stagionale all'intervallo $t+1+p$:
- S_{t+1+p}^{new}: stima del coefficiente stagionale per l'intervallo t+1 fatta *con il nuovo dato di domanda*: $S_{t+1+p}^{new}= D_{t+1}/L_{t+1}$. L'aggiornamento della stima si esegue andando a fare il rapporto tra livello e dato di domanda. Si noti che il nuovo dato di domanda D_{t+1} è utilizzato anche perché serve a calcolare L_{t+1} tramite la (2.27).
- S_{t+1+p}^{old}: stima del coefficiente stagionale per l'intervallo t+1+p fatta *senza il nuovo dato di domanda*, ovvero con i dati a disposizione nell'intervallo t: $S_{t+1+p}^{old}=S_{t+1}$
Si ottiene quindi:

$$\boxed{S_{t+1+p} = \gamma \cdot \frac{D_{t+1}}{L_{t+1}} + (1-\gamma)\cdot S_{t+1}}, \quad \text{con} \quad 0 \le \gamma \le 1 \qquad (2.29)$$

ESEMPIO NUMERICO

Si consideri l'item dell'esempio numerico del paragrafo 2.4. Applicare il metodo di Winters con α=0,2, β=0,8 e γ = 0,1, utilizzando i dati del paragrafo 2.4 (corrispondenti a tre anni) per inizializzare il metodo, ed i seguenti dati per simularne l'applicazione. Prevedere inoltre la domanda per tutto il 2019.

anno	2017			2018			
trimestre	2	3	4	1	2	3	4
t	13	14	15	16	17	18	19
D_t	4800	7400	10500	16000	3900	7500	11000

Inizializzazione:

Si applica il metodo statico sugli intervalli 1–12, così come descritto nello svolgimento dell'esempio numerico del paragrafo 2.4. Il risultato finale sono i valori iniziali delle varie componenti della domanda, e nello specifico:

L_{12}=12362,4
T_{12}=261,9
S_{13}= 0,4717
S_{14}=0,6834
S_{15}=1,1707
S_{16}=1,6644

Previsione (2.25):

$F_{13} = (L_{12} + T_{12})\, S_{13}$=5955

Registrazione nuovo dato di domanda (D_{13}) e correzione delle stime ((2.27),(2.28) e (2.29)):

$$L_{13} = \alpha \cdot \frac{D_{13}}{S_{13}} + (1-\alpha)\cdot(L_{12} + T_{12}) = 12134{,}7$$
$$T_{13} = \beta \cdot (L_{13} - L_{12}) + (1-\beta)\cdot T_{12} = -129{,}8$$
$$S_{17} = \gamma \cdot \frac{D_{13}}{L_{13}} + (1-\gamma)\cdot S_{13} = 0{,}4641$$

Nuova previsione:

$F_{14} = (L_{13} + T_{13})\, S_{14}$=8204

Registrazione nuovo dato di domanda (D_{14}) e correzione delle stime:

$$L_{14} = \alpha \cdot \frac{D_{14}}{S_{14}} + (1-\alpha)\cdot(L_{13} + T_{13}) = 11769{,}6$$
$$T_{14} = \beta \cdot (L_{14} - L_{13}) + (1-\beta)\cdot T_{13} = -318$$
$$S_{18} = \gamma \cdot \frac{D_{14}}{L_{14}} + (1-\gamma)\cdot S_{14} = 0{,}6779$$

Ripetendo il procedimento, è possibile calcolare le previsioni per gli intervalli da 15 in poi (i valori sono riportati in Tabella 7).

t	D_t	L_t	T_t	S_t	F_t
0		9219,5			
1	4000	9481,4		0,4219	
2	6500	9743,3		0,6671	
3	11500	10005,2		1,1494	
4	17000	10267,1		1,6558	
5	5000	10529,0		0,4749	
6	9000	10790,9		0,8340	
7	11500	11052,8		1,0405	
8	19000	11314,7		1,6792	
9	6000	11576,6		0,5183	
10	6500	11838,5		0,5491	
11	16000	12100,4		1,3223	
12	20500	12362,4	261,9	1,6583	
13		12134,7	–129,8	0,4717	5955
14		11769,6	–318,0	0,6834	8204
15		10955,0	–715,3	1,1707	13406
16		10114,4	–815,5	1,6644	17043
17		9119,9	–958,7	0,4641	4315
18		8741,5	–494,4	0,6779	5533
19		8511,6	–282,8	1,1495	9480
20				1,6562	13628
21				0,4604	
22				0,6959	
23				1,1638	

Tabella 7. Previsioni con modello di Winters (α = 0,2, β= 0,8 e γ=0,1).

Se ad esempio all'intervallo 19 volessi prevedere le domande per tutti i trimestri del 2020, ovvero per gli intervalli dal 20 a 23, avrei, utilizzando la (2.26):

$F_{19,20} = (L_{19} + 1 \cdot T_{19})\, S_{20} = 13628$

$F_{19,21} = (L_{19} + 2 \cdot T_{19})\, S_{21} = 3658$

$F_{19,22} = (L_{19} + 3 \cdot T_{19})\, S_{22} = 5333$

$F_{19,23} = (L_{19} + 4 \cdot T_{19})\, S_{23} = 8589$

La Figura 21 mostra l'andamento delle previsioni sia durante la fase di autoadattamento (intervalli da 12 a 19) che nella fase di proiezione nel futuro (intervalli da 20 a 23).

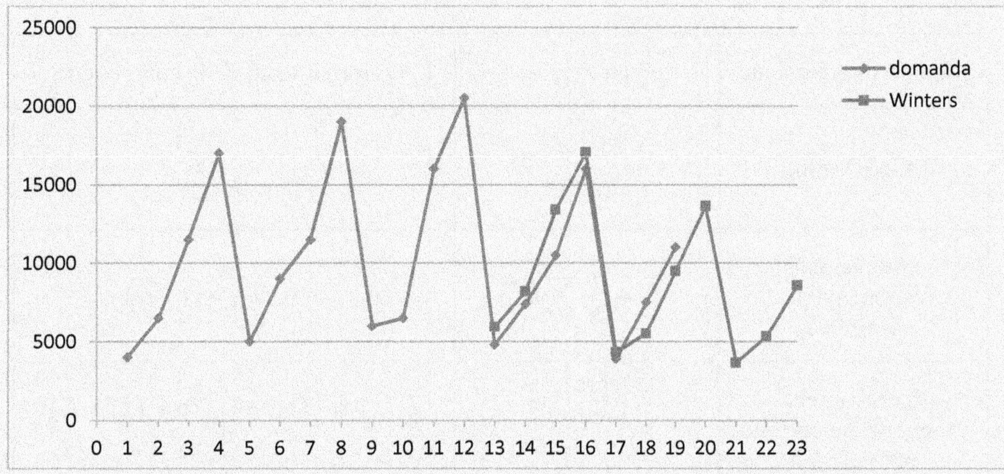

Figura 21. Previsioni con modello di Winters ($\alpha = 0{,}2$, $\beta = 0{,}8$ e $\gamma = 0{,}1$).

Metodo di previsione	Inizializzazione	Aggiornamento delle componenti	Previsione
Medie Mobili	$L_t = \frac{1}{N}\sum_{i=t}^{t-N+1} D_i$	$L_{t+1} = \frac{1}{N}\sum_{i=t+1}^{t-N+2} D_i$	$F_{t+1} = L_t$ $F_{t,t+r} = L_t$
Smorzameto esponenziale semplice	$L_t = \frac{1}{N}\sum_{i=1}^{t} D_i$	$L_{t+1} = \alpha \cdot D_{t+1} + (1-\alpha)\cdot L_t$	$F_{t+1} = L_t$ $F_{t,t+r} = L_t$
Smorzameto esponenziale corretto per il Trend	Da regressione lineare: $L_t = L + t \cdot T$ $T_t = T$	$L_{t+1} = \alpha \cdot D_{t+1} + (1-\alpha)\cdot (L_t + T_t)$ $T_{t+1} = \beta \cdot (L_{t+1} - L_t) + (1-\beta)\cdot T_t$	$F_{t+1} = L_t + T_t$ $F_{t,t+r} = L_t + r\, T_t$
Smorzameto esponenziale corretto per il Trend e la Stagionalità	Dal metodo statico: $L_t = L + t \cdot T$ $T_t = T$ $S_t = D_t / L_t$ ... $S_{t+p} = D_{t+p}/L_{t+p}$	$L_{t+1} = \alpha \cdot \frac{D_{t+1}}{S_{t+1}} + (1-\alpha)\cdot (L_t + T_t)$ $T_{t+1} = \beta \cdot (L_{t+1} - L_t) + (1-\beta)\cdot T_t$ $S_{t+1+p} = \gamma \cdot \frac{D_{t+1}}{L_{t+1}} + (1-\gamma)\cdot S_{t+1}$	$F_{t+1} = (L_t + T_t)\, S_{t+1}$ $F_{t,t+r} = (L_t + r\, T_t)\, S_{t+r}$

Tabella 8. Formule riassuntive dei metodi di previsione autoadattativi.

2.6 Misure di errore

Esistono diversi modi per quantificare l'errore di previsione fatto da un metodo. Innanzi tutto è necessario avere una serie di intervalli temporali per ciascuno dei quali si abbia a disposizione sia la previsione effettuata con un certo metodo, sia la domanda effettivamente realizzatisi.
Per il generico intervallo t, definiamo innanzi tutto E_t, l'errore commesso:

$$E_t = F_t - D_t \tag{2.30}$$

Questa quantità può essere positiva o negativa, a seconda che nell'intervallo t la previsione abbia rispettivamente sovrastimato o sottostimato la domanda effettiva.
Volendo assegnare invece all'errore un valore sempre positivo, si può calcolare l'errore assoluto A_t :

$$A_t = |E_t|$$

Se vogliamo quantificare l'errore commesso non solamente in un singolo intervallo temporale, ma su una serie di intervalli temporali 1, …, n, è necessario sintetizzare in un'unica misura gli errori commessi nei vari intervalli, attraverso le seguenti metriche.

Errore Medio Assoluto (*MAD* – Mean Absolute Deviation): fornisce un'indicazione di quanto in media in ogni intervallo ci si è discostati in valore assoluto dalla domanda effettiva. Ha le stesse dimensioni della domanda (unità/tempo).

$$MAD = \frac{\sum_{t=1}^{n} A_t}{n} = \frac{\sum_{t=1}^{n} |F_t - D_t|}{n} \tag{2.31}$$

Errore Quadratico Medio (*MSE* – Mean Squared Error): fornisce la media dell'errore al quadrato in ogni intervallo. Come nel MAD, gli errori negativi e positivi non si compensano. Ha le dimensioni della domanda al quadrato (unità/tempo)^2. Rispetto al MAD, essendo la scala degli errori quadratica e non lineare, si dà più importanza agli intervalli in cui si verificano errori di previsione più elevati.

$$MSE = \frac{\sum_{t=1}^{n} E_t^2}{n} = \frac{\sum_{t=1}^{n} (F_t - D_t)^2}{n} \tag{2.32}$$

Errore Medio Assoluto Percentuale (*MAPE* – Mean Absolute Percentage Error): simile al MAD, ma la media è fatta non sul valore assoluto dell'errore, bensì sul valore assoluto percentuale dell'errore rispetto alla domanda dell'intervallo. Fornendo una variazione percentuale invece che assoluta è particolarmente indicato quando si verificano forti oscillazioni di domanda, oppure quando si deve confrontare il comportamento di un metodo applicato a diversi prodotti la cui domanda è molto diversa fra di loro.

$$MAPE = \frac{\sum_{t=1}^{n} \frac{A_t}{D_t}}{n} \tag{2.33}$$

Le misure di errore sopra descritte sono utili per stabilire, da una serie di dati storici, quale tra diversi metodi di previsione è il più accurato. Un concetto molto importante da capire però è il fatto che a seconda della misura di errore scelta per confrontare i diversi metodi, il giudizio riguardo a quale metodo sia il più accurato può cambiare. Illustriamo questo concetto con un esempio.

ESEMPIO NUMERICO

Si abbiano a disposizione i seguenti dati di domanda per un item:

t	**1**	**2**	**3**	**4**	**5**	**6**	**7**	**8**	**9**	**10**	**11**	**12**
D_t	60	100	80	85	60	73	70	120	133	52	140	95

Applicare i metodi della media mobile di ordine N=5 e dello smorzamento esponenziale semplice con $\alpha = 0{,}1$, utilizzando la metà dei dati a disposizione, ovvero 6 intervalli temporali, per inizializzare i metodi, ed i restanti dati per simulare l'applicazione del metodo. Calcolare negli intervalli da 7 a 12 il MAD, il MSE ed il MAPE. Quale dei due metodi è stato il più accurato?

Applicando i procedimenti descritti nel paragrafo 2.5.1 per la media mobile di ordine 5, e nel paragrafo 2.5.2 per lo smorzamento esponenziale semplice con $\alpha = 0{,}1$ è possibile calcolare per entrambi i metodi le previsioni per gli intervalli 7–12 (i valori sono riportati rispettivamente in Tabella 9 e in Tabella 10 e raffigurati in Figura 22).

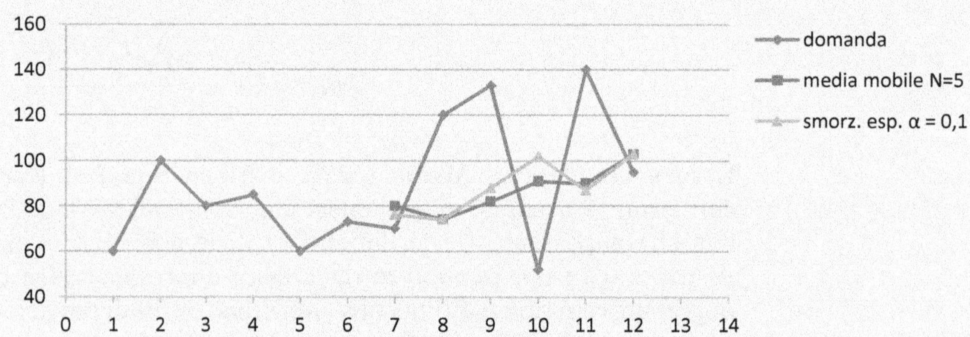

Figura 22. Confronto fra i due metodi di previsione

Per ciascun intervallo da 7 a 12 è quindi possibile calcolare l'errore assoluto A_t, l'errore quadratico E_t^2 e l'errore assoluto percentuale A_t/D_t. Facendone la media sul numero di intervalli osservati (n = 6), ovvero applicando le (2.31), (2.32) e (2.33), è possibile poi calcolare il *MAD*, il *MSE* ed il *MAPE*.

Come si nota, se scegliessimo di confrontare i due metodi sulla base del *MAD* (o del *MAPE*), il metodo che fornisce un errore medio assoluto minore risulta essere in questo caso lo smorzamento esponenziale semplice (41,43 contro 44,57). Se invece si sceglie il *MSE*, il metodo che fornisce un errore quadratico medio minore risulta essere la media mobile (1483,67 contro 1547,2).

La scelta della misura di errore da utilizzare per il confronto deve essere fatta dunque tenendo bene a mente come è costruita la metrica, dando la preferenza quindi al MAD quando si vogliono pesare ugualmente gli errori assoluti, all'MSE quando si vogliono pesare maggiormente gli errori in assoluto più grandi, e al MAPE quando si vogliono pesare maggiormente gli errori percentualmente più grandi rispetto alla domanda.

t	D_t	L_t	F_t	E_t	A_t	E_t^2	A_t/D_t
1	60						
2	100						
3	80						
4	85						
5	60						
6	73	79,6					
7	70	73,6	80	10	10	100	0,1429
8	120	81,6	74	–46	46	2116	0,3833
9	133	91,2	82	–51	51	2601	0,3835
10	52	89,6	91	39	39	1521	0,7500
11	140	103	90	–50	50	2500	0,3571
12	95	108	103	8	8	64	0,0842
					MAD	**MSE**	**MAPE**
					44,57	1483,67	0,3502

Tabella 9. Errori di previsione con media mobile di ordine 5.

t	D_t	L_t	F_t	E_t	A_t	E_t^2	A_t/D_t
1	60						
2	100						
3	80						
4	85						
5	60						
6	73	76,33					
7	70	75,70	76	6	6	36	0,0857
8	120	80,13	76	–44	44	1936	0,3667
9	133	85,42	80	–53	53	2809	0,3985
10	52	82,08	85	33	33	1089	0,6346
11	140	87,87	82	–58	58	3364	0,4143
12	95	88,58	88	–7	7	49	0,0737
					MAD	**MSE**	**MAPE**
					41,43	1547,2	0,3289

Tabella 10. Errori di previsione con smorzamento esponenziale semplice ($\alpha = 0,1$).

2.7 Tuning dei metodi di previsione autoadattativi

Come abbiamo visto i metodi di previsione autoadattativi sono in generale contraddistinti da uno o più parametri, che chiameremo da qui in poi **parametri caratteristici**: l'ordine N nel caso della media mobile, e i vari coefficienti di smorzamento α, β e γ, per i metodi di Brown, Holt e Winters.
Al di là delle considerazioni generali sul legame tra i suddetti parametri e la previsione che ne risulta, la scelta dei valori da utilizzare per essi viene di solito eseguita attraverso una fase di 'addestramento'(in inglese 'tuning', che significa 'messa a punto') del metodo di previsione.
La fase di tuning consiste nel simulare più volte, su una serie di dati storici, l'applicazione del metodo che si vuole mettere a punto facendo variare il valore dei parametri caratteristici, ed osservando l'errore commesso dal metodo nei vari casi. Il valore del parametro (o dei parametri) per cui l'errore è più piccolo sarà quello da utilizzare per le previsioni vere e proprie. La Figura 23 mostra come utilizzare dei dati storici relativi alla domanda di un prodotto nel momento in cui si voglia introdurre un metodo di previsione da utilizzare in futuro. Una prima parte dei dati storici servirà per **l'inizializzazione** del metodo, da eseguire a seconda del metodo utilizzato come illustrato nel capitolo 2.5. La restante parte dei dati storici invece servirà per eseguire il **tuning** del metodo: l'iterazione delle fasi di previsione per un intervallo e successiva registrazione del dato di domanda per quell'intervallo, con conseguente modifica delle stime delle componenti della domanda, verranno simulate proprio utilizzando questi dati. In questo modo per ogni intervallo durante la fase di tuning, si avranno a disposizione sia un dato di previsione F_t che un dato di domanda effettiva D_t. Il periodo di tuning fornirà quindi una serie di intervalli utili a calcolare l'errore di previsione secondo una (o più) delle metriche descritte nel capitolo 2.6. Ripetendo il procedimento al variare dei parametri caratteristici del metodo, sarà possibile individuare i valori dei parametri stessi che minimizzano l'errore commesso. Come misura di errore in questa fase viene di solito utilizzato il *MAD*, che stima l'accuratezza delle previsioni in valore assoluto e fornisce un errore medio nelle stesse dimensioni della domanda. Alternativamente come detto possono essere utilizzati il *MSE* o il *MAPE*, a seconda della necessità.

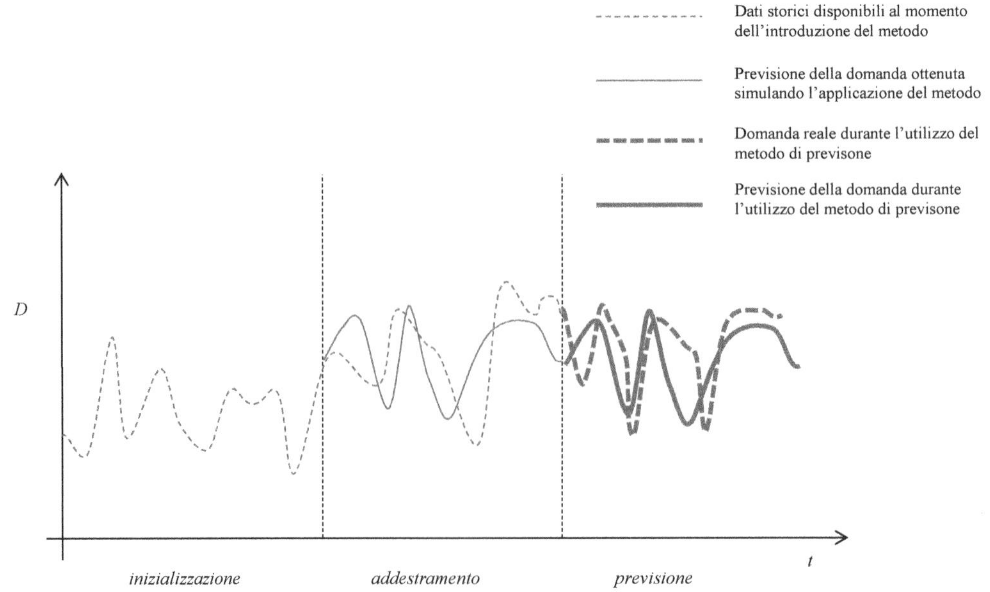

Figura 23. Utilizzo dei dati storici nei metodi di previsione autoadattativi.

ESEMPIO NUMERICO

Si abbiano a disposizione i seguenti dati storici mensili di domanda per l'item B22:

t	**1**	**2**	**3**	**4**	**5**	**6**	**7**	**8**	**9**	**10**	**11**	**12**
D_t	100	120	110	90	95	105	100	109	99	96	107	91
t	**13**	**14**	**15**	**16**	**17**	**18**	**19**	**20**	**21**	**22**	**23**	**24**
D_t	111	97	105	110	93	118	105	113	106	108	96	103

L'andamento temporale è raffigurato in Figura 24. Non essendoci evidenti componenti di trend stagionalità si sceglie di utilizzare il metodo dello smorzamento esponenziale semplice per prevedere la domanda. Si decide dunque di utilizzare il primo anno, ovvero i primi 12 intervalli temporali, per inizializzare il metodo, ed il secondo anno per eseguire la fase di tuning.

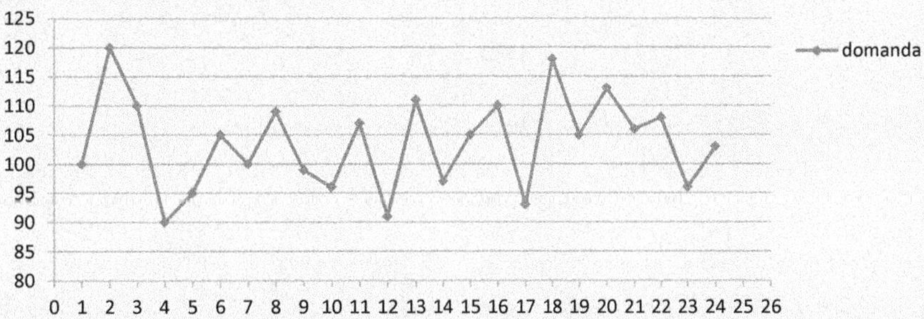

Figura 24. Confronto fra i due metodi di previsione

L'inizializzazione porta al calcolo di un livello iniziale L_{12} che sarà pari alla media delle domande dei primi 12 intervalli temporali. Applicando la (2.15):

$$L_{12} = \frac{D_{12} + D_{11} + D_{10} + \ldots + D_3 + D_2 + D_1}{12} = 101,83$$

A questo punto si procede con la fase di tuning, ovvero in questo caso con la determinazione del valore ottimale del parametro caratteristico α simulando il comportamento del metodo di previsione sul secondo anno (intervalli da 13 a 24). Faremo dunque diverse simulazioni variando il valore del parametero caratteristico, ed osservando per quale valore di α si ottiene il *MAD* più basso. In Tabella 11 viene esemplificato il calcolo per $\alpha = 0,1$.

t	D_t	L_t	F_t	E_t	A_t	E_t^2		
12		101,83						
13	111	102,75	102	-9	9	81		
14	97	102,18	103	6	6	36		
15	105	102,46	102	-3	3	9		
16	110	103,21	102	-8	8	64		
17	93	102,19	103	10	10	100		
18	118	103,77	102	-16	16	256		
19	105	103,89	104	-1	1	1		
20	113	104,80	104	-9	9	81		
21	106	104,92	105	-1	1	1		
22	108	105,23	105	-3	3	9		
23	96	104,31	105	9	9	81	***MAD***	***MSE***
24	103	104,18	104	1	1	1	**6,333**	**60**

Tabella 11. Calcolo del *MAD* nel caso di smorzamento esponenziale con $\alpha = 0,1$.

Otteniamo dunque per $\alpha = 0{,}1$ un errore medio assoluto pari a 6,333 pezzi/mese. Ripetendo il procedimento facendo variare α da 0 ad 1, con intervallo pari a 0,1, otterremo i risultati mostrati in Tabella 12.

α	0	0,1	0,2	0,3	0,4	0,5	0,6	0,7	0,8	0,9	1
MAD	6,75	6,33	6,33	6,58	6,83	7,25	7,75	8,25	9,17	9,75	10,58

Tabella 12. Andamento del *MAD* in funzione del parametro caratteristico α.

Si vede che i valori più bassi del *MAD* si ottengono per valori del parametro caratteristo pari a 0,1 o 0,2 indifferentemente. L'andamento del *MAD* in funzione di α è graficato in Figura 25. Si nota, come quasi sempre accade, che la funzione ha molto probabilmente un solo minimo, che in questo caso sarà compreso proprio fra i due valori individuati. Non è detto che questo accada sempre, ovvero la funzione può avere più minimi, che comunque molto spesso sono tra di loro vicini.

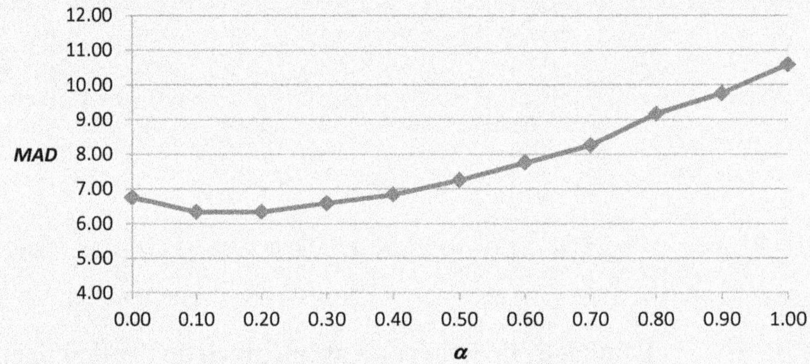

Figura 25. Andamento del *MAD* in funzione del parametro caratteristico α.

La ricerca di un minimo locale può avvenire tramite il metodo della bisezione. In questo caso per esempio potremmo valutare se un valore intermedio tra 0,1 e 0,2, pari a 0,15, porti ad un valore del *MAD* minore di 6,33. In Tabella 13 vengono appunto riportati i calcoli per un valore di $\alpha = 0{,}15$, da cui si nota in effetti che si ha un ulteriore decremento del *MAD*, che scende a 6,17.

t	D_t	L_t	F_t	E_t	A_t	E_t^2		
12		101,83						
13	111	103,21	102	-9	9	81		
14	97	102,28	103	6	6	36		
15	105	102,69	102	-3	3	9		
16	110	103,78	103	-7	7	49		
17	93	102,17	104	11	11	121		
18	118	104,54	102	-16	16	256		
19	105	104,61	105	0	0	0		
20	113	105,87	105	-8	8	64		
21	106	105,89	106	0	0	0		
22	108	106,20	106	-2	2	4		
23	96	104,67	106	10	10	100	***MAD***	***MSE***
24	103	104,42	105	2	2	4	**6,17**	**60,33**

Tabella 13. Calcolo del *MAD* nel caso di smorzamento esponenziale con $\alpha = 0{,}15$.

La ricerca dei valori ottimali dei parametri caratteristici dei metodi di previsione autoadattativi può essere velocizzata ed automatizzata utilizzando ad esempio lo strumento Risolutore dei fogli elettronici Excel, o creando apposite routine tramite linguaggi di programmazione. Ciò è tanto più consigliabile quando i parametri caratteristici di un metodo sono più di uno, come è il caso dei modelli di Holt e Winters. Si capisce infatti come l'esplorazione di tutte le combinazioni di valori assumibili da più parametri sia un'operazione molto laboriosa se eseguita manualmente.

2.8 Monitoraggio e controllo delle previsioni

Una volta individuati i valori ottimali dei parametri caratteristici, inizierà l'applicazione vera e propria del metodo per la **previsione** della domanda futura. Il procedimento è sempre lo stesso, con l'aggiornamento delle stime delle componenti via via che il nuovo dato di domanda si verifica. Durante questa fase si continuano ad aggiornare anche le misure di errore. Seguendo lo stesso procedimento dello smorzamento esponenziale, si tenderà a dare più peso all'ultima misura di errore rilevata, adottando quindi le seguenti formule:

$$MAD_t = \omega A_t + (1-\omega) MAD_{t-1} \qquad (2.34)$$

$$MSE_t = \omega E_t^2 + (1-\omega) MSE_{t-1} \qquad (2.35)$$

$$MAPE_t = \omega (A_t / D_t) + (1-\omega) MAPE_{t-1} \qquad (2.36)$$

dove ω, coefficiente di smorzamento, può essere selezionato tra valori compresi tra 0,01 e 0,1. Aggiornare le misure di errore attraverso le (2.34)–(2.36) invece che attraverso le (2.31)–(2.33) ha un duplice vantaggio. Il primo è che non è necessario tenere registrati tutti i valori degli errori del passato, essendo necessario solo il valore della misura di errore all'intervallo precedente. Il secondo è che usando le (2.31)–(2.33) si assegna un egual peso agli errori commessi nei vari intervalli temporali. Viceversa, le (2.34)–(2.36) permettono di dare un peso maggiore agli intervalli temporali più recenti, assegnando pesi che decrescono esponenzialmente quanto più gli intervalli temporali si riferiscono a dati del passato.

2.8.1 Rilevamento di singole domande anomale

In generale, il processo di registrazione del dato di domanda può essere spesso affetto da errori di vario genere (errori umani di trascrizione, errori nel sistema informativo, registrazione del dato di vendita e non di domanda, ordini speciali etc.).
Se il sistema di previsione funziona correttamente, il valore del *MAD* e del *MSE* forniscono una misura di quanto ci si può aspettare che la domanda effettiva si discosti dalla previsione. Se consideriamo l'errore di previsione come una variabile aleatoria distribuita gaussianamente, la sua deviazione standard può essere calcolata come:

$$\sigma = \sqrt{MSE} \approx 1,25 \cdot MAD$$

Un semplice metodo per rilevare il verificarsi di un potenziale dato di domanda anomalo è quello di monitorare che la domanda non si discosti dalla previsione per un valore maggiore di $k \cdot \sigma$, dove k può essere scelto ad esempio pari a 3. Infatti, se si suppone che gli errori di previsione abbiano una distribuzione normale, la probabilità che l'errore sia compreso in un intervallo di ampiezza pari a 3σ è di circa il 99,5%. In ogni intervallo intervallo temporale t sarà dunque possibile calcolare un intervallo di confidenza entro cui ci aspettiamo che si verifichi la domanda D_{t+1}:

$$F_{t+1} - k\sqrt{MSE_t} \leq D_{t+1} \leq F_{t+1} + k\sqrt{MSE_t} \quad (2.37)$$

Un valore della domanda effettiva al di fuori di questo intervallo indica la presenza di un potenziale problema nel processo di registrazione del dato di domanda, che deve essere opportunamente indagato.

2.8.2 Controllo dell'errore sistematico (*BIAS*)

L'errore sistematico (in inglese *BIAS*) si verifica quando il metodo di previsione tende sistematicamente a sovrastimare o a sottostimare la domanda effettiva. La presenza di un errore sistematico elevato segnala che la stima delle componenti della domanda sta avvenendo in maniera non accurata, o che addirittura il modello di domanda adottato non è corretto. E' importante quindi tenere sotto controllo l'errore sistematico commesso, e per far ciò è innanzi tutto fondamentale definirlo.
Definiamo **errore sistematico (*BIAS*)** la somma cumulata degli errori commessi, con segno, negli intervalli temporali in cui si è eseguita la previsione.

$$BIAS_t = E_t + BIAS_{t-1} \quad (2.38)$$

con $BIAS_1 = E_1$. Un valore positivo del *BIAS* indica che mediamente la previsione è stata maggiore della domanda effettiva (il metodo sovrastima) mentre un valore negativo indica che, sempre mediamente, la previsione è stata minore della domanda effettiva (il metodo sottostima). Un valore circa nullo del *BIAS* indica che il metodo è centrato, ovvero che non è affetto da errore sistematico. Questo non significa che in ogni singolo intervallo l'errore è stato nullo, visto che errori di segno opposto in diversi intervalli si compensano.
Per valutare se l'errore sistematico sta assumendo valori troppo elevati, è necessario normalizzarlo, ovvero confrontarlo con una misura di errore che non tenga conto del segno. Vediamo due metodi alternativi che possono essere utilizzati allo scopo.

- **Tracking Signal Cumulato (*CTS* = *Cumulative Traking Signal*):** è il rapporto tra il *BIAS* e la radice quadrata dell'*MSE*, e fornisce così un valore adimensionale e normalizzato dell'errore sistematico commesso.

$$CTS_t = \frac{BIAS_t}{\sqrt{MSE_t}} \quad (2.39)$$

- **Tracking Signal Smorzato (*STS* = *Smoothed Tracking Signal*):** è il rapporto tra una stima dell'errore con segno, e il *MAD*. Anche in questo caso abbiamo una stima adimensionale e normalizzata dell'errore sistematico commesso.

$$STS_t = \frac{e_t}{MAD_t} \quad (2.40)$$

dove la stima dell'errore con segno all'intervallo t non viene aggiornata tramite la (2.30), ma è ottenuta in analogia alle (2.34)–(2.36) attraverso la seguente formula:

$$e_t = \omega \cdot E_t + (1-\omega)e_{t-1} \qquad (2.41)$$

con $e_1 = E_1$. Confrontando la (2.34) con la (2.41), poiché gli errori con segno si compensano, mentre gli errori assoluti no, sarà:

$$-MAD_t \le e_t \le MAD_t$$

I valori limite per cui è valida l'eguaglianza si verificano quando gli errori commessi sono stati tutti positivi o tutti negativi. Di conseguenza sarà anche:

$$-1 \le STS_t \le 1$$

Un errore sistematico troppo elevato può essere rilevato attraverso la definizione di valori soglia per *CTS* e *STS*:

$$-k \le CTS_t \le k \qquad\qquad -f \le STS_t \le f$$

Valori plausibili, almeno in fase iniziale, possono essere $k = 4$ e $f = 0{,}4$. Tali valori possono essere poi aggiustati sulla base del grado di accuratezza richiesto per le previsioni, considerando che un numero eccessivo di interventi correttivi richiesti potrebbe essere spia del fatto che si sta intervenendo anche quando non realmente necessario.
Quando l'errore sistematico è troppo elevato, è necessario capirne la causa ed eventualmente adottare opportune azioni correttive. Ad esempio l'improvviso aumento del *BIAS* potrebbe essere di carattere temporaneo, dovuto ad esempio a vendite promozionali. In questo caso potrebbe essere sufficiente aggiustare le previsioni manualmente per alcuni intervalli. Se invece l'aumento ha carattere permanente, potrebbe essere dovuto a un cambiamento strutturale della penetrazione del prodotto nel mercato, per cui anche le componenti della domanda potrebbero essere cambiate strutturalmente. In questo caso l'intervento umano potrà consistere in azioni quali (in ordine crescente per grado di cambiamento richiesto):

- aggiustare manualmente i valori dei coefficienti di smorzamento;
- rieseguire l'inizializzazione e il tuning del metodo di previsione attualmente utilizzato a partire da dati più recenti di domanda;
- rimettere in discussione il metodo di previsione utilizzato;
- rimettere in discussione il modello di domanda utilizzato.

ESEMPIO NUMERICO

Facciamo riferimento all'item B22 dell'esempio numerico del paragrafo 2.7. E' stato determinato il valore ottimale del parametrico caratteristico α, ed ora cominciamo ad applicare il metodo su dati di domanda nuovi. Si supponga che nei mesi successivi all'adozione del metodo di previsione (intervalli temporali da 25 a 34) si verifichino le seguenti domande.

t	**25**	**26**	**27**	**28**	**29**	**30**	**31**	**32**	**33**	**34**
D_t	109	171	105	110	118	117	128	137	129	147

Dal periodo 25 in poi, oltre a prevedere la domanda con il metodo dello smorzmento esponenziale semplice con α=0,15, eseguiremo il monitoraggio delle previsioni, andando a controllare se si verificano eventuali dati di domanda anomala o un aumento eccessivo dell'errore sistematico. Per fare ciò è necessario continuare ad aggiornare le misure di errore. Infatti il *MAD* ci servirà a calcolare lo Smoothed Tracking Signal (*STS*), mentre il *BIAS* e il *MSE* serviranno per calcolare il Cumulative Tracking Signal (*CTS*); inoltre il *MSE* servirà anche ad avere una stima della deviazione standard dell'errore di previsione. Occorrerà anche aggiornare l'errore smorzato *e*, anch'esso necessario al calcolo dello *STS*. Come valore iniziale di *e*, da ascrivere al periodo 24, prenderemo una media degli errori E_t osservati durante il periodo di tuning (si veda la Tabella 13).

$$e_{24} = \sum_{t=13}^{24} E_t = -9 + 6 - 3 + ... + 10 + 2 = 1,333$$

Avremo dunque che, per l'intervallo 24, i valori iniziali di *CTS* e *STS* saranno:

$$CTS_{24} = \frac{BIAS_{24}}{\sqrt{MSE_{24}}} = \frac{-16}{\sqrt{60,33}} = -2,06$$

$$STS_{24} = \frac{e_{24}}{MAD_{24}} = \frac{-1,33}{6,17} = -0,216$$

valori che sono nel range di ammissibilità.

La domanda prevista per l'intervallo 25 sarà pari a $F_{25}=L_{24}=104$. Supponendo che l'errore di previsione sia distribuito gaussianamente, l'intervallo entro il quale ci dobbiamo aspettare di trovare la domanda D_{25} col 99% di probabilità sarà, dalla (2.37):

$$104 - 3\sqrt{60,33} \le D_{25} \le 104 + 3\sqrt{60,33} \quad \Rightarrow \quad 81 \le D_{25} \le 127$$

Quando il nuovo dato di domanda si verifica, si osserva che in effetti $D_{25}=109$, valore che è all'interno dell'intervallo calcolato. Aggiorniamo il livello L_{25} e calcoliamo nell'intervallo 25 gli errori E_{25}, A_{25} *e* E_{25}^2. Aggiorniamo i valori di *MAD, MSE, BIAS* ed *e* rispettivamente attraverso le (2.34)(2.35)(2.38) e (2.41), adottando un valore per il coefficiente ω pari a 0,1:

$$L_{25} = 0,15 \cdot 109 + (1 - 0,15) \cdot 104,42 = 105,11$$

$$MAD_{25} = 0,1 \cdot 5 + (1 - 0,1) \cdot 6,17 = 6,108$$

$$MSE_{25} = 0,1 \cdot 25 + (1 - 0,1) \cdot 60,33 = 58,57$$

$$BIAS_{25} = BIAS_{24} + E_{25} = -16 - 5 = -21$$

$$e_{25} = 0,1 \cdot (-5) + (1 - 0,1) \cdot (-1,333) = -1,517$$

Come prima, è possibile ora calcolare i valori di *CTS* e *STS* per l'intervallo 25:

$$CTS_{25} = \frac{BIAS_{25}}{\sqrt{MSE_{25}}} = \frac{-21}{\sqrt{58,57}} = -2,744$$

$$STS_{25} = \frac{e_{25}}{MAD_{25}} = \frac{-1,517}{6,108} = -0,248$$

valori che sono ancora nel range di ammissibilità.

La domanda prevista per l'intervallo 26 sarà pari a $F_{26}=L_{25}=105$. L'intervallo entro il quale ci dobbiamo aspettare di trovare la domanda D_{26} col 99% di probabilità sarà:

$$105 - 3\sqrt{58,57} \le D_{25} \le 105 + 3\sqrt{58,57} \quad \Rightarrow \quad 82 \le D_{25} \le 128$$

Quando il nuovo dato di domanda si verifica, si osserva che stavolta D_{26}=171, valore che è ben al di fuori del range appena calcolato. E' stata dunque rilevata una domanda potenzialmente anomala, ed in effetti a seguito di una verifica si riscontra che c'è stato un errore nell'immissione del dato, e che il dato corretto nell'intervallo 26 è pari a 101.
Correggiamo dunque il dato e proseguiamo, come fatto per gli intervalli 24 e 25, con:
- l'aggiornamento del livello
- l'aggiornamento delle misure di errore *MAD*, *MSE* ed *e*
- il calcolo di *CTS* e *STS* e la verifica di essere all'interno del range ammissibile
- il calcolo della previsione per il periodo successivo
- il calcolo dell'intervallo di confidenza sulla previsione per il periodo successivo

La Tabella 14 mostra i risultati di questo procedimento svolti fino all'intervallo temporale 35.
Come si può osservare, mentre non si rilevano ulteriori dati di domanda anomali, poiché D_t si mantiene sempre all'interno delle soglie *min* e *max* calcolate in ogni intervallo, viene rilevato un aumento eccessivo dell'errore sistematico. In particolare, il *CTS* assume un valore fuori soglia nell'intervallo 29 (-4,724<-4) e lo *STS* nell'intervallo 31 (-0,467<-0,4). Osservando infatti la Figura 26, la domanda ha assunto un andamento con un marcato trend positivo. Il metodo fatica quindi a fornire previsioni affidabili perché il modello di domanda su cui è basato non prevede la presenza del trend. Sarà in questo caso auspicabile adottare il metodo di Holt, esegundone il tuning sui dati più recenti di domanda disponibili.

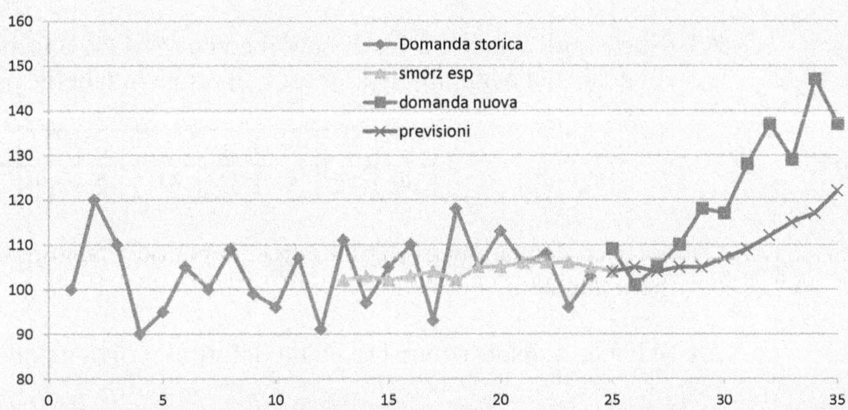

Figura 26. Monitoraggio delle previsioni: cambiamento nelle componenti della domanda.

t	D_t	L_t	F_t	E_t	A_t	E_t^2	*MAD*	*MSE*	*BIAS*	*e*	*min*	*max*	*CTS*	*STS*
24	103	104,42	105	2	2	4	6,17	60,33	-16	-1,333			-2,060	-0,216
25	109	105,11	104	-5	5	25	6,11	58,57	-21	-1,517	81	127	-2,744	-0,248
26	101	104,49	105	4	4	16	6,00	56,44	-17	-1,241	82	128	-2,263	-0,207
27	105	104,57	104	-1	1	1	5,75	53,67	-18	-1,229	81	127	-2,457	-0,214
28	110	105,38	105	-5	5	25	5,72	52,23	-23	-1,417	83	127	-3,182	-0,248
29	118	107,28	105	-13	13	169	6,08	58,07	-36	-1,996	83	127	-4,724	-0,328
30	117	108,73	107	-10	10	100	6,28	60,17	-46	-2,397	84	130	-5,930	-0,382
31	128	111,62	109	-19	19	361	6,91	75,21	-65	-3,227	86	132	-7,495	-0,467
32	137	115,43	112	-25	25	625	7,82	102,70	-90	-4,315	86	138	-8,881	-0,552
33	129	117,47	115	-14	14	196	8,13	107,36	-104	-4,800	85	145	-10,037	-0,591
34	147	121,90	117	-30	30	900	9,22	147,00	-134	-6,060	86	148	-11,052	-0,657
35	137	124,16	122	-15	15	225	9,51	150,90	-149	-6,507	86	158	-12,130	-0,684

Tabella 14. Monitoraggio e controllo delle previsioni, smorzamento esponenziale con α =0,15.

Problemi

2.1 Il punto vendita del negozio di eletronica MediaShopping ha osservato i seguenti dati di vendita per il codice SM128L (scheda di memoria da 128Gb) negli ultimi 12 mesi dell'anno. Da luglio, a seguito dell'introduzione di un modello più veloce, il prezzo del codice SM128L è calato significativamente, e si è osservato un improvviso aumento nelle vendite.

1	2	3	4	5	6	7	8	9	10	11	12
120	118	107	145	141	122	300	400	430	425	442	420

Si vuole osservare come si sarebbe comportato il metodo di previsione delle medie mobile. Utilizzando i primi 5 intervalli per inizializzare il metodo, simulare le previsioni che si sarebbero ottenuti negli intervalli da 6 a 12 utilizzando medie mobili:

- di ordine 3;
- di ordine 4;
- di ordine 5.

Disegnare in un diagramma la domanda reale e la domanda prevista per i tre metodi. Calcolare il MAD per ciascuno dei tre metodi.

2.2 Ripetere l'esercizio 2.1 simulando l'applicazione del metodo dello smorzamento esponenziale semplice con valori di α pari a 0,1, 0,5, 0,9.

2.3 Ripetere gli esercizi 2.1 e 2.2 per il codice SM256L (scheda di memoria da 256Gb), la cui domanda negli ultimi 12 mesi è riportata in tabella.

1	2	3	4	5	6	7	8	9	10	11	12
60	78	57	59	61	72	69	53	75	69	61	70

I valori dei parametri caratteristici dei metodi che minimizzano il MAD sono gli stessi per i due item? Perché?

2.4 Si hanno a disposizione i seguenti dati storici di domanda relativi agli ultimi 15 mesi.

1	2	3	4	5	6	7	8	9	10	11	12	13	14	15
24	73	57	68	85	67	45	50	65	73	85	104	125	135	145

Per prevedere la domanda si deve scegliere il migliore metodo fra smorzamento esponenziale semplice ($\alpha = 0{,}3$), e metodo di Holt ($\alpha = 0{,}3$; $\beta = 0{,}6$). Usare i primi 10 dati per inizializzare i metodi ed i restanti per confrontarli. Quale dei due metodi è il più accurato? Quale è la previsione fornita dai due metodi per il mese 16? E per il mese 20?

2.5 Si hanno a disposizione i seguenti dati storici di domanda del codice prodotto XC2.

	gen	feb	mar	apr	mag	giu	lug	ago	set	ott	nov	dic
2006	x	x	x	x	x	x	x	x	x	205	197	220
2007	231	242	245	238	246	247	?					

Si deve prevedere la domanda per il mese di luglio 2007, utilizzando:

- un modello di smorzamento esponenziale semplice con $\alpha = 0,1$;
- un modello di smorzamento esponenziale semplice con $\alpha = 0,3$;
- media mobile di ordine 3.

Si inizializzino i modelli sfruttando i dati del 2006.

Calcolare quale metodo fornisce risultati più accurati rispetto alle domande effettivamente riscontratesi nel 2007 (fino a giugno), e prevedere la domanda per il mese di luglio con tale metodo.

2.6 La previsione della domanda per l'articolo PR1 viene fatta attraverso il metodo dello smorzamento esponenziale di Winter. Si supponga di essere nel mese di Giugno 2010, e di avere per quell'intervallo una stima del livello della domanda pari a 600, un trend pari a 30, e le seguenti stime aggiornate dei coefficienti stagionali mensili:

	gen	feb	mar	apr	mag	giu	lug	ago	set	ott	nov	dic
Coeff. Stagion.	0,7	0,45	1	1,2	1,25	1,17	0,95	1,6	1,3	1,1	0,89	0,6

Applicare il metodo nei 6 intervalli successivi, considerando che le domande effettive di volta in volta riscontrate sono le seguenti:

	2010					
	lug	ago	set	ott	nov	dic
domanda (unità)	320	310	380	450	490	460

utilizzando una volta valori di $\alpha = \beta = \gamma = 0,3$, e un'altra $\alpha = \beta = \gamma = 0,1$.

Quale delle due serie di parametri conduce a un risultato più accurato?

Quale è la stima, fatta a Dicembre 2010, per le domande nell'anno successivo (Gennaio–Dicembre 2011)?

2.7 Si hanno a disposizione i seguenti dati storici di domanda per un dato prodotto, relativi a 12 quadrimestri:

anno	2010			2011			2012			2013		
t	1	2	3	4	5	6	7	8	9	10	11	12
quadr.	1	2	3	1	2	3	1	2	3	1	2	3
dom.	750	250	600	900	300	700	850	430	790	950	300	910

Per prevedere la domanda si utilizzino il metodo di Winters ($\alpha = 0,3$, $\beta = 0,3$, $\gamma = 0,3$) e il metodo di Holt ($\alpha = 0,3$, $\beta = 0,3$). Usare i primi 2 anni di dati per inizializzare i metodi. Applicando i metodi negli intervalli 7–12 stabilire, motivando le risposte:

- quale dei due metodi è meglio adottare
- se i metodi sovrastimano o sottostimano
- se i valori indicati per i parametri α, β, e γ sono accettabili

Quale è la previsione fornita da entrambi i metodi per gli intervalli da 14 a 20?

2.8 Si abbiano a disposizione i seguenti dati storici di domanda relativi a 4 anni.

2011				2012				2013				2014			
1	2	3	4	1	2	3	4	1	2	3	4	1	2	3	4
1080	1320	1200	1740	2100	2310	1650	2100	2250	2490	2850	3150	4050	4350	4650	4500

Per prevedere la domanda si deve scegliere tra il migliore metodo fra media mobile di ordine N=3, e metodo di Holt (α = 0,5; β = 0,5). Usare i primi 2 anni di dati per inizializzare i metodi. Quale dei due metodi è il più accurato? Quale è la previsione fornita dai due metodi per i quattro trimestri del 2015?

2.9 Si consideri l'item dell'esercizio 2.4. Dopo aver scelto il metodo di previsione più accurato tra i due proposti, lo si applichi ai successivi intervalli temporali da 16 a 30 per cui si riportano anche le domande effetive riscontrate.

16	17	18	19	20	21	22	23	24	25	26	27	28	29	30
146	138	150	160	155	175	101	160	145	134	121	99	84	79	75

Ci sono intervalli in cui è possibile che si sia verificata una domanda anomala? E' necessario a un certo punto rieseguire il tuning del metodo di previsione?

PARTE II - MODELLI PER LA GESTIONE DELLE SCORTE

3 Classificazione dei tipi di scorte

3.1 Classificazione in base allo stato di trasformazione

Le scorte si possono classificare innanzi tutto a seconda dello stato di trasformazione dei materiali dai quali esse sono composte. La Figura 27 mostra uno schema semplificato del percorso che può seguire un certo materiale all'interno di un sistema di produzione, a partire dal ricevimento da parte del fornitore, fino alla consegna al cliente. In figura sono riportati simbolicamente, seguendo la notazione ASME (American Society of Mechanical Engineering), le fasi di immagazzinamento, contraddistinte da triangoli rovesciati, e le fasi di lavorazione, contraddistinte dai cerchi. La figura mostra come un sistema di produzione può essere pensato, nella sua massima semplificazione, come un sistema che, attraverso una serie di lavorazioni, trasforma le materie prime in prodotti finiti.

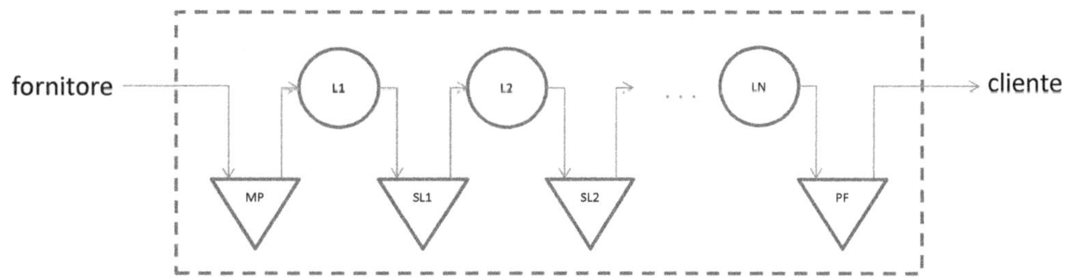

Figura 27. Schema semplificato di un sistema di produzione.

Quando i materiali entrano nel sistema di produzione, perché approvvigionati dall'esterno, sono per il sistema di produzione delle **materie prime** (MP), che vengono solitamente stoccate in magazzino. La funzione principale delle scorte nel magazzino materie prime è quella di disaccoppiare la fase di approvvigionamento alla fase di produzione. Disaccoppiare significa permettere che i processi a monte e a valle del magazzino possano non essere perfettamente sincronizzati. Chiariremo meglio questo concetto nel prossimo paragrafo, in cui discuteremo della *funzione* delle scorte.
Quando una materia prima viene lavorata, e subisce dunque la prima delle varie trasformazioni che lo porteranno allo stato di prodotto finito, assume lo stato di **semilavorato** (SL). Anche i semilavorati, tra una lavorazione e la successiva, possono essere stoccati. Fisicamente possono essere stoccati nello stesso magazzino delle materie prime, in un magazzino separato, o anche in spazi dedicati e adiacenti alle macchine che lo hanno lavorato o che lo stanno per lavorare. La funzione principale delle scorte di semilavorati è quella di *disaccoppiare* le fasi di lavorazione a monte e a valle del magazzino stesso.
Dopo che un semilavorato ha subito la sua ultima lavorazione, diventa **prodotto finito** (PF). I prodotti finiti possono a loro volta essere stoccati. La funzione principale delle scorte di prodotti finiti è quella di disaccoppiare il processo di soddisfacimento della domanda da quello di produzione.
Da notare che in Figura 27 il triangolo rappresenta una *fase* di immagazzinamento, e non un magazzino inteso come spazio fisico. Sia le materie prime, che i semilavorati che i prodotti finiti potrebbero ad esempio condividere uno stesso magazzino fisico. Il triangolo sta piuttosto ad indicare la predisposizione di *scorte*, ovvero di materiali

messi a disposizione *prima* che si verifichi la domanda del materiale stesso da parte dello stadio successivo.
Vedremo, con qualche eccezione, come molte delle tecniche di gestione delle scorte che andremo a descrivere nei capitoli successivi siano comuni ai vari tipi di scorte appena descritti.

3.2 Classificazione funzionale

Un altro modo di classificare le scorte è in base alla funzione che le scorte stesse vanno ad assumere nel sistema di produzione.

3.2.1 Le scorte di ciclo

Le scorte di ciclo sono quelle preposte alla funzione del *disaccoppiamento* tra due processi, uno a monte, di approvvigionamento, e l'altro a valle, di domanda. Come già accennato, disaccoppiare questi due processi significa permettere che approvvigionamento e domanda non siano perfettamente sincronizzati. Il motivo principale per cui spesso si rende necessario questo disaccoppiamento è l'esistenza del cosiddetto 'costo di riempimento', che fa sì che le quantità ordinate in approvvigionamento abbiano dimensioni diverse dalle quantità domandate.
Prendendo ad esempio in esame il magazzino MP nello schema riportato in Figura 27, il processo di domanda consiste nella richiesta di unità dalla lavorazione L1, mentre l'approvvigionamento consiste nelle processo di rifornimento dal fornitore. E' chiaro come sia difficile sincronizzare perfettamente questi due processi: ogni volta che la lavorazione L1 richiede una unità, il fornitore dovrebbe provvedere in tempo a rendere disponibile solo quell'unità. Quello che succede spesso invece è che, a fronte di una domanda unitaria (o comunque di poche unità), si effettuino verso il fornitore ordini di numerosità ben più consistente (lotti). Questo permette di avere a disposizione ogni volta in magazzino un certo numero di item che andranno ad essere consumati poi più gradualmente dal processo L1, senza bisogno di eseguire continui ordini verso il fornitore. Ma perché eseguire continui ordini, anche unitari, al fornitore non è una strada percorribile? La risposta ovvia è che il trasporto dal fornitore al sistema di produzione è un'attività costosa, che non può essere eseguita con troppa frequenza. Questo costo può essere compreso concettualmente con quello che definiamo 'costo di riempimento'.
Passando all'analisi di un magazzino di semilavorati, SL nello schema in Figura 27, qui il processo di approvvigionamento consiste nella produzione di pezzi della lavorazione a monte, diciamo L(i), mentre quello di domanda nella richiesta di pezzi dalla lavorazione a valle L(i+1). Anche in questo caso, è difficile sincronizzare perfettamente i due processi: nell'istante in cui la lavorazione a valle richiede un pezzo, la macchina a monte dovrebbe aver finito di lavorare proprio quel determinato pezzo. Questo può essere difficile da ottenere, anche perché se ci sono molte tipologie di pezzi da produrre, per cambiare la produzione da un tipo di pezzo ad un altro è spesso richiesto un attrezzaggio del macchinario (setup). Questo attrezzaggio ha un costo, in termini di tempo perso per essere eseguito e di risorse richieste per eseguirlo, e anche questo costo rientra nel cosiddetto 'costo di riempimento'. A causa di questo costo, spesso si preferisce non eseguire continui setup dei macchinari, ma piuttosto produrre una certa quantità di item dello stesso tipo una volta che la macchina è stata attrezzata per produrre quella determinata tipologia. Ecco che quindi anche in questo caso ci troviamo di fronte a un processo di domanda che può essere unitario, e ad uno di approvvigionamento che viene eseguito a lotti. La conseguenza è la formazione di scorte, che sono appunto le scorte di ciclo.

Prendendo infine in esame il magazzino prodotti finiti PF, il discorso è analogo. Il processo di domanda è quello del cliente finale, che domanda quantità unitarie o comunque relativamente contenute, mentre quello di approvvigionamento è quello dell'ultima lavorazione L(N), che per gli stessi motivi del caso precedente può avvenire a lotti anche consistenti. Questa differenza di grandezza delle quantità fra i due processi fa sì che si accumulino delle scorte, che sono appunto le scorte di ciclo.
Riassumendo, le scorte di ciclo:

- assolvono la funzione di disaccoppiare i processi di approvvigionamento e di domanda;
- sono dovute essenzialmente alla presenza dei costi di 'riempimento' che fanno sì che le quantità ordinate siano generalmente più grandi delle quantità domandate.

Da notare che le scorte di ciclo non sono scorte che vengono create per far fronte all'*incertezza* del processo di domanda e dei tempi di approvvigionamento. Ad esempio la Figura 28 mostra l'andamento delle giacenze di un magazzino nel caso in cui il processo di domanda sia deterministico e costante nel tempo, ed il tempo di approvvigionamento sia nullo: quando non ci sono più item in magazzino, la giacenza viene ripristinata tramite l'approvvigionamento istantaneo di un lotto di pezzi di grandezza Q. Quello che si viene a creare è il classico andamento delle giacenze a dente di sega, la cui area sottesa rappresenta proprio le scorte di ciclo. Queste scorte ci sono non perché la domanda sia aleatoria (in questo caso infatti è deterministica e anche costante) o ci sia incertezza sui tempi di approvvigionamento (in questo caso nulli) ma perché il processo di approvvigionamento avviene a lotti mentre il consumo è uniforme nel tempo.

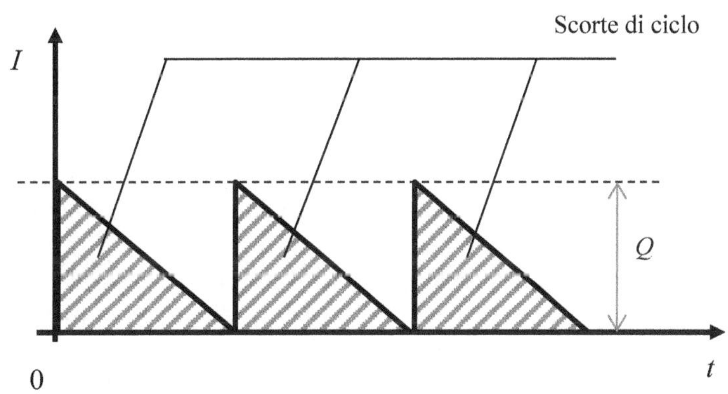

Figura 28. Le scorte di ciclo in caso di domanda deterministica e costante.

3.2.2 Le scorte di sicurezza

Le scorte di sicurezza sono quelle preposte alla funzione di proteggere dall'incertezza della domanda e dei tempi di approvvigionamento.
Come ben si comprende, l'andamento deterministico e costante della domanda descritto nel paragrafo precedente non è molto realistico. Nella realtà spesso la domanda di un certo item non è costante nel tempo, e spesso varia in maniera non prevedibile. Ecco perché, in molti dei modelli che introdurremo nei prossimi capitoli, modelleremo il processo di domanda come un processo aleatorio, e la variabile aleatoria 'domanda' verrà rappresentata tramite una funzione densità di probabilità.

Il processo di domanda è spesso aleatorio a tutti i livelli del sistema di produzione, ma specialmente a livello di domanda di prodotti finiti. La domanda da parte di un cliente di una particolare tipologia di prodotto è infatti difficilmente prevedibile, ed eventuali picchi di domanda possono portare alla cosiddetta 'rottura di stock', o 'stock-out': la situazione cioè in cui a fronte della domanda di un item non se ne rileva la sua presenza in magazzino. Ecco che quindi può rendersi necessario predisporre delle scorte proprio per far fronte a questa incertezza. In Figura 29 viene mostrato come le scorte di sicurezza possano essere pensate come un 'cuscino' al di sotto delle scorte di ciclo, cuscino che protegge dal fatto che la domanda non è deterministica. La pendenza del triangolo del dente di sega infatti varia nel tempo in maniera non prevedibile, e quella riportata in figura è solo una pendenza 'media'.

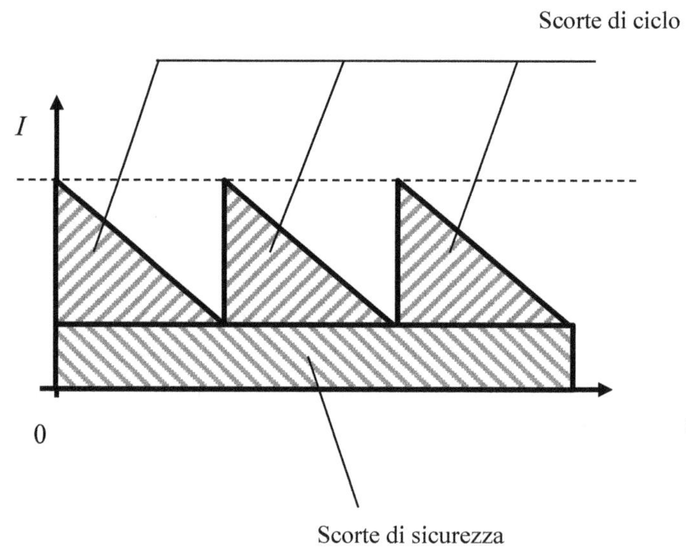

Figura 29. Le scorte di sicurezza.

Analoghe dinamiche possono trasferirsi a livello di semilavorati e materie prime: il processo di domanda a valle del magazzino può spesso non considerarsi deterministico, ragione per cui è necessario predisporre delle scorte di sicurezza.
Oltre che proteggere dall'incertezza relativa al processo di domanda, le scorte di sicurezza proteggono anche dall'incertezza insita nel processo di approvvigionamento. Anche tale processo è spesso caratterizzato nella realtà da aleatorietà, soprattutto per quanto riguarda il tempo che intercorre tra il momento del lancio dell'ordine di approvvigionamento e l'arrivo della merce in magazzino (il cosiddetto 'lead time' di approvvigionamento). A livello di magazzino materie prime tale incertezza è dovuta per esempio ai tempi di realizzazione e trasporto dell'item da parte del fornitore, che possono variare, come si può immaginare, per una moltitudine di fattori imprevedibili. A livello di magazzini semilavorati e prodotti finiti, i processi di approvvigionamento sono effettuati da macchinari (e in generale reparti) che eseguono una lavorazione a monte del magazzino stesso. Anche in questo caso il lead time può essere molto variabile, a causa per esempio di indisponibilità dei macchinari, di capacità produttiva già impiegata per la realizzazione di altri prodotti, etc. In tutti questi casi, non essendo sicuri di quando effettivamente la merce sarà consegnata al nostro magazzino e sarà a disposizione, sarà necessario predisporre delle scorte di sicurezza, al fine di evitare la rottura di stock.
Riassumendo, le scorte di sicurezza:

- assolvono la funzione di proteggersi dall'incertezza della domanda e del processo di approvvigionamento;
- non sarebbero necessarie se la domanda e i tempi di approvvigionamento fossero noti e deterministici.

3.2.3 Altre funzioni delle scorte

3.2.3.1 Le scorte di anticipo (stagionali o preventive)

Le scorte di anticipo sono delle scorte che assolvono apparentemente alla stessa funzione delle scorte di sicurezza: servono cioè a cautelarsi da picchi di domanda o da difficoltà di approvvigionamento. La differenza importante però è che in questo caso i picchi di domanda e le difficoltà di approvvigionamento sono in qualche modo *previsti*. Ad esempio, in caso di item a domanda stagionale, ci si può aspettare in un certo periodo dell'anno un picco di domanda. Il nostro impianto potrebbe non aver capacità produttiva sufficiente per rispondere al previsto picco di domanda nello stesso periodo in cui esso si verifica. Per questo motivo è necessario predisporre, durante i periodi precedenti il picco, delle scorte di anticipo, che in questo caso vengono dette scorte *stagionali*.
Analogamente, anche certe difficoltà di approvvigionamento sono certe volte previste. Ad esempio può essere previsto che una certa materia prima sia molto richiesta dal mercato in un determinato periodo, nel quale quindi si verificano ritardi nelle forniture. Oppure può essere previsto che sarà difficile approvvigionare un certo semilavorato in un determinato periodo, ad esempio nel caso di previsti fermi impianto per attività di manutenzione straordinaria programmata. In entrambi questi casi è necessario predisporre delle scorte, che vengono dette scorte *preventive*.
Riassumendo le scorte di anticipo possono essere classificate come 'stagionali' se servono a far fronte a previsti picchi domanda, e 'preventive' se servono a far fronte a previste difficoltà di approvvigionamento. In entrambi i casi è bene aver presente però che le scorte di anticipo non assolvono alla funzione di proteggere dalla aleatorietà dei processi di domanda e approvvigionamento, alla quale assolvono invece le scorte di sicurezza.

3.2.3.2 Le scorte in transito (pipeline)

Le scorte in transito sono spesso presenti in sistemi di produzione a più livelli (Supply Chain), e sono costituite da quei materiali che occupano per un tempo non irrilevante risorse dedicate al loro trasporto (treni, navi, aerei, etc.). In senso più lato, anche i semilavorati all'interno di un sistema di produzione possono essere considerate scorte in transito, quando non assolvono le funzioni di scorte di ciclo e di sicurezza. Ad esempio, i semilavorati che attraversano una linea di produzione con stazioni poste in serie, e che non vengono immagazzinati tra una stazione e la successiva, costituiscono delle scorte in transito.

3.2.3.3 Le scorte speculative

Le scorte speculative sono rappresentate da quei materiali che sono stati ordinati/acquistati anticipatamente rispetto al momento del consumo per prendere profitto della fluttuazione del loro prezzo di acquisto.

4 I costi rilevanti per le decisioni

Le decisioni riguardanti il sistema di produzione sono spesso decisioni di compromesso tra due aspetti che contrastano tra di loro: l'aspetto delle *prestazioni* del sistema di produzione, che vogliamo fornisca un livello di servizio al cliente che sia il più elevato possibile; l'aspetto *economico* legato ai costi del sistema, che vogliamo siano i più contenuti possibili.
Nella costruzione dei modelli matematici di supporto alle decisioni da prendere riguardo al miglior compromesso tra i due contrastanti aspetti sopra descritti, è importante quindi innanzi tutto definire meglio i due aspetti stessi: prestazioni e costi.
Nel presente paragrafo ci concentreremo nella definizione dei principali *costi* che troveremo essere spesso rilevanti ai fini delle decisioni da prendere per la gestione di un sistema produttivo. Il termine costo 'rilevante' sta a indicare che non tutti i costi che si sosterranno effettivamente devono essere considerati, ma solo quelli che sono in grado di influire sulla decisione che deve essere presa. Questi costi dunque hanno due caratteristiche fondamentali:
- sono costi *inerenti* la decisione da prendere: come è facile intuire, se la decisione da prendere riguarda ad esempio la quantità ottimale di pezzi di un certo item da ordinare al fornitore, costi quali la mensa dell'impianto non sono inerenti alla decisione e non vanno quindi considerati;
- sono costi *differenziali*: pur essendo inerenti alla decisione da prendere, i costi da considerare nei modelli sono quelli che si differenziano in base alle alternative decisionali che si possono considerare. Costi comuni a diverse scelte di gestione non sono rilevanti ai fini della decisione.

4.1 Il costo di mantenimento a scorta

I costi di mantenimento a scorta sono i costi che vengono sostenuti quando degli item vengono tenuti in magazzino per un certo tempo. Perché tenere in magazzino degli item ha un costo? Per due principali motivi, che sono legati a due fondamentali tipologie di costo: i costi opportunità e i costi vivi.

4.1.1 Costi opportunità

Un concetto importante è il fatto che gli item che vengono messi in magazzino hanno un valore economico, perché hanno richiesto del capitale per essere realizzati/acquistati. Il capitale che viene immobilizzato in magazzino sotto forma di scorte non può essere fatto fruttare diversamente. In sostanza, facendo scorte in magazzino sosteniamo un costo legato alla mancata *opportunità* di realizzare investimenti alternativi che ci frutterebbero degli utili. Tale costo è appunto il costo opportunità.
Per quantificare questo costo è necessario dunque sapere quale è l'utile a cui stiamo rinunciando scegliendo di investire il nostro capitale in scorte. Questo dipende dalla situazione finanziaria dell'azienda, come schematizzato in Figura 30.

Situazione finanziaria dell'azienda	Liquidità disponibile	Indebitamento (capacità di credito non esaurita)	Indebitamento (capacità di credito esaurita)
Tasso del costo opportunità	Tasso sui depositi	Tasso sui prestiti ricevuti	Tasso del miglior investimento alternativo

Figura 30. Il tasso associato al costo opportunità in funzione della situazione finanziaria dell'azienda.

Un'azienda che abbia a disposizione liquidità non necessità di chiedere in prestito soldi per effettuare i suoi investimenti. Investendo parte della sua liquidità in scorte rinuncia dunque al rendimento che quella liquidità generava nel conto in cui era depositata. Tale rendimento è espresso attraverso il *tasso sui depositi*.
Diverso è il caso invece in cui l'azienda non abbia liquidità a sufficienza per eseguire investimenti, e si sia già indebitata aprendo una o più linee di credito presso le banche. In questo caso, per investire in scorte, sarà costretta a richiedere un ulteriore prestito alle banche, sul quale graveranno degli interessi. Ecco dunque che il capitale investito in scorte avrà un costo proporzionale a tali interessi, ovvero al *tasso sui prestiti ricevuti* (che naturalmente è superiore al tasso sui depositi).
Nel caso infine in cui l'azienda non solo non abbia a disposizione liquidità, ma sia già indebitata e non abbia la possibilità di espandere ulteriormente la sua linea di credito, per investire in liquidità dovrà rinunciare ad un investimento alternativo. Il capitale investito in scorte avrà in questo caso un costo proporzionale al *tasso dell'investimento alternativo* a cui si rinuncia.

4.1.2 Costi vivi

Mantenere in magazzino delle scorte di prodotti genera anche dei costi dovuti all'esigenza di avere delle infrastrutture idonee allo scopo e di mantenerle operative.
Possiamo dividere questi tipi di costi in costi fissi, indipendenti dalla quantità di merce presente in magazzino, e costi variabili, ovvero dipendenti da essa.
Tra i costi fissi possiamo includere:

- il costo dei fabbricati, dei terreni, degli impianti di servizio;
- il costo di esercizio per i servizi generali, quali riscaldamento, condizionamento, illuminazione, antincendio, manutenzione e sicurezza;
- i costi del personale;
- i costi delle attrezzature logistiche e informatiche necessarie per l'operatività dei magazzini.

Tali voci sono in genere indipendenti dalla quantità di merce presente in magazzino. Occorre sottolineare però che tali costi, come spesso accade per tutte le tipologie di costi fissi, si mantengono indipendenti dalle quantità presenti solo entro determinati intervalli. E' chiaro infatti che se ad esempio la quantità di merce che si vuole stoccare dovesse eccedere la capacità del magazzino a disposizione, e se ne rendesse quindi necessaria una sua espansione, il livello dei costi fissi salirebbe in maniera discontinua. Si veda a tal proposito l'approfondimento riportato nel Box 4.1.
Voci di costo variabile sono invece:

- i costi assicurativi (furto e incendio), in genere proporzionali al valore dei beni stoccati;
- i costi di obsolescenza, dovuti al fatto che la merce in magazzino perde di valore a causa del trascorrere del tempo (deperibilità, obsolescenza tecnologica).

4.1.3 La determinazione del tasso di mantenimento a scorta *r*

Nei modelli matematici che verranno sviluppati i costi di mantenimento a scorta, indicati con C_m ed espressi in €/unità di tempo (ad esempio in €/anno), verranno modellati come proporzionali alle giacenze medie di un item e al suo valore:

$$C_m = \overline{I} \cdot v \cdot r \tag{4.1}$$

dove:
C_m = costi di mantenimento a scorta [€/anno]
$\overline{I}$ = giacenze medie annue [pezzi]

v = valore dell'item [€/pezzo]
r = tasso di mantenimento a scorta [%/anno]

Nell'equazione si vede come il costo di mantenimento a scorta è espresso dunque come una percentuale (pari al tasso di mantenimento a scorta, r) del capitale mediamente immobilizzato in magazzino ($\bar{I} \cdot v$). Prendendo ad esempio un item del valore $v = 100$€, con r = 10%/anno, si avrà che il costo di mantenimento a scorta che si sostiene per tenere un item in magazzino per un anno sarà pari a 10 €/anno.
Il tasso di mantenimento a scorta r deve essere rappresentativo sia dei costi opportunità che dei costi vivi. Potremo quindi vedere il tasso di mantenimento a scorta r come la somma di due contributi, uno dovuto al costo opportunità, r_o, e l'altro dovuto ai costi vivi, r_v:

$$r = r_o + r_v$$

Il contributo dei costi opportunità r_o è di facile individuazione, in quanto sia il tasso sui depositi, sia il tasso sui prestiti che il tasso dell'investimento alternativo a cui si rinuncia hanno già le dimensioni di tasso percentuale nell'unità di tempo (%/anno).
Per quanto riguarda i costi vivi, dobbiamo fare una distinzione tra il contributo dei costi vivi fissi, r_{v_fissi}, e il contributo dei costi vivi variabili, r_{v_var}.

$$r_v = r_{v\_fissi} + r_{v\_\mathrm{var}}$$

Box 4.1 E' giusto considerare il contributo dei costi vivi fissi al tasso di mantenimento a scorta?

Ci si potrebbe domandare se, visto che il modello di costo adottato con la (4.1) prevede la proporzionalità tra giacenze e costo di mantenimento a scorta, i costi vivi fissi debbano contribuire al tasso di mantenimento a scorta r. La prima risposta potrebbe essere negativa, visto che in teoria i costi fissi, per definizione, non sono proporzionali alle giacenze. E' anche vero però che, come già accennato, i costi vivi fissi sono indipendenti dalle quantità stoccate solo all'interno di un certo intervallo di giacenze complessive. Vediamo quali sono i motivi a favore dell'esclusione e dell'inclusione del contributo dei costi vivi fissi al tasso di mantenimento a scorta r.

Perché escludere il contributo dei costi vivi fissi: visto che il magazzino e gli impianti già esistono, il personale è già assunto, ed i servizi generali andranno comunque erogati e pagati, il fatto che io utilizzi il magazzino stoccando più merce non lo devo considerare un costo rilevante, perché non è differenziale: in tutti i casi, indipendentemente dalla mia politica di gestione delle scorte, questi costi andranno comunque sostenuti. Anzi, avere delle scorte è un bene visto che almeno sfrutto qualcosa su cui ho già investito e per il cui funzionamento comunque pago.

Perché includere il contributo dei costi vivi fissi: perché ignorare l'esistenza dei costi vivi fissi potrebbe portare a politiche che, considerando poco costoso tenere in magazzino della merce, fanno aumentare notevolmente il livello di giacenze, e raggiungere magari un valore eccessivo per l'attuale capacità del magazzino stesso. A quel punto si dovrebbero sostenere delle spese di ampliamento le cui voci sono proprio le stesse che sono state ignorate non considerando i costi vivi fissi.

Come comportarsi dunque? Il quesito ci dà l'occasione per riflettere sull'approccio che va tenuto quando si cerca di costruire un modello che sia di supporto alle decisioni. L'importante, per chi costruisce un modello di questo genere, è essere cosciente delle ipotesi che si fanno nel costruire il modello stesso, e renderle note e condividerle con chi deve prendere alla fine la decisione. Ad esempio, in situazioni in cui il magazzino presente è largamente sottoutilizzato e/o il personale è assunto con contratti a tempo indeterminato non flessibili, il management aziendale sarà probabilmente più propenso a trascurare l'incidenza dei costi vivi fissi. All'opposto, in situazioni in cui invece il magazzino attuale è vicino alla saturazione della sua capacità massima, e/o i costi legati al personale sono almeno in parte variabili perché è possibile l'utilizzo di contratti flessibili, il management tenderà a non voler trascurare i costi vivi fissi.
In generale si tratta di capire la prospettiva con cui il management intende ragionare, se di breve o di lungo termine. Nel lungo termine infatti, tutti i costi fissi possono essere considerati variabili (gli impianti possono essere chiusi o viceversa espansi, il personale può essere diminuito o incrementato, etc.). Nella prospettiva di breve termine invece, non prevedendo variazioni di superficie del magazzino e variazioni di personale, si tenderà a considerare i costi fissi come già sostenuti e quindi non differenziali, e a non considerare quindi il loro contributo al tasso di mantenimento a scorta.

Nel caso si voglia quantificare il contributo dei costi vivi fissi, r_{v_fissi}, si può procedere in questo modo. Presa la somma complessiva annuale di tali costi, CVF_{tot} (Costi Vivi Fissi totali), ascriveremo al singolo item un costo proporzionale al suo *coefficiente di occupazione dello spazio*, pari al rapporto tra il volume occupato da un item *i*, denotato con V_i, e il volume mediamente sfruttato nel magazzino, che è pari al prodotto tra il volume complessivamente disponibile nel magazzino V_{tot}, e la saturazione media della potenzialità ricettiva, *s*. Il costo ascritto alla presenza di un item *i* sarà dunque pari al prodotto tra CVF_{tot} ed il coefficiente di occupazione dello spazio $V_i/(V_{\text{tot}}\cdot s)$. Poiché il costo sostenuto in un anno per tenere in magazzino un'unità dell'item dovrà essere esprimibile attraverso il prodotto di *v* ed *r* (secondo la (4.1)), imporremo:

$$v\cdot r_{v\_fissi}=CVF_{tot}\frac{V_i}{V_{tot}\cdot s}$$

da cui si ottiene che il contributo al tasso di mantenimento a scorta *r* dei costi vivi fissi può essere espresso come:

$$r_{v\_fissi}=\frac{CVF_{tot}}{v}\frac{V_i}{V_{tot}\cdot s} \tag{4.2}$$

Per quanto riguarda i costi vivi variabili, il loro contributo r_{v_var} è facilmente calcolabile andando a fare il rapporto tra il costo vivo unitario ed il valore dell'item. Ad esempio, nel caso dei costi assicurativi, questo consiste nel rapporto tra il premio pagato per un item ed il suo valore. Il contributo invece dei costi di obsolescenza può essere stimato da dati storici, andando a fare il rapporto del valore della merce obsolescente in magazzino ed il valore medio delle giacenze complessive nello stesso intervallo temporale. Per individuare la merce obsolescente, che risulta quindi molto difficile vendere, si possono individuare gli item in magazzino che non sono stati movimentati da un certo tempo. Il tempo di mancata movimentazione per considerare l'item obsolescente varierà naturalmente dal tipo di prodotto: possono essere diversi anni, per settori in cui i prodotti non sono sostituiti frequentemente, ad anche pochi mesi per settori (come quello elettronico) in cui il ricambio dei prodotti avviene molto rapidamente.

ESEMPIO NUMERICO

Un'azienda che produce parquet possiede un magazzino prodotti finiti che può contenere 10000 posti pallet, e che mediamente è saturo al 70%. L'azienda è indebitata a un tasso medio sui prestiti pari al 6% e capacità di credito residua. Il tasso del miglior investimento alternativo è pari al 15%, mentre il tasso sui depositi nel conto corrente bancario è pari al 2%.
L'assicurazione furto e incendio ha un costo pari al 6% del valore del bene assicurato.
Si considerino inoltre le seguenti voci di costo:
Costo degli immobili: 20000€/anno (rata di ammortamento)
Costo delle attrezzature logistiche: 7000€/anno (rata di ammortamento)
Costo delle utenze: 8000€/anno
Costo del personale: 100000€/anno
Il valore del parquet è pari a 60€/mq. Ogni pallet può contenere 60 mq di parquet.

Per quanto riguarda il contributo ad r dei costi opportunità, poiché l'azienda è indebitata con capacità di credito residua, dovremo fare riferimento (seguendo quanto riassunto in Figura 30) al tasso medio sui prestiti ricevuti:

$$r_o = 6\% \text{ annuo}$$

Per quanto riguarda i costi vivi, si decide di tenere in considerazione sia il contributo dei costi vivi fissi che variabile.
Calcoliamo dunque i costi vivi fissi totali su base annua:

$$CVF_{tot} = 20000+7000+8000+100000=135000€/\text{anno}$$

Prendendo come unità di carico il pallet, avremo un coefficiente di utilizzazione dello spazio pari a $V_i/(V_{tot}\cdot s) = 1/(10000\cdot 0{,}7)$, ed un valore del pallet pari a v = 60 x 60 = 3600 €/pallet, da cui:

$$r_{v\_fissi} = \frac{CVF_{tot}}{v}\frac{V_i}{V_{tot}\cdot s} = \frac{135000}{3600}\frac{1}{10000\cdot 0{,}7} = 0{,}005357$$

Infine, il contributo al tasso di mantenimento a scorta dei costi vivi variabili sarà in questo caso rappresentato dai costi di assicurazione, che sono già espressi come un tasso proporzionale al valore, e quindi:

$$r_{v\_var} = 6\% /\text{anno}$$

Sommando tutti i contributi calcolati otterremo il tasso di mantenimento a scorta:

$$r = r_o + r_{v\_\text{var}} + r_{v\_fissi} = 6+6+0{,}375 = 12{,}536\% /\text{anno}$$

4.2 Il costo di riempimento

Abbiamo già introdotto il concetto di costo di riempimento nel capitolo 3.2.1, parlando delle scorte di ciclo. Il costo di riempimento, infatti, è la causa dell'esistenza delle scorte di ciclo, ed è il costo associato proprio al fatto di effettuare, attraverso l'emissione di un ordine di approvvigionamento o di produzione, il riempimento di un magazzino, che sia di materie prime, di semilavorati o di prodotti finiti. In base alla tipologia dell'ordine di riempimento emesso, possiamo distinguere due casi.

- **Ordine di produzione**. Il costo di riempimento nei magazzini semilavorati e prodotti finiti è associato alla richiesta di produrre un determinato tipo item nei macchinari che eseguono le lavorazioni a monte del magazzino. La messa in produzione di un determinato item comporta spesso un *setup* del macchinario, ovvero una serie di operazioni da eseguire sul macchinario stesso. Esempi di setup dei macchinari possono essere il cambio del tipo di utensile, modifiche sul software che gestisce il macchinario, regolazioni manuali per variare le dimensioni (spessori, larghezze, profondità) dei pezzi ottenuti. Ad ogni setup, come vedremo, sono associati dei costi opportunità e dei costi vivi. Il concetto di 'setup' va inteso in senso esteso, ovvero come qualsiasi operazione sui macchinari che porta ad un cambiamento dell'assetto produttivo richiesto per la produzione di un ordine. Sotto quest'ottica, anche un cambio di cadenza produttiva può rientrare nel concetto di setup.

- **Ordine di materie prime verso l'esterno**. Il costo di riempimento dei magazzini materie prime è associato all'emissione di un ordine di riempimento verso l'esterno del sistema produttivo, tipicamente verso un fornitore. Anche in questo caso ci sono operazioni e risorse associate alle attività richieste per eseguire il riempimento, quali la preparazione e l'emissione dell'ordine ed il trasporto della merce. Ed anche in questo caso è possibile associarvi dei costi opportunità e dei costi vivi.

Riassumendo, in entrambi i casi il costo da associare al singolo riempimento, che chiameremo con termine esteso 'costo di setup', può essere visto come la somma di costi opportunità e di costi vivi.

4.2.1 Costi opportunità

I costi opportunità sono legati al fatto che il tempo impiegato per eseguire il setup poteva essere impiegato diversamente dalle risorse che ne sono impegnate. Quindi ad esempio i macchinari o gli operatori potevano essere impiegati per attività produttive (che avrebbero generato utili) ed il personale poteva svolgere altre mansioni sempre produttive.

4.2.2 Costi vivi

I costi vivi rappresentano i costi monetari associati al consumo di risorse per l'esecuzione del setup, costi a cui non si andrebbe incontro se il setup non fosse stato eseguito. Tipiche voci dei costi vivi sono:

- il costo del trasporto, nel caso di ordini di riempimento di materie prime dall'esterno;
- il costo legato agli scarti di produzione che si verificano alla ripartenza dei macchinari

- il costo dei materiali di consumo che eventualmente vengono effettuati per eseguire il setup

4.2.3 La determinazione del costo di setup A

I costi di riempimento, indicati con C_r ed espressi in €/unità di tempo (in generale in €/anno), sono il prodotto tra il numero di riempimenti nell'unità di tempo (tipicamente l'anno) ed il costo del singolo riempimento, che indicheremo genericamente con il termine 'costo di setup':

$$C_r = N \cdot A \tag{4.3}$$

dove:
C_r = costi di riempimento [€/anno]
N = numero di riempimenti nell'unità di tempo [riempimenti/anno]
A = costo di setup [€/riempimento]

Il costo di setup è la somma dei costi vivi e dei costi opportunità associati ad un singolo riempimento.
Per quanto riguarda i **costi vivi**, è relativamente facile quantificarli in quanto è abbastanza facile individuare il costo associato ad esempio ad un trasporto o agli scarti di produzione conseguenti ad un setup.
Merita qualche attenzione in più invece il calcolo dei **costi opportunità**. Consideriamo due possibili casi, ovvero quelli in cui le risorse (macchinari, personale, etc.) impegnate nell'eseguire il riempimento siano sature o meno.

- **Risorse sature.** In questo caso la quantificazione del costo di setup dipende dalla decisione che prendiamo per far fronte al fatto che il setup, sottraendo tempo alla produzione, ci fa incorrere in una mancata produzione di pezzi.
  Se per ottenere i pezzi che abbiamo perso durante il setup si ricorre all'uso degli straordinari, il costo opportunità di setup sarà pari al costo dello straordinario per unità di tempo delle risorse impiegate nel setup moltiplicato per il tempo di setup. Questo naturalmente anche se il setup non viene fisicamente eseguito in orario straordinario. Infatti, pur inserendo un setup durante l'orario ordinario, essendo le risorse sature queste dovranno prolungare l'orario di lavoro per un tempo corrispondente proprio al setup, al fine di eseguire le operazioni che non hanno potuto fare durante il setup.
  Se invece per ottenere i pezzi decidiamo di ricorrere ad una subfornitura esterna, dovremo conteggiare l'extra costo di tale subfornitura rispetto a quanto ci sarebbe costato produrre internamente gli stessi prodotti.
  Infine, se rinunciamo ad ottenere in qualche modo i pezzi mancanti, dovremo conteggiare il costo di mancata vendita che ne consegue (moltiplicando ad esempio il margine di contribuzione per il numero di pezzi non venduti).
- **Risorse non sature.** Se le risorse non sono sature, ma possono essere comunque impiegate diversamente, il costo di setup dovrebbe essere conteggiato come il costo ordinario per unità di tempo delle risorse impiegate nel setup moltiplicato per la durata del setup. E' questo spesso il caso del personale, quando si pensa che se non fosse impiegato nel setup, benché non saturo, potrebbe comunque essere impiegato utilmente in altre attività aziendali.
  Nel caso in cui invece il personale sia comunque pagato e non abbia attività alternative da svolgere, si potrebbe non conteggiare alcun costo di setup. Anche in questo caso può valere però il discorso della differente prospettiva di

breve o lungo termine che si vuole adottare (vedi Box 4.1). Pur essendo vero che la risorsa che esegue il setup sembra in questo caso un costo fisso non differenziale, è anche vero che nel lungo termine ogni costo fisso può essere considerato variabile. Nel caso specifico, non conteggiare nessun costo di setup potrebbe portare a politiche in cui vengono eseguiti setup molto frequentemente, al limite così frequentemente da richiedere ulteriori risorse rispetto a quelle attualmente disponibili.

ESEMPIO NUMERICO

Si consideri il caso dell'azienda produttrice di parquet descritta nell'esempio numerico del paragrafo 4.1.3. Si vuole determinare il costo di setup A relativo al riempimento del magazzino prodotti finiti. Si prende quindi in considerazione il processo di lavorazione a monte del magazzino, nel quale un macchinario ogni volta che deve eseguire un diverso prodotto, richiede un setup della durata di 3 ore, che tiene impegnati 4 operatori. Il macchinario e gli operatori impiegati sono saturi.
La cadenza produttiva del macchinario è pari a 600 mq/ora. Ad ogni cambio prodotto si ha uno scarto di circa 5mq di parquet.
Si consideri:
Costo varabile del macchinario: 20 €/ora
Costo della manodopera in orario ordinario: 18 €/ora
Costo della manodopera in orario straordinario: 20 €/ora

Costi vivi.
Tra i costi vivi in questo caso va considerato il costo legato agli scarti di produzione che si verificano alla ripartenza del macchinario dopo il setup. Possono essere quantificati come il prodotto tra i mq di parquet scartati ed il valore del parquet a mq:

$A_{vivi} = 5 \cdot 60 = 300$ €/setup

Costi opportunità.
Le risorse impiegate nel setup sono il macchinario e i 4 operatori, tutte risorse sature. Il tempo impiegato dal macchinario per eseguire il setup (3 ore) andrebbe dunque valorizzato al costo in orario straordinario, che però è uguale a quello dell'orario ordinario e pari al costo variabile del macchinario, 20 €/ora.
Il tempo impiegato dai 4 operatori, sempre pari a 3 ore, essendo questi saturi va valorizzato al costo in orario straordinario, pari a 20 €/ora. Otterremo quindi:

$A_{opportunità} = 3 \cdot (20 + 4 \cdot 20) = 300$ €/setup

Si avrà quindi che il costo di setup complessivo sarà pari a:

$A = A_{vivi} + A_{opportunità} = 300+300=600$ €/setup.

4.3 Il costo di stock-out

Lo stock-out, o rottura di stock, è la situazione in cui, a fronte della domanda di un item, non si hanno scorte in magazzino per soddisfarla. E' un evento che naturalmente si tende ad evitare, perché non desiderato, ed al quale è possibile, ed alcune volte utile, associare un costo. Vedremo infatti che, per il dimensionamento della politica di gestione delle scorte di un magazzino, un possibile approccio è quello di minimizzare

la somma dei costi totali rilevanti, comprendendo in essi, oltre ai i costi di mantenimento a scorta e i costi di riempimento, anche i costi associati agli stock-out attesi.
Ci sono diversi modi per associare un costo allo stock-out:

- **Associare un costo all'evento di stock-out**. Un evento di stock-out è la situazione che si verifica quando le giacenze dell'item sono nulle, e si verifica la domanda del bene. Si noti che finché le giacenze non tornano positive, a seguito dell'arrivo di nuovi item in magazzino, ulteriore domanda non soddisfatta si riferisce allo stesso evento di stock-out. Associare un costo a un evento di stock-out significa quindi penalizzare sempre in egual misura la situazione in cui l'item in magazzino viene esaurito prima del successivo riempimento, indipendentemente da quante unità non verranno soddisfatte in quel ciclo di riempimento. Quantificare il costo da associare ad un evento di stock-out può non essere facile.
- **Associare un costo all'unità di stock-out**. Al contrario del caso precedente, è possibile associare un costo ad ogni unità la cui domanda non è stata soddisfatta. Di solito il costo in cui si incorre è una percentuale del valore dell'item stesso, pari al margine a cui si rinuncia a causa della mancata vendita. Tale percentuale può anche essere superiore al semplice margine, se si stima ad esempio una perdita di fidelizzazione del cliente, che non avendo trovato la merce rinuncerà anche a futuri acquisti.
- **Associare un costo all'unità e alla durata di stock-out**. Ci sono situazioni in cui può essere opportuno associare un costo non solo ad ogni unità di stock-out, ma anche al tempo in cui l'unità permane nello stato di stock-out. Casi tipici sono quello di un magazzino di parti di ricambio, in cui l'assenza di un item può provocare il mancato funzionamento di un impianto, e quello in cui sono previste penali legate al ritardo di consegna di un certo prodotto.

Quantificare un costo legato allo stock-out può non essere facile, in particolare nel caso del costo associato all'evento di stock-out. Si rimanda al paragrafo 7.3.5 per ulteriori considerazioni in proposito.

5 Modelli con domanda costante e deterministica

In questo capitolo vengono presentati dei modelli di gestione delle scorte applicabili anche in contesti reali quando la variabilità della domanda è trascurabile. Sebbene siano pochi nella realtà questi contesti, i modelli presentati sono utili per la comprensione dell'andamento dei costi di riempimento e dei costi di mantenimento a scorta in funzione della quantità ordinata. Tali modelli inoltre costituiranno dei componenti essenziali di modelli più complessi, che saranno utilizzati in caso di domanda variabile nel tempo e probabilistica.

5.1 Il lotto economico di riordino (*EOQ*)

Il lotto economico di riordino, chiamato in inglese "Economic Order Quantity" (*EOQ*) è forse il modello più noto tra quelli sviluppati per la gestione delle scorte. Facendo le opportune ipotesi semplificative, il modello in particolare prende in considerazione due importanti fattori di costo, tra di loro in conflitto: il costo legato al lancio degli ordini, che indichiamo come Costo di Riempimento (C_r), ed il Costo di Mantenimento a Scorta (C_m).

Ipotesi:
1. la domanda è assunta nota, continua e costante nel tempo
2. La quantità di riordino non deve essere un numero intero, né ci sono quantità minime o massime consentite
3. Il costo unitario variabile del prodotto non varia in funzione della quantità ordinata
4. I fattori di costo non cambiano nel tempo (inflazione trascurabile)
5. Ogni prodotto viene considerato indipendentemente dagli altri: non ci sono interazioni dovute a limiti di capacità del magazzino
6. Il lead time di riempimento (tempo tra ordine e arrivo) è nullo
7. Non sono consentiti stock-out
8. L'intera quantità ordinata è consegnata nello stesso istante (il riempimento del magazzino è istantaneo)
9. L'orizzonte temporale è molto lungo (i parametri sono assunti costanti)

Notazione
D = domanda annua [unità/anno]
Q = quantità di riordino [unità]
r = tasso di mantenimento scorte [(€/€)/anno]
v = costo variabile per unità [€/unità]
A = costo di setup [€/riempimento]

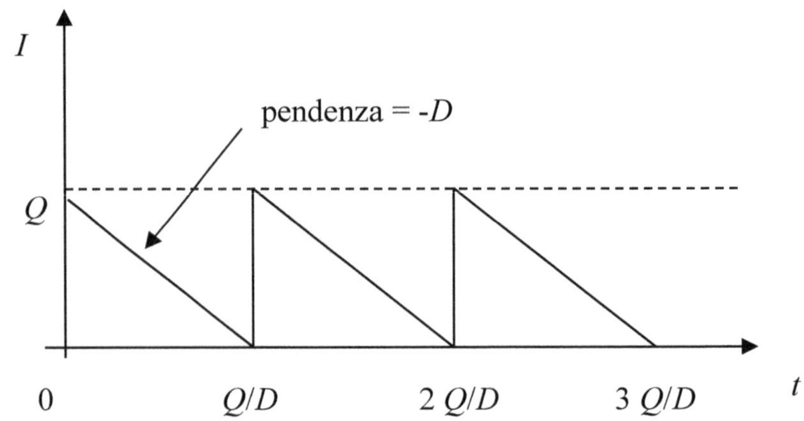

Figura 31. Andamento delle giacenze con domanda nota e deterministica.

I costi di mantenimento a scorta nell'unità di tempo (C_m) sono pari al prodotto tra la giacenza media $\bar{I}$ ed il costo mantenimento a scorta (a sua volta pari al prodotto tra v e r); la giacenza media in questo caso sarà, come è possibile osservare dalla figura 1, pari a $Q/2$, da cui:

$$C_m = \bar{I} \cdot vr = \frac{1}{2} Q \cdot vr \tag{5.1}$$

I costi di riempimento nell'unità di tempo (C_r) sono pari al prodotto tra il costo del singolo riempimento ($A+Qv$), ed il numero di ordini nell'unità di tempo, pari a D/Q.

$$C_r = (A + Qv)\frac{D}{Q} = A \cdot \frac{D}{Q} + Dv \tag{5.2}$$

Si può osservare come il termine Dv nella (5.2), corrispondente al costo unitario di acquisto nell'unità di tempo, non dipende da Q. Ricordiamo infatti che per l'ipotesi 3, il costo unitario variabile non dipende dalla quantità. Per questo motivo, non essendo in questo caso un costo differenziale, nella determinazione della quantità ottimale di riordino tale termine non influisce, e sarà omesso nel seguito[3].
I costi rilevanti totali (*total relevant costs* = *TRC*) nell'unità di tempo saranno dunque pari a:

$$TRC(Q) = A \cdot \frac{D}{Q} + \frac{1}{2} Q \cdot vr \tag{5.3}$$

Da notare che l'aggiunta del termine Dv non farebbe che shiftare in alto della stessa quantità tutti i punti delle curve C_m *e* *TRC* in figura 2, non influendo di fatto sulla quantità ottimale che minimizza i costi totali.

---

[3] Da notare infatti che volendo trovare il minimo della funzione costi, derivando l'espressione rispetto a Q il termine Dv si annullerebbe comunque. Diverso è il caso, che verrà trattato nel paragrafo 5.3, in cui essendo presenti sconti sulle quantità ordinate, il termine Dv dipende da Q.

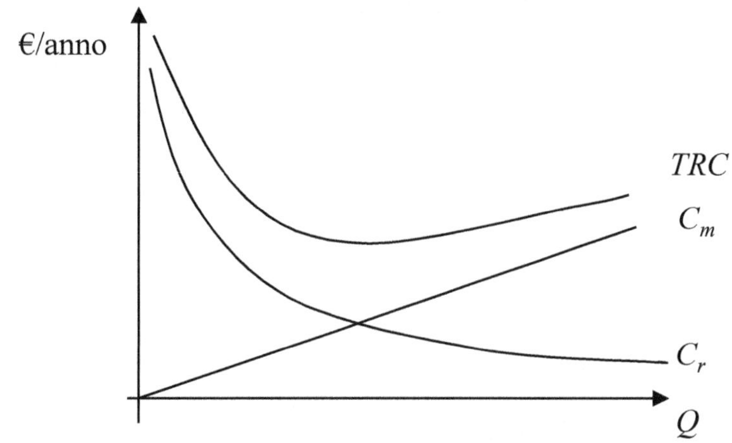

Figura 32. Costi di riempimento e costi di mantenimento a scorta

Eguagliando a zero la derivata della (5.3) rispetto a Q, troviamo la quantità Q^* che minimizza i costi totali nell'unità di tempo:

$$\frac{dTRC(Q)}{dQ} = A \cdot \frac{D}{Q} + \frac{1}{2} Q \cdot vr = 0 \quad \Rightarrow \quad -\frac{AD}{Q^2} + \frac{vr}{2} = 0$$

$$\Rightarrow \quad Q^* = EOQ = \sqrt{\frac{2AD}{vr}} \tag{5.4}$$

Tale quantità è chiamata anche Lotto Economico di Riordino (*Economic Order Quantity* = *EOQ*). Sostituendo la (5.4) nella (5.3), si può osservare che in corrispondenza del minimo le due componenti di costo C_m e C_r sono uguali, e:

$$TRC(EOQ) = \sqrt{2ADvr}\,. \tag{5.5}$$

Il lotto economico di riordino può anche essere espresso come il tempo ottimale che deve trascorrere tra un ordine ed il successivo (T_{EOQ}):

$$T_{EOQ} = \frac{EOQ}{D} = \sqrt{\frac{2A}{Dvr}} \tag{5.6}$$

Si nota infatti che, se la domanda è deterministica e costante, la determinazione della quantità ottimale, che in figura è rappresentata dall'altezza del dente di sega, porta alla determinazione anche del tempo ottimale di riordino, che in figura è la base del dente di sega, e viceversa.
Nella (5.6) l'intervallo di tempo è espresso nell'unità di misura temporale usata per la domanda D.

ESEMPIO NUMERICO

Facciamo riferimento al caso dell'azienda produttrice di parquet descritta negli esempi numerici dei paragrafi 4.1.3 e 4.2.3, di cui riportiamo i dati:
A = 600€
r = 12,375% annuo
v = 3600 €/pallet

D = 50000 mq/anno = 833,3 pallet/anno

Sotto l'ipotesi di riempmento istantaneo del magazzino, determiniamo la quantità ottimale da ordinare con il modello *EOQ* (supponendo quindi la domanda *D* deterministica e costante):

$$Q^* = EOQ = \sqrt{\frac{2AD}{vr}} = \sqrt{\frac{2 \cdot 600 \cdot 833{,}3}{3600 \cdot 0{,}12375}} = 47{,}38 \text{ pallet} = 2843 \text{ mq}$$

La giacenza media sarà pari a $EOQ/2$ = 23,69 pallet.
Il tempo che passa tra due riempimenti sarà pari a $T_{EOQ} = D/Q$ = 833,3/47,38= 0,05686 anni. Se ipotizziamo 250 gg/anno, questo corrisponde a 14,215 giorni.
I costi complessivi saranno pari a:

$$TRC(EOQ) = \sqrt{2ADvr} = \sqrt{2 \cdot 600 \cdot 833{,}3 \cdot 3600 \cdot 0{,}12375} = 21106 \text{ €/anno}$$

Supponiamo di voler produrre solo pallet interi, ed approssimiamo quindi il valore teorico di 47,38 pallet a 47 pallet. Quanto sarà lo scostamento rispetto al valore ottimale?

$$TRC(Q) = AD/Q + Qvr/2 =$$
$$= \frac{600 \cdot 833{,}3}{47} + \frac{47 \cdot 3600 \cdot 0{,}12375}{2} = 10638 + 10469 = 21107 \text{ €/anno}$$

5.1.1 Analisi di sensibilità

Una proprietà molto importante dell'*EOQ* è la relativa insensibilità dei costi totali quando si adottano quantità di riordino che si discostano leggermente dall'*EOQ* stesso. Facendo riferimento alla Figura 32, si nota infatti come la curva dei costi totali sia abbastanza piatta in corrispondenza del minimo, ovvero dell'*EOQ*. Questo suggerisce appunto che scostamenti ragionevolmente limitati rispetto all'*EOQ* avranno un piccolo impatto sui costi sostenuti.
Andiamo a quantificare qual è l'incremento di costi percentuale conseguente alla scelta di una quantità di riordino Q' diversa dall'*EOQ*.

$$\frac{\Delta TRC}{TRC} = \frac{TRC(Q') - TRC(EOQ)}{TRC(EOQ)} \tag{5.7}$$

Supponiamo ora che la quantità Q' si discosti di una percentuale p dall'*EOQ*, ovvero:

$$Q' = (1+p)EOQ = (1+p)\sqrt{\frac{2AD}{vr}}$$

Sostituendo l'espressione di Q' nella formula dei costi totali (5.3) otterremo:

$$TRC(Q') = \frac{AD}{(1+p)\sqrt{\frac{2AD}{vr}}} + (1+p)\sqrt{\frac{2AD}{vr}}\frac{vr}{2} = \frac{1}{(1+p)}\sqrt{\frac{ADvr}{2}} + (1+p)\sqrt{\frac{ADvr}{2}}$$

$$\Rightarrow TRC(Q') = \frac{1}{2}\sqrt{2ADvr}\left[\frac{1}{(1+p)} + (1+p)\right] \tag{5.8}$$

Inserendo la (5.8) e la (5.5) nella (5.7) otterremo:

$$\frac{\Delta TRC}{TRC} = \frac{1}{2}\left[\frac{1}{(1+p)} + (1+p)\right] - 1 = \frac{1}{2}\left[\frac{1+(1+p)^2}{(1+p)}\right] - 1 = \left[\frac{1+(1+p)^2 - 2(1+p)}{2(1+p)}\right]$$

$$\Rightarrow \frac{\Delta TRC}{TRC} = \frac{p^2}{2(1+p)} \tag{5.9}$$

Il legame tra l'incremento percentuale dei costi totali (ovvero $\Delta TRC/TRC$) e lo scostamento percentuale di *Q'* rispetto a *EOQ* (ovvero *p*) espresso dalla (5.9) è rappresentato in Figura 33. Come si può osservare è evidente che anche per valori di *p* significativamente lontani da zero l'incremento di costi è percentualmente abbastanza contenuto.

Una stima non accurata della quantità ottima di riordino *EOQ* può essere ad esempio dovuta alla difficoltà di stimare i parametri *A*, *D*, *v*, *r*. Quanto visto ci garantisce che anche una valutazione approssimata di questi parametri può essere sufficiente per ottenere una quantità di riordino che, sebbene non ottimale, porterà ad un incremento di costi molto limitato.

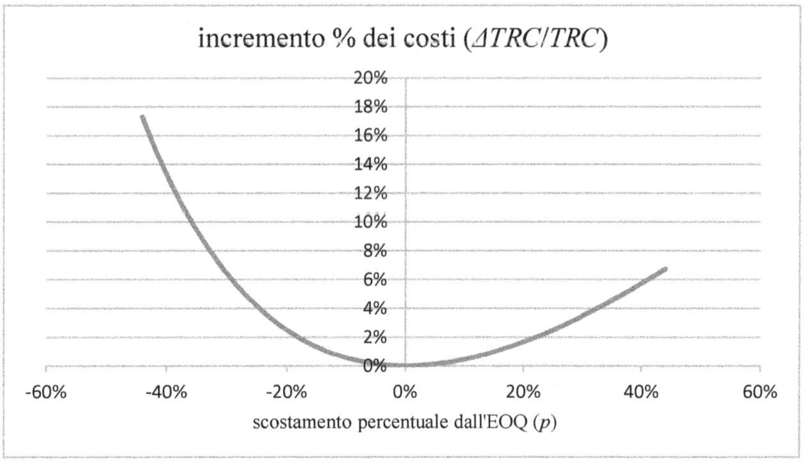

Figura 33. Incremento di costi scegliendo una quantità *Q'* che si discosta dall'*EOQ*.

5.2 Il lotto economico di produzione (EPQ)

Una delle ipotesi fatta per derivare il lotto economico di riordino, l'ipotesi 8, consisteva nel fatto che la quantità di prodotti ordinati arrivasse nello stesso istante. Ciò corrisponde ad un riempimento istantaneo del magazzino, che in Figura 31 è rappresentato dall'andamento verticale della linea indicante la giacenza in corrispondenza dell'arrivo dell'ordine.
Ora invece si assume che il prodotto sia immesso in magazzino con una cadenza pari a *m* prodotti per unità di tempo (cadenza ad esempio di un macchinario che, a seguito dell'ordine, inizia a produrre e mano mano a versare nel magazzino a valle).

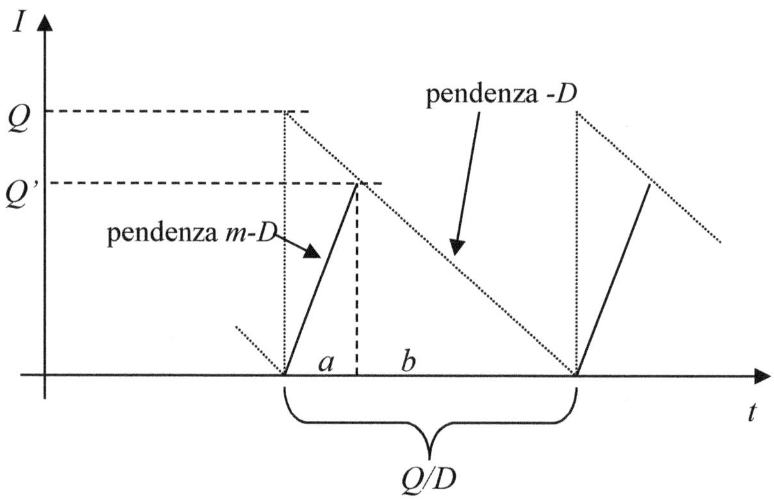

Figura 34. Andamento delle giacenze nel modello EPQ.

Come mostrato in Figura 34, in questo caso il riempimento del magazzino non è istantaneo, ma avviene con una cadenza pari alla differenza tra la cadenza di alimentazione del magazzino, pari a *m*, e la cadenza di prelievo dal magazzino, pari a *D*.
Dalla figura si vede che, sempre rispetto al riempimento istantaneo, se viene ordinata la produzione di una quantità *Q* di prodotti, la giacenza massima non raggiungerà più un valore pari a *Q*, ma un valore più basso, pari a *Q'*. Conseguentemente la giacenza media, che serve a calcolare i costi di mantenimento a scorta, sarà ora pari a *Q'*/2.
Per calcolare *Q'* si osservi che:

$Q' = a(m - D) \rightarrow \quad a = Q'/(m-D)$
$Q' = bD \rightarrow \quad b = Q'/D$
$a+b = Q/D \rightarrow \quad Q'/(m-D) + Q'/D = Q/D \rightarrow \quad Q' = Q(1-D/m)$

Nella formula dei costi totali cambierà quindi il costo di mantenimento a scorta, in conseguenza del cambiamento della giacenza media:

$$TRC(Q) = \frac{AD}{Q} + \frac{Q'vr}{2} = \frac{AD}{Q} + \frac{Q(1 - D/m)vr}{2} \qquad (5.10)$$

Ancora una volta, per trovare la quantità da produrre che minimizza i costi totali, deriveremo rispetto a *Q*, ottenendo il lotto economico di produzione (*Economic Production Quantity = EPQ*):

$$\frac{dTRC(Q)}{dQ}=0 \quad \Rightarrow \quad \frac{(1-D/m)vr}{2}-\frac{AD}{Q^2}=0$$

$$\Rightarrow \quad Q^*=EPQ=\sqrt{\frac{2AD}{vr(1-D/m)}}=EOQ\frac{1}{\sqrt{(1-D/m)}} \tag{5.11}$$

Da notare che quando il rapporto D/m è maggiore di 1 il modello perde di validità (la radice diventa negativa), visto che la domanda nell'unità di tempo è maggiore della capacità produttiva nell'unità di tempo, e non si riuscirebbe quindi a riempire il magazzino né, a regime, a soddisfare interamente la domanda.
Il valore $D/m = 1$ corrisponde invece ad una quantità ottima da produrre di grandezza infinita, poiché in tal caso la domanda può essere soddisfatta indefinitamente dalla produzione continua di prodotti (i due ratei di domanda e produzione coincidono esattamente).
Infine, per valori di m tendenti all'infinito, che corrispondono ad un riempimento istantaneo, la (5.11) si riduce alla (5.4).

ESEMPIO NUMERICO

Riprendiamo il caso dell'azienda descritta nell'esempio numerico del paragrafo 5.1. Supponiamo però ora che il riempimento del magazzino non sia istantaneo, il che corrispondeva ad una cadenza produttiva del macchinario a monte infitamente grande, ma che al contrario tale cadenza abbia un valore finito $m =$ 600 mq/ora. Si ipotizzino inoltre 250 giorni lavorativi all'anno, e 8 ore lavorative al giorno.
A= 600€
r = 12,375% annuo
v = 3600 €/pallet
D = 50000 mq/anno = 833,3 pallet/anno
m = 600mq/ora = 600/60 · 250 · 8 = 20000 pallet/anno

La quantità ottima di produzione per ogni singolo ordine sarà pari a:

$$Q^*=EPQ=\sqrt{\frac{2AD}{vr(1-D/m)}}=\sqrt{\frac{2\cdot 600\cdot 833{,}3}{600\cdot 0{,}12375\cdot(1-833{,}3/20000)}}=48{,}40 \text{ pallet}$$

Come si vede, a parità degli altri parametri, il lotto economico di produzione è più grande del lotto economico di riordino.

5.3 Sconti sulle quantità

Tra le ipotesi più restrittive fatte per la derivazione dell'EOQ c'è quella dell'indipendenza del costo unitario variabile v dalla quantità ordinata. In realtà infatti in molte situazioni reali ciò non accade, e si è in presenza spesso di sconti sulle quantità ordinate (sconti sul prezzo di acquisto oltre un certo quantitativo). Ciò può facilmente accadere quando si devono considerare eventuali costi di trasporto. I tipi di sconti sulle quantità possono essere numerosi. Qui si restringe l'attenzione sul tipo più comune, quello che prevede uno sconto sull'intero ammontare delle unità ordinate.
Il caso, mostrato in figura 3, è quello di un singolo punto di discontinuità del costo unitario variabile v in funzione della quantità ordinata Q.

$$v = \begin{cases} v_0 & 0 \le Q \le Q_b \\ v_0(1-d) & Q_b \le Q \end{cases} \tag{5.12}$$

In figura 3 viene mostrato l'andamento del prodotto $Q{\cdot}v$ (somma totale pagata) al variare della quantità Q ordinata.

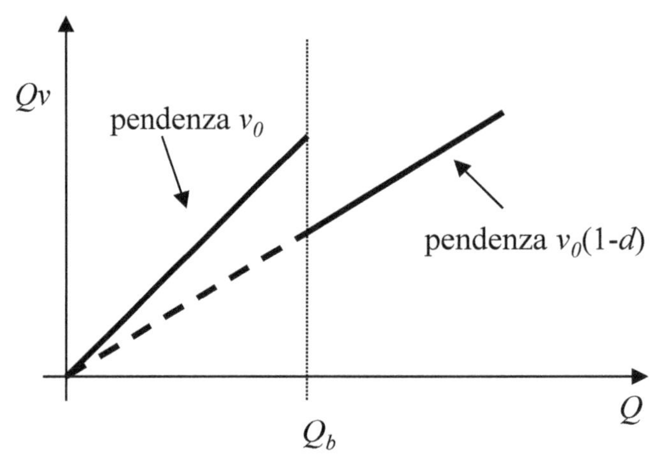

Figura 35. Sconto sull'intera quantità ordinata.

Analogamente a quanto fatto nel paragrafo precedente, è possibile calcolare i costi totali TRC, stavolta senza trascurare il prodotto $D{\cdot}v$ nella (5.2), visto che v dipende da Q. Avremo quindi che per $0 \le Q < Q_b$:

$$TRC(Q) = AD / Q + Qv_0 r / 2 + Dv_0 \tag{5.13}$$

mentre per $Q_b \le Q$:

$$TRC(Q) = AD / Q + Qv_0(1-d)r / 2 + Dv_0(1-d) \tag{5.14}$$

In generale si può osservare (vedi Figura 4) che la curva dei costi espressa dalla (5.14) è sempre più bassa, per qualsiasi valore di Q, della curva espressa dalla (5.13). Il problema è che la curva dei costi scontata (curva tratteggiata) è valida solo per $Q \ge Q_b$. Al contrario, la curva dei costi non scontata (curva continua in figura) è valida per $Q \le Q_b$.

Se dunque il lotto economico di riordino della curva scontata, EOQ_s, è maggiore di Q_b, è chiaro che il costo in corrispondenza ad esso sarà il punto più basso tra le due curve in assoluto, ed essendo valido, la quantità ottima da ordinare Q^* (caso 1) sarà proprio pari a EOQ_s.
Se invece EOQ_s è minore di Q_b, pur essendo il punto più basso in assoluto tra le due curve non è però valido (ricordiamo che la curva scontata vale solo per $Q \geq Q_b$). I casi sono allora due: nel primo (caso 2) il costo minimo della curva non scontata, in corrispondenza dell'EOQ_{ns}, è minore del costo $TRC(Q_b)$ corrispondente alla minima quantità acquistabile con lo sconto. In questo caso la quantità ottimale da ordinare sarà pari a EOQ_{ns}. In caso contrario (caso 3) converrà invece ordinare proprio la quantità minima Q_b che beneficia dello sconto.

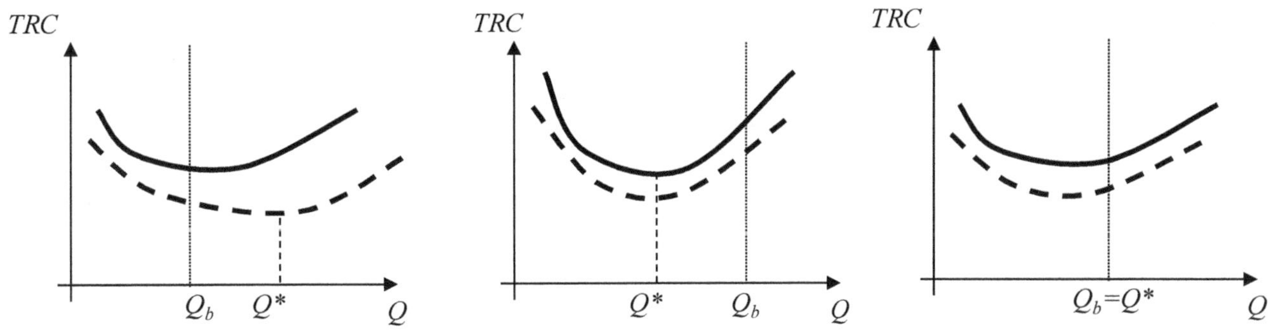

Figura 36. Costi totali nel caso di sconto sull'intera quantità ordinata.

Riassumendo, l'algoritmo per calcolare la quantità ottimale Q^* da ordinare sarà il seguente:

1. Calcolare il lotto economico di riordino della curva scontata, e cioè:

$$EOQ_s = \sqrt{\frac{2AD}{v_0(1-d)r}}$$

   Confrontare EOQ_s con Q_b:

   se $EOQ_s \geq Q_b, \rightarrow Q^* = EOQ_s$

   se $EOQ_s \leq Q_b \rightarrow$ andare al punto 2

2. Calcolare $TRC(EOQ_{ns})$:

$$TRC(EOQ_{ns}) = \sqrt{2ADv_0r} + Dv_0$$

   Confrontare $TRC(EOQ_{ns})$ con $TRC(Q_b)$:

   se $TRC(EOQ_{ns}) \leq TRC(Q_b) \rightarrow Q^* = EOQ_{ns}$

   se $TRC(EOQ_{ns}) \geq TRC(Q_b) \rightarrow Q^* = Q_b$

Questa logica è estendibile al caso in cui ci siano più punti di discontinuità del costo unitario variabile v, corrispondenti a sconti via via crescenti all'aumentare della quantità ordinata. La quantità ottimale di riordino sarà sempre in corrispondenza o di un EOQ fattibile, o di uno dei punti di discontinuità.

ESEMPIO NUMERICO

Consideriamo l'acquisto di tre componenti usati per l'assemblaggio di un prodotto finito. Si consideri un tasso di mantenimento a scorta pari al 20% annuo, ed un costo di setup (associato al lancio dell'ordine) pari a 2 €/ordine.

Il fornitore concede uno sconto su tutte le unità acquistate pari al 2% per ordini superiori ai 150 pezzi.

Item	D (pezzi/anno)	v_0 (€)
A	850	16,2
B	234	4,1
C	7600	3,2

ITEM A.

1. Calcoliamo EOQ_s

$$EOQ_s = \sqrt{\frac{2AD}{v_0(1-d)r}} = \sqrt{\frac{2\cdot 2\cdot 850}{16,2\cdot(1-0,02)0,2}} = 32,72$$

Poiché 32,72 < 150, la curva scontata non è valida, e si procede quindi allo step 2.

2. Calcolo $TRC(EOQ_{ns})$

$$TRC(EOQ_{ns}) = \sqrt{2ADv_0r} + Dv_0$$
$$= \sqrt{2\cdot 2\cdot 850\cdot 16,2\cdot 0,2} + 850\cdot 16,2 = 13875 \text{ €/anno}$$

Calcolo $TRC(Q_b)$

$$TRC(Q_b) = AD/Q_b + Q_b v_0(1-d)r/2 + Dv_0(1-d) =$$
$$= \frac{2\cdot 850}{150} + \frac{150\cdot 16,2\cdot(1-0,02)\cdot 0,2}{2} + 850\cdot 16,2\cdot(1-0,02) = 13744 \text{ €/anno}$$

Poiché $TRC(Q_b) < TRC(EOQ_{ns})$, la quantità ottimale di riordino è $Q^* = Q_b = 150$.

ITEM B.

1. Calcoliamo EOQ_s

$$EOQ_s = \sqrt{\frac{2AD}{v_0(1-d)r}} = \sqrt{\frac{2\cdot 2\cdot 234}{4,1\cdot(1-0,02)0,2}} = 34,13$$

Poiché 34,13 < 150, la curva scontata non è valida, e si procede quindi allo step 2.

2. Calcolo $TRC(EOQ_{ns})$

$$TRC(EOQ_{ns}) = \sqrt{2ADv_0r} + Dv_0$$
$$= \sqrt{2\cdot 2\cdot 234\cdot 4,1\cdot 0,2} + 234\cdot 4,1 = 987,1 \text{ €/anno}$$

Calcolo $TRC(Q_b)$

$$TRC(Q_b) = AD/Q_b + Q_b v_0(1-d)r/2 + Dv_0(1-d) =$$
$$= \frac{2\cdot 234}{150} + \frac{150\cdot 4,1(1-0,02)0,2}{2} + 234\cdot 4,1(1-0,02) = 1003,6 \text{ €/anno}$$

Poiché $TRC(EOQ_{ns}) < TRC(Q_b)$ la quantità ottimale di riordino è $Q^* = EOQ_{ns}$, e cioè:

$$EOQ_{ns} = \sqrt{\frac{2AD}{v_0 r}} = \sqrt{\frac{2 \cdot 2 \cdot 234}{4,1 \cdot 0,2}} = 33,79 \approx 34$$

ITEM C.

1. Calcoliamo EOQ_s

$$EOQ_s = \sqrt{\frac{2AD}{v_0(1-d)r}} = \sqrt{\frac{2 \cdot 2 \cdot 7600}{3,2 \cdot (1-0,02)0,2}} = 220,16 \approx 220$$

Poiché $EOQ_s > Q_b$ la quantità ottimale di riordino è pari a $Q^* = EOQ_s = 220$.

5.4 Lead time deterministici

Finora abbiamo supposto (ipotesi 6) che il lead time *L* di riempimento (tempo che intercorre tra l'ordine e l'arrivo della merce) fosse nullo.

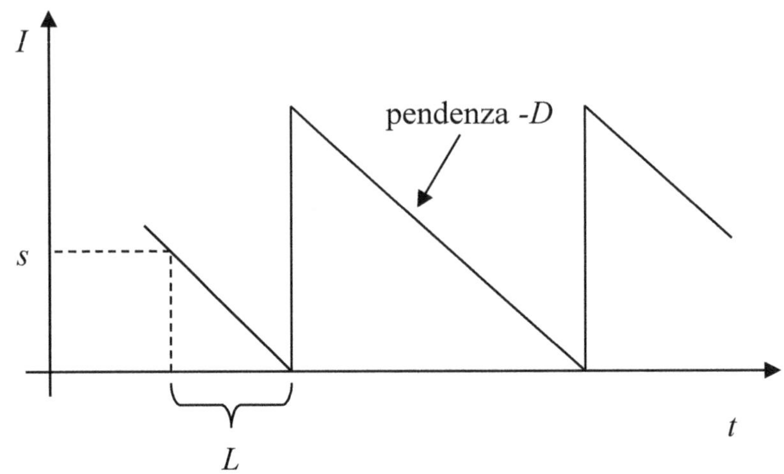

Figura 37. Punto di riordino in caso di lead time determistici.

Nel caso di lead time maggiori di zero, ma comunque deterministici, il modello non subisce alcuna variazione rispetto al caso $L = 0$ (stessi livelli di giacenza, quantità di riordino, costi, etc.), a patto che il lancio dell'ordine venga opportunamente anticipato in modo tale che, all'arrivo della merce (né prima per non avere scorte in eccesso, né dopo per non incorrere in stockout), il livello di magazzino sia nullo (Figura 37).
Poiché la domanda è deterministica, con valore costante pari a *D*, il momento in cui è necessario emettere l'ordine corrisponde a quando la disponibilità in magazzino sarà pari a $D{\cdot}L$, valore pari proprio alla quantità che sarà consumata durante il lead time. Il valore di disponibilità in corrispondenza del quale si emette l'ordine di riempimento viene detto 'punto di riordino', e viene indicato con la lettera *s*.

ESEMPIO NUMERICO

Riprendendo i dati dell'Item A dell'esercizio precedente, e ipotizziamo un lead time di riempimento deterministico pari a 14 gg, ed un numero di giorni lavorativi annui pari a 250.
Determiniamo: l'intervallo di riordino ottimale, ed il livello di disponibilità in magazzino al quale è necessario eseguire l'ordine di riempimento.

$$T_{Q^*} = \frac{Q^*}{D} = \frac{150}{850} = 0{,}17647 \text{ anni} = 0{,}17647 \cdot 250 = 44{,}11 \text{ giorni}$$

Il livello di disponibilità al quale è necessario eseguire l'ordine sarà pari a:

$$s = D \cdot L = 850 \cdot \frac{14}{250} = 47{,}6 \approx 48$$

Problemi

5.1 Facendo riferimento all'item dell'esempio numerico del paragrafo 5.1, si supponga che A aumenti da 600 a 1200€. Trovare:
- *EOQ*
- *EOQ* in €
- C_m *e* C_s in €/anno
- Quale è stato l'effetto del cambiamento di A?

Si supponga ora invece che A sia ancora 600€, ma che il tasso di mantenimento a scorta r aumenti al 25% annuo. Trovare le stesse quantità del punto precedente. Quale è stato l'effetto del cambiamento di r?

5.2 Un supermercato vende un popolare tipo di bagnoschiuma ad un ritmo costante di circa 400 confezioni al mese. Il costo di ciascuna bottiglia di bagnoschiuma per il supermercato è pari a 0,6 €, mentre il costo di lancio ordine è stimato in 10€/ordine. Si assuma un tasso di mantenimento a scorta r del 25%.
- determinare la quantità ottimale di riordino, ed il tempo che intercorre tra due ordini consecutivi
- se il fornitore impiega 2 mesi per consegnare la merce dal momento dell'ordine, stabilire il punto di riordino in corrispondenza del quale è necessario lanciare l'ordine.
- L'attuale politica è quella di ordinare il bagnoschiuma ogni 4 mesi. Qual è l'incremento di costi che si sta sostenendo rispetto ad una politica ottimale?

5.3 La domanda di un certo prodotto è costante e pari a 250 unità alla settimana. L'azienda immagazzina il prodotto finito in un deposito, che viene rifornito da uno stabilimento che lo produce. Il costo di produzione è pari a 10€/unità, mentre il costo di spedizione dallo stabilimento al deposito ha una componente fissa, pari a 50€ al viaggio, e una componente variabile, pari a 2€ per unità trasportata. Considerando un tasso di mantenimento a scorta del 4% annuo, determinare la quantità ottimale di ogni spedizione.

5.4 Un ferramenta compra chiavi a brugola e cacciavite da uno stesso fornitore. Le chiavi a brugola costano 0,3 €/pezzo, mentre i cacciavite costano 0,7 €/pezzo. Si assuma un costo di lancio ordine di 150 €/ordine e un tasso di mantenimento a scorta annuo r del 25%. Il negozio vende mediamente 20000 chiavi a brugola e 14000 cacciaviti all'anno.
- Determinare le quantità ottimali di riordino per i due codici, ed i tempi che trascorrono fra due ordini consecutivi dei due codici.
- Se entrambi gli item sono ordinati contemporaneamente, il costo di lancio ordine di 150 €/ordine sarà condiviso. Confrontare i costi totali annui attesi nei seguenti casi: a) i codici sono ordinati separatamente; b) entrambi i codici sono riordinati quando vengono ordinate le chiavi a brugola; c) entrambi i codici sono riordinati quando vengono ordinati i cacciavite.

5.5 Si supponga che per un certo item l'*EOQ* sia pari a 25 unità. Per ragioni pratiche però gli ordini possono essere eseguiti solo a multipli di 10 unità. Quale è la grandezza dell'ordine che l'azienda dovrebbe scegliere? Spiegare perché.

5.6 Un fornitore pratica le seguenti politiche di prezzo su determinati item: 5 €/pezzo per ordini fino a 1000 unità; 4,9 €/pezzo per ordini di grandezza tra 1000 e 2000 unità; 4,75 €/pezzo per ordini superiori alle 2000 unità. Gli sconti sono applicati sull'intera quantità ordinata. Assumendo un tasso di mantenimento a scorta r pari al 30% annuo ed un costo di setup A di 25 € uguale per tutti gli articoli, stabilire la quantità ottimale di riordino per 4 differenti codici, la cui domanda media annuale è rispettivamente pari a 10000, 1000, 4000 e 130000 pezzi/anno.

5.7 Si consideri una struttura di sconti sulle quantità che non sia applicata su tutte le unità ordinate. Nello specifico, il fornitore offre uno sconto solo sulle unità eccedenti una certa quantità Q_b.
- Scrivere l'espressione dei costi totali attesi in funzione di Q nel caso di due intervalli di prezzo (prezzo regolare e prezzo scontato)
- trovare la quantità ottimale di riordino per un item che ha un costo di 20 €/pezzo per le prime 100 unità ordinate e di 19,95 €/pezzo per le unità eccedenti. Considerare r = 30% annuo, A = 24 €, D = 1200 €/anno.

6 Modelli con domanda nota non costante

Nel Capitolo 5 abbiamo presentato alcuni modelli di gestione utilizzabili quando la domanda è assunta nota e costante nel tempo. In questo capitolo andremo a rilassare quest'ultima ipotesi, e considereremo il caso in cui la domanda, pur essendo nota, sia variabile nel tempo.

6.1 Il metodo di Wagner-Whitin

Ipotesi:

1. la domanda d_j è assunta nota in ciascun intervallo temporale $j = 1,\ldots,N$, dove N è l'orizzonte temporale di pianificazione.
2. L'intera quantità richiesta nel intervallo j deve essere disponibile all'inizio dell'intervallo (e quindi gli ordini arrivano all'inizio di ciascun intervallo)
3. Il costo unitario variabile del prodotto non varia in funzione della quantità ordinata
4. I fattori di costo non cambiano nel tempo (inflazione trascurabile)
5. Ogni prodotto viene considerato indipendentemente dagli altri: non ci sono interazioni dovute a limiti di capacità del magazzino
6. Il lead time di riempimento sono noti con certezza, cosicché le consegne possono essere pianificate in maniera tale da arrivare all'inizio dell'intervallo richiesto
7. Non sono consentiti stock-out
8. L'intera quantità ordinata è consegnata nello stesso istante (il riempimento del magazzino è istantaneo)
9. Per semplicità è assunto che il costo di mantenimento a scorta è applicato solo alle scorte che vengono tenute in magazzino almeno tra un intervallo ed il successivo (il metodo può funzionare anche rilassando tale ipotesi)
10. La domanda ha termine alla fine dell'orizzonte temporale (o il livello finale di inventario è specificato)

L'algoritmo di Wagner-Whitin è una applicazione di programmazione dinamica che trova una soluzione ottima di minimo costo. Lo sforzo computazionale, spesso notevole per risolvere problemi di programmazione dinamica, è in questo caso molto ridotto dalla considerazione (derivata appunto da Wagner e Whitin) che la soluzione ottima del problema deve possedere le seguenti due proprietà:

A. Un riempimento ha luogo solo quando il livello di inventario è nullo
B. C'è un limite superiore al numero di intervalli di anticipo dell'ordine di una quantità d_j rispetto all'intervallo j in cui viene richiesta (alla fine i costi di mantenimento a scorta sarebbero troppo elevati rispetto ai costi di setup)

Notazione:

d_j = domanda nell'intervallo j [unità/intervallo temporale]
r = tasso di mantenimento a scorta [(€/€)/intervallo temporale][4]
v = costo variabile per unità [€/unità]
A = costo fisso di riempimento [€/riempimento]

[4] Da notare che il tasso di mantenimento a scorta r è riferito all'intervallo temporale base del dato di domanda. Se ad esempio il dato di domanda è mensile, il tasso sarà mensile.

F_t = costo totale della miglior strategia di riempimento che soddisfa le domande $d_1 \ldots d_t$

c_{xy} = costo della miglior strategia di riempimento che soddisfa le domande $d_1 \ldots d_x$ considerando che l'ultimo riempimento è avvenuto nell'intervallo y

E' possibile organizzare i costi c_{xy} in una tabella, come mostrato in Figura 38. I valori minimi che si incontrano in ciascuna colonna saranno pari agli F_t.

	Step 1	**Step 2**	**…**	**Step *t***	**…**	**Step *N***
Opzione 1	c_{11}	c_{21}	…	c_{t1}	…	c_{N1}
Opzione 2		c_{22}	…	c_{t2}	…	c_{N2}
…			…	…	…	…
Opzione t				c_{tt}	…	c_{Nt}
…					…	…
Opzione N						c_{NN}

Figura 38. Tabella dei costi totali di tutte le possibili strategie.

L'algoritmo di Wagner-Whitin consiste nel calcolo dei costi di tutte le opzioni disponibili ai vari step, per poi individuare la miglior strategia di riempimento che permette di soddisfare tutte le domande dell'orizzonte temporale.

ALGORITMO di Wagner-Whitin

Step1

Calcolo del costo totale della miglior strategia di riempimento per soddisfare la domanda d_1. Esiste in questo caso una sola possibiltà, ovvero quella di soddisfare la domanda d_1 ordinandola nell'intervallo 1. Si calcola F_1, che è pari ad $c_{11} = A$, visto che sarà eseguito un riempimento per una quantità pari a d_1 dal costo pari ad A, e che la quantità d_1 sarà consumata nell'intervallo stesso non dando luogo a costi di mantenimento a scorta.

Step2

Calcolo del costo totale della miglior strategia di riempimento che soddisfa le domande d_1 e d_2. Per determinare F_2, si considerano 2 opzioni:

1) Aver ordinato la quantità d_1+d_2 all'inizio, ovvero nell'intervallo 1:

Costo riempimento	A	
mese(j)	**1**	**2**
Domanda (d_j)	d_1	d_2
Giacenza iniziale	0	d_2
Ordini	d_1+d_2	0
Giacenza finale	d_2	0

in questo caso i costi totali saranno pari a: $c_{21} = A + vrd_2$, visto che verrà eseguito un riempimento dal costo pari ad A, e si porterà la quantità d_2 in magazzino per un intervallo temporale.

2) Aver fatto l'ultimo riempimento nel periodo 1 ed ordinare solo la quantità d_2. In questo caso i costi saranno pari a: $c_{22} = F_1+A$, visto che il costo minore per soddisfare la domanda fino all'intervallo 1 è pari a F_1, e per soddisfare la domanda d_2 si effettuerà un ordine di riempimento per una quantità pari a d_2 dal costo pari ad A.

Il minore costo tra le 2 opzioni confrontate sarà pari a F_2, ovvero $F_2 = \min\{c_{21}, c_{22}\}$.

Step3

Calcolo del costo totale della miglior strategia di riempimento che soddisfa le domande d_1, d_2, d_3. Per determinare F_3, si considerano 3 opzioni:

1) Aver ordinato la quantità $d_1+d_2+d_3$ nell'intervallo 1:

Costo riempimento	A		
mese(j)	**1**	**2**	**3**
Domanda (d_j)	d_1	d_2	d_3
Giacenza iniziale	0	d_2+d_3	d_3
Ordini	$d_1+d_2+d_3$	0	0
Giacenza finale	d_2+d_3	d_3	0

in questo caso i costi saranno pari a: $c_{31} = A+vr(d_2+2d_3)$, visto che si eseguirà un riempmento dal costo pari ad A, e che le domande d_2 e d_3 saranno portate in magazzino rispettivamente per 1 e 2 intervalli temporali.

2) Aver fatto l'ultimo riempimento nell'intervallo 2 avendo ordinato la quantità d_2+d_3:

Costo riempimento	A	
mese(j)	**2**	**3**
Domanda (d_j)	d_2	d_3
Giacenza iniziale	d_2+d_3	d_3
Ordini	0	0
Giacenza finale	d_3	0

in questo caso i costi saranno pari a: $c_{32} = F_1+A+ vrd_3$, visto che il costo minore per soddisfare la domanda fino all'intervallo 1 è pari a F_1, e per soddisfare la domanda d_2 e d_3 si effettuerà un ordine di riempimento per una quantità pari a $d_2+ d_3$ nell'intervallo 2 dal costo pari ad A, e la quantità d_3 verrà portata in magazzino per un intervallo.

3) Aver fatto l'ultimo riempimento nel periodo 2 ed ordinare solo la quantità d_3 nell'intervallo 3: in questo caso i costi saranno pari a $c_{33} = F_2+A$.

Il minore costo tra le 3 opzioni confrontate sarà pari a F_3, ovvero $F_3=\min\{c_{31}, c_{32}, c_{33}\}$.

...

Step t

Calcolo del costo totale della miglior strategia di riempimento che soddisfa la domanda $d_1 \ldots d_t$. In generale per determinare F_t si dovranno considerare t opzioni:

1) Aver ordinato la quantità $d_1+\ldots +d_t$ all'inizio dell'intervallo 1. In questo caso i costi saranno pari a: $c_{t1} = A+vr[d_2+2d_3\ldots +(t-1)d_t]$

...

k) Aver fatto l'ultimo riempimento nel periodo $1<k<(t-1)$ ed ordinare la quantità $d_{k+1}+\ldots +d_t$. In questo caso i costi saranno pari a: $c_{tk}= F_{k-1}+A+vr[d_{k+1}+2\, d_{k+2}+\ldots +(t-k)d_t]$.

...

t) Aver fatto l'ultimo riempimento nel periodo $t-1$ ed ordinare solo la quantità d_t. In questo caso i costi saranno pari a: $c_{tt}= F_{t-1}+A$.

Il minore costo tra le t opzioni confrontate sarà pari a F_t, ovvero $F_t=\min\{c_{t1},...,c_{tt}\}$.

Si procede in questo modo completando gli step relativi a ciascun intervallo $1,\ldots,N$ per tutto l'orizzonte temporale e calcolando i costi delle diverse opzioni di volta in volta.

L'esempio riportato in Figura 39 mostra come si arriva ad individuare la miglior strategia che porta al costo minimo per soddisfare tutte le domande una volta che è stata calcolata la tabella. Nell'esempio l'orizzonte temporale è di 6 intervalli, e bisogna individuare la miglior strategia di riordino che porta al soddisfacimento delle domande d_1, d_2, d_3, d_4, d_5, d_6 al costo più basso. Supponendo di aver eseguito i 6 step necessari per il calcolo dei dati in tabella, si parte dall'ultima colonna, e si individua il minor costo F_6 di tutte le possibili strategie che portano a soddisfare tutte e 6 le domande. Nell'esempio, F_6=c_{64}, e ciò significa che l'ultimo ordine eseguito della strategia è stato pari alla somma delle domande d_4+d_5+d_6, e che nella politica migliore l'ultimo ordine di riempimento è stato eseguito allo Step 4 per coprire le domande dei tre mesi successivi.

Si ha dunque che nella strategia migliore le domande d_4, d_5 e d_6 vengono ordinate nell'intervallo 4. A questo punto si va alla ricerca della miglior strategia di riordino che permette di arrivare all'intervallo 4, cioè della miglior strategia che soddisfa le domande d_1,d_2 e d_3. Analogamente a prima si cercherà quindi il costo della miglior strategia che soddisfa tali domande, che ha il costo minimo nella colonna relativa allo step 3. Nell'esempio si ha che F_3=c_{32}. Ciò significa che l'ultimo ordine eseguito è stato pari alla somma di d_2+d_3, e che è stato eseguito allo step 2.

Si ha dunque che nella strategia migliore le domande d_2 e d_3 vengono ordinate nell'intervallo 2. Ancora una volta si va alla ricerca della miglior strategia di riordino che permette di arrivare all'intervallo 2, cioè della miglior strategia che soddisfa la domanda d_1. Si prende quindi il minimo della colonna dello step 1, che è composta da un solo elemento, per cui F_1=c_{11}. Naturalmente questo corrisponde al soddisfacimento della domanda dell'intervallo 1 attraverso un ordine nell'intervallo stesso. Si ha dunque che nella strategia migliore la domanda d_1 viene ordinata nell'intervallo 1.

	Step 1	**Step 2**	**Step 3**	**Step 4**	**Step 5**	**Step 6**
Opzione 1	F_1= c_{11}	c_{21}	c_{31}	c_{41}	c_{51}	c_{61}
Opzione 2		F_2=c_{22}	F_3= c_{32}	F_4= c_{42}	c_{52}	c_{62}
Opzione 3			c_{33}	c_{43}	c_{53}	c_{63}
Opzione 4				c_{44}	F_5= c_{54}	F_6= c_{64}
Opzione 5					c_{55}	c_{65}
Opzione 6						c_{66}

intervallo	1	2	3	4	5	6
Quantità ordinata	d_1	d_2+d_3	0	d_4+d_5+d_6	0	0

Figura 39. Individuazione della strategia di minimo costo.

Vediamo ora dei metodi utili per evitare di calcolare tutti gli elementi della matrice.

Metodo 1. Fa uso della proprietà B. Si prenda infatti il caso in cui in un intervallo j si verifichi la seguente condizione:

$$vr \cdot d_j > A \quad \text{o equivalentemente} \quad d_j > A/vr$$

vale a dire, il costo di mantenimento a scorta della domanda dell'intervallo j supera il costo di lancio ordine A (che servirebbe a ordinare la stessa quantità). Ciò vuol dire che sicuramente non converrebbe aver ordinato la quantità in un intervallo precedente (dovendo sostenerne il costo di mantenimento a scorta almeno per un intervallo), ma converrà invece ordinarla nell'intervallo j stesso. Quindi nella soluzione ottima, sicuramente avverrà un riempimento nell'intervallo j. Quest'ultima considerazione ci permette di non calcolare alcuni costi della tabella. Infatti, se si osservasse che per esempio ($vr \cdot d_4 > A$), sicuramente come detto la soluzione ottima vedrà un riempimento nell'intervallo 4. Per cui non ha senso valutare ad esempio il costo c_{41}, corrispondente al costo dell'opzione che nell'intervallo 4 considera di aver effettuato l'ultimo riempimento nell'intervallo 1. E allo stesso modo, non bisognerà calcolare neanche c_{51}, corrispondente al costo dell'opzione che nell'intervallo 5 considera di aver effettuato l'ultimo riempimento nell'intervallo 1 per le domande ($d_1+d_2+d_3+d_4+d_5$). Gli unici due costi da calcolare allo step 5 saranno infatti c_{54} e c_{55}, relativi alle due opzioni che prevedono di aver riempito rispettivamente nell'intervallo 4 una quantità d_4+d_5 e nell'intervallo 5 la sola quantità d_5. E così, non ha senso valutare i costi c_{51}, c_{61}, c_{52}, c_{62}, c_{53}, c_{63}, relativi a costi di opzioni che nei intervalli 5 e 6 considerano di aver effettuato l'ultimo ordine nei intervalli 1 (c_{51}, c_{61}), 2 (c_{52}, c_{62}) e 3 (c_{53}, c_{63}) (in verde e tra parentesi nella tabella di Figura 40).

				$d_4 > A/vr$		
	Step 1	Step 2	Step 3	Step 4	Step 5	Step 6
Opzione 1	c_{11}	c_{21}	c_{31}	(c_{41})	(c_{51})	(c_{61})
Opzione 2		c_{22}	c_{32}	(c_{42})	(c_{52})	(c_{62})
Opzione 3			c_{33}	(c_{43})	(c_{53})	(c_{63})
Opzione 4				c_{44}	c_{54}	c_{64}
Opzione 5					c_{55}	c_{65}
Opzione 6						c_{66}

Figura 40. Costi che è possibile non calcolare (Metodo 1)

In generale, se $d_j > A/vr$ non sarà necessario calcolare tutti i costi c_{xy} con $x \geq j$ e $y < j$. Prima di eseguire tutti i calcoli dei costi relativi alle varie opzioni conviene dunque calcolare la quantità A/vr e confrontarla con le domande di ciascun intervallo, evitando così di calcolare i costi di opzioni che si possono già escludere.

Metodo 2. Un metodo che estende il precedente è il seguente. Si calcola per ogni intervallo la quantità $A/(vr \cdot d_j)$ e la si approssima all'intero k inferiore. Si vede infatti che k corrisponde al numero massimo di intervalli temporali in cui può convenire tenere in magazzino la quantità d_j. Se ad esempio $A/(vr \cdot d_j)=2{,}4$ e quindi $k=2$, non converrebbe tenere la quantità d_j in magazzino per più di 2 due intervalli. Infatti se scegliessimo di tenere in magazzino d_j per 3 intervalli, ne risulterebbe un costo di mantenimento a scorta pari a $(vr \cdot d_j) \cdot 3$, costo che sarebbe maggiore di A, visto che $A=(vr \cdot d_j)2{,}4$. In tal caso quindi il costo di ordinare l'item nell'intervallo $j-2$ sarebbe minore rispetto a ordinarlo nell'intervallo $j-3$.
Si noti che la condizione $vr \cdot d_j > A$ del caso precedente è equivalente a $k = 0$. Però anche per $k > 0$ (=1, 2, 3, ...), che è una condizione meno restrittiva della precedente e che quindi si verifica più spesso, si può comunque evitare di calcolare alcuni coefficienti della tabella. Se infatti k è il numero massimo di intervalli in cui conviene tenere a magazzino la quantità d_j, avrà senso considerare da qui in poi solo i coefficienti che prevedano un riempimento in intervalli precedenti fino a $j-k$. Si può quindi evitare di calcolare tutti i costi c_{xy} con $x \geq j$ e $y < (j-k)$.
In figura Figura 41 è mostrato un ulteriore esempio. Se $A/(vr \cdot d_4)=1{,}6$, ovvero $k=1$, significa che la quantità d_4 dovrà essere ordinata non prima dell'intervallo temporale 3, altrimenti la terrei a scorta per più di un intervallo temporale. Non ha quindi senso calcolare i costi che prevedano da qui in avanti che l'ultimo riempiento si verifichi negli intervalli 1 e 2.

				k=1		
	Step 1	Step 2	Step 3	Step 4	Step 5	Step 6
Opzione 1	c_{11}	c_{21}	c_{31}	(c_{41})	(c_{51})	(c_{61})
Opzione 2		c_{22}	c_{32}	(c_{42})	(c_{52})	(c_{62})
Opzione 3			c_{33}	c_{43}	c_{53}	c_{63}
Opzione 4				c_{44}	c_{54}	c_{64}
Opzione 5					c_{55}	c_{65}
Opzione 6						c_{66}

Figura 41. Costi che è possibile non calcolare (Metodo 2)

Metodo 3. Il 'Planning Horizon Theorem' viene ulteriormente in aiuto per restringere il numero di caselle da calcolare. Questo teorema dice che se a uno step t^*, il costo minimo F_{t^*} si trova in corrispondenza dell'opzione y^*, cioè per $c_{t^*y^*}$ (con $y^* \leq t^*$), allora per tutti gli step successivi (quindi con $t > t^*$) è sufficiente calcolare solo gli c_{ty} con $y \geq y^*$.

DIMOSTRAZIONE. Si osservi innanzi tutto che prendendo un generico intervallo t, la generica opzione y (con $y < t$) avrà un costo pari a:

$$c_{ty} = c_{t-1,y} + vrd_t\,(t-y) \tag{6.1}$$

Infatti c_{ty} differisce da $c_{t-1,y}$ perché, avendo ordinato sempre nell'intervallo y, è necessario coprire la domanda fino all'intervallo t invece che fino a t–1. Ciò significa che nell'intervallo y dovrò ordinare rispetto all'altro caso anche la quantità d_t che però sarà soddisfatta solo nel periodo t, e quindi portata in magazzino per un numero di periodi pari a $(t-y)$.
Il teorema dunque afferma che se allo step t^* il minimo F_{t^*} è in corrispondenza di $c_{t^*y^*}$, non è necessario, allo step $t^{**}=t^*+1$ calcolare $c_{t^{**}y'}$ con $y' < y^*$. Infatti, utilizzando la (6.1), il costo:

$$c_{t^{**}y'} = c_{t^*y'} + vrd_{t^{**}}\,(t^{**}-y')$$

sarà sicuramente maggiore di:

$$c_{t^{**}y^*} = c_{t^*y^*} + vrd_{t^{**}}\,(t^{**}-y^*)$$

visto che $c_{t^*y^*} < c_{t^*y'}$ (per ipotesi visto che $c_{t^*y^*} = F_{t^*}$) e $y' < y^*$. Applicando ricorsivamente questo risultato agli intervalli successivi, è possibile estendere la proprietà trovata per ogni $t > t^*$.
La Figura 42 mostra i costi che è possibile non calcolare nel caso in cui per esempio allo Step 4 si verichi che il minimo dei costi sia F_4=c_{44}.

	Step 1	Step 2	Step 3	Step 4	Step 5	Step 6
Opzione 1	c_{11}	c_{21}	c_{31}	c_{41}	(c_{51})	(c_{61})
Opzione 2		c_{22}	c_{32}	c_{42}	(c_{52})	(c_{62})
Opzione 3			c_{33}	c_{43}	(c_{53})	(c_{63})
Opzione 4				c_{44}=F_4	c_{54}	c_{64}
Opzione 5					c_{55}	c_{65}

Opzione 6						c_{66}

Figura 42. Costi che è possibile non calcolare (Metodo 3)

ESEMPIO NUMERICO

Si consideri la domanda nota di un item in un orizzonte temporale di 10 mesi, riportata in tabella.

j	**1**	**2**	**3**	**4**	**5**	**6**	**7**	**8**	**9**	**10**
d_j	6	36	7	70	85	67	49	24	70	89

A = 53 €/setup
r = 22% annuo
v = 40 €/pezzo

Calcoliamo innanzi tutto il tasso di mantenimento a scorta su base mensile.
r = 0,22/12 = 0,018333 %/mese
Illustriamo l'applicazione dei metodi 1 e 2 utili a calcolare un numero minore di alternative c_{xy}.

Metodo 1. Calcoliamo la quantità:

$$\frac{A}{vr} = \frac{53}{40 \cdot (0,22/12)} = 72,28$$

Poiché $d_5 > 72,28$, significa che nell'intervallo 5 verrà eseguito un riempimento. Non è necessario quindi calcolare le quantità c_{xy} con $x \geq 5$ e $y < 5$, che corrispondono a politiche che prevedono di ordinare la quantità d_5 in intervalli precedenti al 5. Analogamente, poiché $d_{10} > 72,28$, ciò significa che nell'intervallo 10 verrà eseguito un riempimento. Non è necessario quindi calcolare le quantità c_{xy} con $x \geq 10$ e $y < 10$.

	1	**2**	**3**	**4**	**5**	**6**	**7**	**8**	**9**	**10**
1	c_{11}	c_{21}	c_{31}	c_{41}	c_{51}	c_{61}	c_{71}	c_{81}	c_{91}	$c_{10,1}$
2		c_{22}	c_{32}	c_{42}	c_{52}	c_{62}	c_{72}	c_{82}	c_{92}	$c_{10,2}$
3			c_{33}	c_{43}	c_{53}	c_{63}	c_{73}	c_{83}	c_{93}	$c_{10,3}$
4				c_{44}	c_{54}	c_{64}	c_{74}	c_{84}	c_{94}	$c_{10,4}$
5					c_{55}	c_{65}	c_{75}	c_{85}	c_{95}	$c_{10,5}$
6						c_{66}	c_{76}	c_{86}	c_{96}	$c_{10,6}$
7							c_{77}	c_{87}	c_{97}	$c_{10,7}$
8								c_{88}	c_{98}	$c_{10,8}$
9									c_{99}	$c_{10,9}$
10										$c_{10,10}$

Metodo 2. Per ogni intervallo calcoliamo le quantità:

$$\left\lfloor \frac{A}{vrd_j} \right\rfloor = k$$

Ad esempio, per l'intervallo 1 avrò:

$$\left\lfloor \frac{53}{40 \cdot 0,018333 \cdot 6} \right\rfloor = 12$$

Eseguendo il calcolo per tutti i intervalli otterremo:

j	**1**	**2**	**3**	**4**	**5**	**6**	**7**	**8**	**9**	**10**
k	12	2	10	1	0	1	1	3	1	0

k corrisponde al numero massimo di intervalli per cui può convenire anticipare l'approvvigionamento della domanda d_j. Come si vede, per i intervalli 5 e 10, coerentemente col Metodo 1, il valore di k è pari a 0, ovvero non conviene mai anticipare l'approvvigionamento delle domande d_5 e d_{10}. Ne consegue che nei intervalli 5 e 10 la politica ottimale prevedrà dei riempimenti, e che possono essere quindi esclusi dal calcolo gli stessi valori c_{xy} del Metodo 1.
Si passa poi ad analizzare i valori per i quali si ha k=1, e si vede ad esempio che la domanda d_4 può essere tenuta in magazzino al più per un intervallo. Ciò significa che tutte le politiche che prevedono come ultimo riempimento l'intervallo 2 (o intervalli antecedenti ad esso) per soddisfare la domanda d_4 non saranno politiche ottimali. Di conseguenza, potremo evitare di calcolare tutti gli c_{xy} con $x \geq 4$ e $y < 3$. Ripetendo analoghe considerazioni per i intervalli 6, 7 e 9, arriveremo ad escludere dal calcolo tutte le caselle evidenziate nella seguente tabella.

	1	**2**	**3**	**4**	**5**	**6**	**7**	**8**	**9**	**10**
1	c_{11}	c_{21}	c_{31}	c_{41}	c_{51}	c_{61}	c_{71}	c_{81}	c_{91}	$c_{10,1}$
2		c_{22}	c_{32}	c_{42}	c_{52}	c_{62}	c_{72}	c_{82}	c_{92}	$c_{10,2}$
3			c_{33}	c_{43}	c_{53}	c_{63}	c_{73}	c_{83}	c_{93}	$c_{10,3}$
4				c_{44}	c_{54}	c_{64}	c_{74}	c_{84}	c_{94}	$c_{10,4}$
5					c_{55}	c_{65}	c_{75}	c_{85}	c_{95}	$c_{10,5}$
6						c_{66}	c_{76}	c_{86}	c_{96}	$c_{10,6}$
7							c_{77}	c_{87}	c_{97}	$c_{10,7}$
8								c_{88}	c_{98}	$c_{10,8}$
9									c_{99}	$c_{10,9}$
10										$c_{10,10}$

Il procedimento va avanti analizzando i valori di k da 2 in poi, in corrispondenza dei quali però non si scartano ulteriori celle rispetto a quanto già fatto allo step precedente. Si procede quindi al calcolo dei valori c_{xy} rimanenti.

Applicazione dell'algoritmo

Step1
$c_{11} = A = 53$
$F_1 = \min\{c_{11}\} = 53$
Step2
$c_{21} = A + vrd_2 = 53 + (40 \cdot 0,018333 \cdot 36) = 79,4$
$c_{22} = F_1 + A = 53 + 53 = 106$
$F_2 = \min\{c_{21}, c_{22}\} = 79,4$
Step3
$c_{31} = A + vr(d_2 + 2d_3) = 53 + (40 \cdot 0,018333) \cdot (36 + 2 \cdot 7) = 89,67$
$c_{32} = F_1 + A + vrd_3 = 53 + 53 + (40 \cdot 0,018333) \cdot 7 = 111,13$
$c_{33} = F_2 + A = 79,39 + 53 = 132,4$

$F_3 = \min\{c_{31}, c_{32}, c_{33}\} = 89{,}67$

Step4

$c_{43} = F_2 + A + vrd_4 = 183{,}73$

$c_{44} = F_3 + A = 142{,}67$

$F_4 = \min\{c_{43}, c_{44}\} = 142{,}67$

Step5

$c_{55} = F_4 + A = 195{,}67$

$F_5 = \min\{c_{55}\} = 195{,}67$

Step6

$c_{65} = F_4 + A + vrd_6 = 244{,}80$

$c_{66} = F_5 + A = 248{,}67$

$F_6 = \min\{c_{65}, c_{66}\} = 244{,}80$

Step7

$c_{76} = F_5 + A + vrd_7 = 284{,}60$

$c_{77} = F_6 + A = 297{,}80$

$F_7 = \min\{c_{76}, c_{77}\} = 284{,}60$

Step8

$c_{86} = F_5 + A + vr(2d_8 + d_7) = 319{,}80$

$c_{87} = F_6 + A + vrd_8 = 315{,}40$

$c_{88} = F_7 + A - 337{,}60$

$F_8 = \min\{c_{86}, c_{87}, c_{88}\} = 315{,}40$

Step9

$c_{98} = F_7 + A + vrd_9 = 388{,}93$

$c_{99} = F_8 + A = 368{,}40$

$F_9 = \min\{c_{98}, c_{99}\} = 368{,}40$

Step10

$c_{10,10} = F_9 + A = 421{,}4$

$F_{10} = \min\{c_{10,10}\} = 421{,}4$

Nella seguente tabella sono riportati i valori dei costi c_{xy} calcolati. Per completezza si riportano anche i valori che non era necessario calcolare grazie all'applicazione del Metodo 2.

	1	**2**	**3**	**4**	**5**	**6**	**7**	**8**	**9**	**10**
1	53,00	79,40	**89,67**	243,67	493,00	738,67	954,27	1077,47	1488,13	2075,53
2		106,00	111,13	213,80	400,80	597,33	777,00	882,60	1241,93	1764,07
3			132,40	183,73	308,40	455,80	599,53	687,53	995,53	1452,40
4				**142,67**	205,00	303,27	411,07	481,47	738,13	1129,73
5					195,67	**244,80**	316,67	369,47	574,80	901,13
6						248,67	284,60	319,80	473,80	734,87
7							297,80	**315,40**	418,07	613,87
8								337,60	388,93	519,47
9									**368,40**	433,67
10										**421,40**

A questo punto si procede con l'individuazione della politica ottimale.

- Si parte dall'ultima colonna e si individua il valore più piccolo, $c_{10,10} = 421{,}4$. Questo è il costo della politica ottimale che porta a soddisfare tutte le domande $d_1,\ldots,d_{10}$. Si vede che l'ultimo riempimento è stato eseguito proprio nell'intervallo 10.

- Quindi si va a cercare nella colonna 9, corrispondente all'intervallo precedente all'ultimo riempimento, la miglior politica che permette di soddisfare le domande $d_1,\dots,d_9$, e si osserva che il minimo costo si ha in corrispondenza di c_{99}. Ciò significa che l'ultimo riempimento è avvenuto proprio nell'intervallo 9.
- Si va quindi a cercare nella colonna 8 quale è la miglior politica che permette di soddisfare le domande $d_1,\dots,d_8$, e si osserva il minimo costo in c_{78}. L'ultimo riempimento è avvenuto dunque nell'intervallo 7.
- Si cerca nella colonna 6 quale è la miglior politica che permette di soddisfare le domande $d_1,\dots,d_6$, e si osserva il minimo costo in c_{56}. L'ultimo riempimento è avvenuto dunque nell'intervallo 5.
- Si cerca nella colonna 4 quale è la miglior politica che permette di soddisfare le domande $d_1,\dots,d_4$, e si osserva il minimo costo in c_{44}. L'ultimo riempimento è avvenuto dunque nell'intervallo 4.
- Si cerca nella colonna 3 quale è la miglior politica che permette di soddisfare le domande $d_1,\dots,d_3$, e si osserva il minimo costo in c_{13}. L'ultimo riempimento è avvenuto dunque nell'intervallo 1.

Abbiamo così ricostruito la politica ottimale, che prevede dunque 6 riempimenti nei intervalli 1, 4, 5, 7, 9, 10.

Nella seguente tabella vengono riportati gli ordini eseguiti nei vari intervalli, e l'inventario iniziale e finale in corrispondenza di ogni intervallo.

riempimenti	x			x	x		x		x	x
mese(j)	**1**	**2**	**3**	**4**	**5**	**6**	**7**	**8**	**9**	**10**
Domanda (d_j)	6	36	7	70	85	67	49	24	70	89
Giacenza iniziale	0	43	7	0	0	67	0	24	0	0
Ordini	49	0	0	70	152	0	73	0	70	89
Giacenza finale	43	7	0	0	67	0	24	0	0	0

Possiamo calcolare i costi di setup considerando che la politica ottimale prevede 6 riempimenti:

$C_r = N \cdot A = 6 \cdot 53 = 318\,€/(10\text{mesi})$

Per i costi di mantenimento a scorta sarà necessario calcolare le giacenze medie ed il tasso di mantenimento a scorta % relativo a 10 mesi:

$$\bar{I} = \frac{43+7+67+24}{10} = 14{,}1\,\text{pezzi}$$

$$r_{(10mesi)} = 0{,}22 \cdot \frac{10}{12} = 0{,}18333\,\%/(10\text{mesi})$$

$$C_m = \bar{I} \cdot v \cdot r_{(10mesi)} = 14{,}1 \cdot 40 \cdot 0{,}18333 = 103{,}4\,€/(10\text{mesi})$$

I costi totali della politica saranno pari alla somma dei costi di riempimento e di quelli di mantenimento a scorta:

$TRC = C_r + C_m = 318 + 103{,}4 = 421{,}4\,€/(10\text{mesi})$

Tale valore coincide, come previsto, con $c_{10,10}$.

6.2 L'euristica Silver-Meal

Tale euristica seleziona la quantità di riordino replicando una caratteristica che ha il lotto economico di riordino nel caso di domanda costante, che è quella di minimizzare il costo totale nell'unità di tempo (ricordiamo che l'EOQ viene infatti derivato proprio così, trovando cioè il minimo della funzione che esprime i costi totali nell'unità di tempo).
Poiché il riempimento deve avvenire all'inizio di ogni intervallo, la miglior strategia prevederà quantità di riempimento tali che le scorte durino per un numero intero di intervalli. Supponendo dunque di essere all'intervallo 1, se T è il numero di intervalli che sarà coperto dall'ordine, la quantità Q ordinata in questo intervallo sarà pari a:

$$Q(T) = \sum_{j=1}^{T} d_j \tag{6.2}$$

L'euristica dunque consiste nello scegliere l'intervallo T (e conseguentemente la quantità di riordino associata) che minimizza i futuri costi totali nell'unità di tempo. Se indichiamo con $TRC(T)$ i costi totali (lancio ordine + mantenimento a scorta) associati ad un riempimento che copre T intervalli, i costi totali <u>nell'unità di tempo</u> ($TRCUT$) associati a tale riempimento saranno:

$$TRCUT(T) = \frac{TRC(T)}{T} = \frac{C_r + C_c(T)}{T}$$

Vediamo come procedere dunque per scegliere l'intervallo T.
Se $T = 1$, si sceglie di ordinare solo la quantità d_1 per coprire solo il primo intervallo. Si sosterrà quindi un costo di lancio ordine A, ma nessun costo di mantenimento a scorta:

$$TRCUT(1) = \frac{A}{1}$$

Se $T = 2$ verrà invece ordinata la quantità $d_1 + d_2$, ed oltre al costo di setup A verrà sostenuto un costo di mantenimento a scorta della quantità d_2 per un intervallo:

$$TRCUT(2) = \frac{A + vrd_2}{2}$$

Se $T = 3$ verrà invece ordinata la quantità $d_1 + d_2 + d_3$, ed oltre al costo di setup A verrà sostenuto un costo di mantenimento a scorta della quantità d_2 per un intervallo e di d_3 per due intervalli:

$$TRCUT(3) = \frac{A + vrd_2 + 2vrd_3}{3}$$

In generale, per un ordine delle quantità $d_1 + d_2 + \ldots + d_T$, che copre appunto T intervalli:

$$TRCUT(T) = \frac{A + vr[d_2 + 2d_3 + \ldots + (T-1)d_T]}{T}$$

L'euristica prevede quindi di valutare *TRCUT*(*T*) per valori di *T* che crescono da 1 in poi, ed appena si riscontra la condizione per cui:

$$TRCUT(T+1) > TRCUT(T)$$

l'intervallo *T* viene selezionato come l'intervallo che deve essere coperto dal riempimento, a cui corrisponde una quantità ordinata che sarà calcolata attraverso la (6.2). Il procedimento si ripete in maniera analoga ai intervalli successivi al primo.
Come detto tale procedimento segue il criterio di trovare un minimo dei costi totali nell'unità di tempo. Naturalmente però quella ottenuta dal metodo non è la soluzione ottima, perché di volta in volta quello che viene calcolato e confrontato è il costo totale nell'unità di tempo associato al singolo riempimento (ed i riempimenti hanno durata diversa), e non invece il costo totale relativo ad uno stesso orizzonte temporale.

ESEMPIO NUMERICO

Applichiamo l'euristica di Silver-Meal allo stesso caso descritto nell'esempio numerico del paragrafo 6.1.

$$TRCUT(1) = \frac{A}{1} = \frac{53}{1} = 53$$

$$TRCUT(2) = \frac{A + vrd_2}{2} = \frac{53 + 40 \cdot 0,018333 \cdot 36}{2} = 39,7$$

$$TRCUT(3) = \frac{A + vr(d_2 + 2d_3)}{3} = \frac{53 + 40 \cdot 0,018333(36 + 2 \cdot 7)}{3} = 29,889$$

$$TRCUT(4) = \frac{A + vr(d_2 + 2d_3 + 3 \cdot d_4)}{4} = \frac{53 + 40 \cdot 0,018333(36 + 2 \cdot 7 + 3 \cdot 70)}{4} = 60,916$$

Poiché *TRCUT*(4)>*TRCUT*(3), la quantità di riordino sarà quella corrispondente a coprire i primi tre intervalli, ovvero $d_1+d_2+d_3$.
Si procede ad applicare l'euristica a partire dall'intervallo 4.

$$TRCUT(1) = \frac{A}{1} = \frac{53}{1} = 53$$

$$TRCUT(2) = \frac{A + vrd_5}{2} = \frac{53 + 40 \cdot 0,018333 \cdot 85}{2} = 57,666$$

Poiché *TRCUT*(2)>*TRCUT*(1), la quantità di riordino sarà pari a d_4.
Si procede ad applicare l'euristica a partire dall'intervallo 5.

$$TRCUT(1) = \frac{A}{1} = \frac{53}{1} = 53$$

$$TRCUT(2) = \frac{A + vrd_6}{2} = \frac{53 + 40 \cdot 0,018333 \cdot 67}{2} = 51,066$$

$$TRCUT(3) = \frac{A + vr(d_7 + 2d_6)}{3} = \frac{53 + 40 \cdot 0,018333(67 + 2 \cdot 49)}{3} = 57,993$$

Poiché *TRCUT*(3)>*TRCUT*(2), la quantità di riordino sarà pari a d_5+d_6.
Si procede ad applicare l'euristica a partire dall'intervallo 7.

$$TRCUT(1) = \frac{A}{1} = \frac{53}{1} = 53$$

$$TRCUT(2) = \frac{A + vrd_8}{2} = \frac{53 + 40 \cdot 0,018333 \cdot 24}{2} = 35,3$$

$$TRCUT(3)=\frac{A+vr(d_8+2d_9)}{3}=\frac{53+40\cdot 0,018333(24+2\cdot 70)}{3}=57,748$$

Poiché $TRCUT(3)>TRCUT(2)$, la quantità di riordino sarà pari a d_7+d_8.
Si procede ad applicare l'euristica a partire dall'intervallo 9.

$$TRCUT(1)=\frac{A}{1}=\frac{53}{1}=53$$

$$TRCUT(2)=\frac{A+vrd_{10}}{2}=\frac{53+40\cdot 0,018333\cdot 89}{2}=59,133$$

Poiché $TRCUT(2)>TRCUT(1)$, la quantità di riordino sarà pari a d_9.
La quantità d_{10} sarà poi anche essa ordinata da sola per coprire l'intervallo 10.

Nella seguente tabella vengono riportati gli ordini eseguiti nei vari intervalli, e l'inventario iniziale e finale in corrispondenza di ogni intervallo.

riempimenti	x			x	x		x		x	x
mese(*j*)	**1**	**2**	**3**	**4**	**5**	**6**	**7**	**8**	**9**	**10**
Domanda (d_j)	6	36	7	70	85	67	49	24	70	89
Giacenza iniziale	0	43	7	0	0	67	0	24	0	0
Ordini	49	0	0	70	152	0	73	0	70	89
Giacenza finale	43	7	0	0	67	0	24	0	0	0

Come si può osservare, in questo caso l'applicazione dell'euristica di Silver-Meal porta allo stesso risultato del metodo di Wagner-Whitin, ovvero alla soluzione ottimale. Questo comportamento non è però generalizzabile in quanto, come già detto, il metodo di Silver-Meal è un'euristica che non garantisce di trovare sempre la soluzione ottimale.

6.3 L'euristica least unit cost (LUC)

Una variante dell'euristica di Silver Meal è la cosiddetta euristica "Least Unit Cost" (LUC). Il procedimento è del tutto analogo a quello descritto, con la sola differenza che non si osserva l'andamento del costo totale nell'unità di tempo (*TRCUT*), ma del costo totale per unità ordinate *TRCPU(T)*.

$$TRCPU(T) = \frac{TRC(T)}{Q(T)} = \frac{C_r + C_c(T)}{\sum_{j=1}^{T} d_j}$$

ESEMPIO NUMERICO

Applichiamo l'euristica LUC allo stesso caso descritto nell'esempio numerico del paragrafo 6.1.

$$TRCPU(1) = \frac{TRC(1)}{d_1} = \frac{A}{d_1} = \frac{53}{6} = 8,8333$$

$$TRCPU(2) = \frac{A + vr \cdot d_2}{d_1 + d_2} = \frac{53 + 40 \cdot 0,018333 \cdot 36}{6 + 36} = 1,8905$$

$$TRCPU(3) = \frac{A + vr(d_2 + 2 \cdot d_3)}{d_1 + d_2 + d_3} = \frac{53 + 40 \cdot 0,018333(36 + 2 \cdot 7)}{6 + 36 + 7} = 1,8298$$

$$TRCPU(4) = \frac{A + vr(d_2 + 2 \cdot d_3 + 3 \cdot d_4)}{d_1 + d_2 + d_3 + d_4} =$$

$$= \frac{53 + 40 \cdot 0,018333(36 + 2 \cdot 7 + 3 \cdot 70)}{6 + 36 + 7 + 70} = 2,0476$$

Poiché *TRCPU*(4)>*TRCPU*(3), la quantità di riordino sarà quella corrispondente a coprire i primi tre intervalli, ovvero $d_1+d_2+d_3$.
Si procede ad applicare l'euristica a partire dall'intervallo 4.

$$TRCPU(1) = \frac{TRC(1)}{d_4} = \frac{A}{d_4} = \frac{53}{70} = 0,75714$$

$$TRCPU(2) = \frac{A + vr \cdot d_5}{d_4 + d_5} = \frac{53 + 40 \cdot 0,018333 \cdot 85}{70 + 85} = 0,7441$$

$$TRCPU(3) = \frac{A + vr(d_5 + 2 \cdot d_6)}{d_4 + d_5 + d_6} = \frac{53 + 40 \cdot 0,018333(85 + 2 \cdot 67)}{70 + 85 + 67} = 0,96125$$

Poiché *TRCPU*(3)>*TRCPU*(2), la quantità di riordino sarà quella corrispondente a coprire due intervalli, ovvero d_4+d_5.
Si procede ad applicare l'euristica a partire dall'intervallo 6.

$$TRCPU(1) = \frac{TRC(1)}{d_6} = \frac{A}{d_6} = \frac{53}{67} = 0,79104$$

$$TRCPU(2) = \frac{A + vr \cdot d_7}{d_6 + d_7} = \frac{53 + 40 \cdot 0,018333 \cdot 49}{67 + 49} = 0,76667$$

$$TRCPU(3) = \frac{A + vr(d_7 + 2 \cdot d_8)}{d_6 + d_7 + d_8} = \frac{53 + 40 \cdot 0,018333(49 + 2 \cdot 24)}{67 + 49 + 24} = 0,88666$$

Poiché $TRCPU(3)>TRCPU(2)$, la quantità di riordino sarà quella corrispondente a coprire due primi tre intervalli, ovvero d_6+d_7.
Si procede ad applicare l'euristica a partire dall'intervallo 8.

$$TRCPU(1)=\frac{TRC(1)}{d_8}=\frac{A}{d_8}=\frac{53}{24}=2,2083$$

$$TRCPU(2)=\frac{A+vr\cdot d_9}{d_8+d_9}=\frac{53+40\cdot 0,018333\cdot 70}{24+70}=1,1099$$

$$TRCPU(3)=\frac{A+vr(d_9+2\cdot d_{10})}{d_8+d_9+d_{10}}=\frac{53+40\cdot 0,018333(70+2\cdot 89)}{24+70+89}=1,2834$$

Poiché $TRCPU(3)>TRCPU(2)$, la quantità di riordino sarà quella corrispondente a coprire due intervalli, ovvero d_8+d_9.
La quantità d_{10} verrà ordinata da sola.

riempimenti	x			x		x		x		x
mese(j)	**1**	**2**	**3**	**4**	**5**	**6**	**7**	**8**	**9**	**10**
Domanda (d_j)	6	36	7	70	85	67	49	24	70	89
Giacenza iniziale	0	43	7	0	85	0	49	0	70	0
Ordini	49	0	0	155	0	116	0	94	0	89
Giacenza finale	43	7	0	85	0	49	0	70	0	0

Possiamo calcolare i costi di setup considerando che la politica ottimale prevede 6 riempimenti:

$$C_r=N\cdot A=5\cdot 53=265\text{ €/(10mesi)}$$

Per i costi di mantenimento a scorta sarà necessario calcolare le giacenze medie:

$$\overline{I}=\frac{43+7+85+49+70}{10}=25,4\text{ pezzi}$$

$$C_m=\overline{I}\cdot v\cdot r_{(10mesi)}=25,4\cdot 40\cdot 0,18333=186,26\text{ €/(10mesi)}$$

I costi totali della politica saranno pari alla somma dei costi di riempimento e di quelli di mantenimento a scorta:

$$TRC=C_r+C_m=265+186,26=451,26\text{ €/(10mesi)}$$

6.4 L'euristica "part period balancing" (PPB)

Questo metodo seleziona il numero di intervalli coperti da un riempimento in maniera tale che i costi di lancio ordine ed i costi di mantenimento a scorta associati a ciascun riempimento siano il più possibile uguali (è molto difficile che siano esattamente uguali a causa della natura discreta della variablie T).
In pratica il procedimento è uguale all'euristica Silver Meal con la sola differenza che non si osserva l'andamento del costo totale nell'unità di tempo $TRCUT(T)$, ma della differenza in valore assoluto tra costi di riempimento e costi di mantenimento a scorta:

$$|\Delta C_{r-c}(T)| = |C_r - C_c(T)| = |A - vr[d_2 + 2d_3 + ... + (T-1)d_T]|$$

Il valore di T per cui si osserva il minimo valore di questa differenza è il numero di intervalli da coprire con il riempimento.

ESEMPIO NUMERICO

Applichiamo l'euristica PPB allo stesso caso descritto nell'esempio numerico del paragrafo 6.1.

$$|\Delta C_{r-c}(1)| = |C_r - C_c(1)| = |A - 0| = 53$$

$$|\Delta C_{r-c}(2)| = |C_r - C_c(2)| = |A - vr \cdot d_2| = |53 - 0,018333 \cdot 40 \cdot 36| = 26,6$$

$$|\Delta C_{r-c}(3)| = |A - vr(d_2 + 2d_3)| = |53 - 0,018333 \cdot 40(36 + 2 \cdot 7)| = 16,334$$

$$|\Delta C_{r-c}(4)| = |A - vr(d_2 + 2 \cdot d_3 + 3 \cdot d_4)| = |53 - 40 \cdot 0,018333(36 + 2 \cdot 7 + 3 \cdot 70)| = 137,66$$

Poiché $DC_{r-c}(4) > DC_{r-c}(3)$, la quantità di riordino sarà quella corrispondente a coprire i primi tre intervalli, ovvero $d_1+d_2+d_3$.
Si procede ad applicare l'euristica a partire dall'intervallo 4.

$$|\Delta C_{r-c}(1)| = |A - 0| = 53$$

$$|\Delta C_{r-c}(2)| = |A - vr \cdot d_5| = |53 - 0,018333 \cdot 40 \cdot 85| = 9,3322$$

$$|\Delta C_{r-c}(3)| = |A - vr(d_5 + 2d_6)| = |53 - 0,018333 \cdot 40(85 + 2 \cdot 67)| = 107,6$$

Poiché $DC_{r-c}(3) > DC_{r-c}(2)$, la quantità di riordino sarà quella corrispondente a coprire due intervalli, ovvero d_4+d_5.
Si procede ad applicare l'euristica a partire dall'intervallo 6.

$$|\Delta C_{r-c}(1)| = |C_r - C_c(1)| = |53 - 0| = 53$$

$$|\Delta C_{r-c}(2)| = |A - vr \cdot d_7| = |53 - 0,018333 \cdot 40 \cdot 49| = 17,067$$

$$|\Delta C_{r-c}(3)| = |A - vr(d_7 + 2d_8)| = |53 - 0,018333 \cdot 40(49 + 2 \cdot 24)| = 18,132$$

Poiché $DC_{r-c}(3) > DC_{r-c}(2)$, la quantità di riordino sarà quella corrispondente a coprire due intervalli, ovvero d_6+d_7.
Si procede ad applicare l'euristica a partire dall'intervallo 8.

$$|\Delta C_{r-c}(1)| = |53 - 0| = 53$$

$$|\Delta C_{r-c}(2)| = |A - vr \cdot d_9| = |53 - 0,018333 \cdot 40 \cdot 70| = 1,6676$$

$$|\Delta C_{r-c}(3)| = |A - vr(d_9 + 2d_{10})| = |53 - 0,018333 \cdot 40(70 + 2 \cdot 89)| = 128,86$$

Poiché $DC_{r-c}(3) > DC_{r-c}(2)$, la quantità di riordino sarà quella corrispondente a coprire due intervalli, ovvero d_8+d_9.
La quantità d_{10} verrà ordinata da sola.

riempimenti	x			x		x		x		x
mese(j)	**1**	**2**	**3**	**4**	**5**	**6**	**7**	**8**	**9**	**10**
Domanda (d_j)	6	36	7	70	85	67	49	24	70	89
Giacenza iniziale	0	43	7	0	85	0	49	0	70	0
Ordini	49	0	0	155	0	116	0	94	0	89
Giacenza finale	43	7	0	85	0	49	0	70	0	0

Come si può osservare, la politica individuata da questa euristica coincide in questo caso con quella individuata dall'euristica LUC, di cui condividerà quindi anche i costi di riempimento e di mantenimento a scorta.

6.5 Il metodo "lot for lot" (L4L)

E' il più semplice tra gli approcci, che prevede semplicemente di riordinare esattamente la quantità richiesta in ciascun intervallo. Quindi non si hanno costi di mantenimento a scorta. Chiaramente questo approccio non è assolutamente conveniente in caso di costi di setup *A* molto elevati. L'approccio L4L è quello spesso usato in contesti MRP.

ESEMPIO NUMERICO

Applichiamo il metodo L4L allo stesso caso descritto nell'esempio numerico del paragrafo 6.1.

riempimenti	x	x	x	x	x	x	x	x	x	x
mese(j)	**1**	**2**	**3**	**4**	**5**	**6**	**7**	**8**	**9**	**10**
Domanda (d_j)	6	36	7	70	85	67	49	24	70	89
Giacenza iniziale	0	0	0	0	0	0	0	0	0	0
Ordini	6	36	7	70	85	67	49	24	70	89
Giacenza finale	0	0	0	0	0	0	0	0	0	0

Possiamo calcolare i costi di setup considerando che la politica ottimale prevede 6 riempimenti:

$C_r = N \cdot A = 10 \cdot 53 = 530$ €/(10mesi)

I costi di mantenimento a scorta saranno nulli essendo nulle le giacenze medie:

$C_m = \overline{I} \cdot v \cdot r = 0$ €/(10mesi)

I costi totali della politica saranno quindi pari a:

$TRC = C_r + C_m = 530$ €/(10mesi)

6.6 Metodi a quantità o a periodo fissi

6.6.1 Quantità fissa

Nonostante l'andamento della domanda sia variabile, si può pensare di ignorare questa variabilità e considerare un valor medio della domanda pari a $\bar{D}$ relativo all'orizzonte degli N intervalli temporali. Si valuta quindi quanto sarebbe il lotto economico di riordino:

$$EOQ = \sqrt{\frac{2A\bar{D}}{vr}} \tag{6.3}$$

Per tenere conto che la quantità ordinata dovrà coprire un numero intero di intervalli temprali, si sceglierà un numero di intervalli coperti dalla quantità ordinata in modo che questa avvicini di più (in termini assoluti) il lotto economico di riordino calcolato.

6.6.2 Periodo fisso

L'EOQ calcolato attraverso la (6.3) può essere utilizzato per calcolare il tempo ottimale che deve trascorrere tra un ordine ed il successivo:

$$T_{EOQ} = \frac{EOQ}{\bar{D}} = \sqrt{\frac{2A}{\bar{D}vr}} \tag{6.4}$$

approssimato all'intero più vicino. Ogni riempimento coprirà dunque esattamente il numero di intervalli temporali pari al numero intero così calcolato.
Da notare che a causa dell'andamento discreto della domanda, le politiche a quantità e a periodo fisso possono differire, al contrario di quanto succede nel modello con domanda costante. Infatti mentre nelle politiche a quantità fissa in questo caso come detto il numero di intervalli temporali coperti può variare ad ogni passo, in quelle a periodo fisso è costante.

ESEMPIO NUMERICO

Applichiamo i metodi a quantità e a periodo fissi allo stesso caso descritto nell'esempio numerico del paragrafo 6.1.

Quantità fissa.

Calcoliamo la domanda media mensile:

$$\bar{D} = \frac{\sum_{j=1}^{n} d_j}{n} = \frac{6+36+7+70+85+67+49+24+70+89}{10} = 50,3 \text{ pezzi/mese}$$

Calcoliamo ora la quantità da ordinare utilizzando la formula dell'EOQ, considerando la domanda media mensile. Da notare che essendo questa espressa in pezzi/mese il tasso di mantenimento a scorta r da inserire nella formula sarà quello su base mensile (%/mese):

$$EOQ = \sqrt{\frac{2A\bar{D}}{vr}} = \sqrt{\frac{2 \cdot 53 \cdot 50,3}{40 \cdot 0,018333}} = 85,26$$

L'euristica prevede di ordinare una quantità che sia la più vicina possibile a questo valore, rispettando la condizione di coprire un numero intero di intervalli. Per quanto riguarda il primo riempimento, ad esempio, dalla seguente tabella si vede che 85,26 è compreso tra 49 e 119, valori che corrispondono alle quantità da ordinare per coprire rispettivamente 3 e 4 intervalli temporali. Poiché 85,26 è più vicino a 119 che a 49, il numero di intervalli temporali che si sceglierà di coprire è 4.

mese(j)	**1**	**2**	**3**	**4**
Domanda (d_j)	6	36	7	70
Domanda cumulata	6	42	49	119

Proseguendo con l'applicazione del metodo si ottiene:

riempimenti	x				x	x	x		x	x
mese(j)	**1**	**2**	**3**	**4**	**5**	**6**	**7**	**8**	**9**	**10**
Domanda (d_j)	6	36	7	70	85	67	49	24	70	89
Giacenza iniziale	0	113	77	70	0	0	0	24	0	0
Ordini	119	0	0	0	85	67	73	0	70	89
Giacenza finale	113	77	70	0	0	0	24	0	0	0

Possiamo calcolare i costi di setup considerando che la politica ottimale prevede 5 riempimenti:

$C_r = N \cdot A = 6 \cdot 53 = 318$ €/(10mesi)

Per i costi di mantenimento a scorta sarà necessario calcolare le giacenze medie:

$$\bar{I} = \frac{113 + 77 + 70 + 24}{10} = 28,4 \text{pezzi}$$

$C_m = \bar{I} \cdot v \cdot r_{(10 mesi)} = 28,4 \cdot 40 \cdot 0,18333 = 208,26$ €/(10mesi)

I costi totali della politica saranno pari alla somma dei costi di riempimento e di quelli di mantenimento a scorta:

$TRC = C_r + C_m = 318 + 208,26 = 526,26$ €/(10mesi)

Periodo fisso.

$$T_{EOQ} = \frac{EOQ}{\bar{D}} = \sqrt{\frac{2A}{\bar{D}vr}} = \frac{85,26}{50,3} = 1,6950 \approx 2$$

riempimenti	x		x		x		x		x	
mese(j)	**1**	**2**	**3**	**4**	**5**	**6**	**7**	**8**	**9**	**10**
Domanda (d_j)	6	36	7	70	85	67	49	24	70	89
Giacenza iniziale	0	36	0	70	0	67	0	24	0	89
Ordini	42	0	77	0	152	0	73	0	159	0
Giacenza finale	36	0	70	0	67	0	24	0	89	0

Possiamo calcolare i costi di setup considerando che la politica ottimale prevede 5 riempimenti:

$C_r = N \cdot A = 5 \cdot 53 = 265$ €/(10mesi)

Per i costi di mantenimento a scorta sarà necessario calcolare le giacenze medie:

$$\overline{I} = \frac{36 + 70 + 67 + 24 + 89}{10} = 28,6 \text{ pezzi}$$

$C_m = \overline{I} \cdot v \cdot r_{(10mesi)} = 28,6 \cdot 40 \cdot 0,18333 = 209,73$ €/(10mesi)

I costi totali della politica saranno pari alla somma dei costi di riempimento e di quelli di mantenimento a scorta:

$TRC = C_r + C_m = 265 + 209,73 = 474,73$ €/(10mesi)

Problemi

6.1 Si consideri un item con le seguenti caratteristiche: A = 20 €, v = 2€/pezzo, r = 24% annuo. Le scorte all'intervallo zero sono nulle. La domanda per i prossimi 10 mesi è:

1	2	3	4	5	6	7	8	9	10
50	70	100	120	110	100	100	80	60	40

Per ciascuno dei seguenti metodi:
- Metodo di Wagner-Whitin
- Euristica Silver-Meal
- Euristica LUC
- Euristica PPB
- Euristica L4L
- Euristiche EOQ e T_{EOQ}
- Un unico riempimento iniziale che copre tutti i intervalli

Stabilire la politica di riordino, i costi totali attesi, i costi di setup e di mantenimento a scorta.

6.2 Si consideri un item con le seguenti caratteristiche: A = 30 €, v = 45€/pezzo, r = 20% annuo. Le scorte all'intervallo zero sono nulle. La domanda per le prossime 10 settimane è la seguente:

1	2	3	4	5	6	7	8	9	10
50	80	180	80	0	0	180	150	10	100

Si esegua la stessa analisi dell'esercizio precedente.

6.3 Si supponga di essere il fornitore di un articolo per un unico cliente. L'articolo ha le seguenti caratteristiche: A = 30 €, vr = 0,2 €/sett. La domanda dell'articolo ha un andamento deterministico ma variabile nel tempo, per cui si sta utilizzando l'euristica Silver Meal per stabilire le quantità di riempimento. Il cliente è disposto a passare ad una richiesta dell'articolo costante nel tempo, in cambio di uno sconto sul prezzo di vendita dell'articolo.
Sulla base della domanda prevista per le prossime 12 settimane:

1	2	3	4	5	6	7	8	9	10	11	12
50	80	180	80	0	0	180	150	10	100	180	130

Considerando che il fornitore vende normalmente il suo prodotto ad un prezzo di 60€ al pezzo, stabilire:

- se conviene passare ad una domanda costante nel tempo, ed in caso calcolare quale è lo sconto massimo che è possibile applicare.
- se invece conviene rimanere con una domanda variabile nel tempo, ed in questo caso calcolare quale è il massimo sconto che si può fare per mantenere questo pattern di domanda.

7 Modelli con domanda probabilistica

Quando la domanda non è più assunta come deterministica, i modelli di gestione delle scorte si complicano notevolmente. Nei modelli che verranno presentati la domanda sarà una variabile aleatoria (o probabilistica), descritta da una funzione densità di probabilità. Non essendo la domanda deterministica, è necessario considerare la possibilità che si possa verificare uno stock-out, ovvero la mancanza di materiale nel momento in cui si verifica la domanda. Le decisioni di riempimento saranno influenzate dunque non solo dai costi legati al riempimento e al mantenimento a scorta, ma anche dalla necessità di limitare gli stock-out.

7.1 Definizioni

Quando la domanda è assunta non deterministica, e possono quindi verificarsi stock-out, è utile definire le seguenti quantità di un certo item presente in magazzino (vedi Figura 43).

- **Giacenza**, o 'Inventory On Hand' (OH) = numero di prodotti fisicamente presenti in magazzino. Non può assumere valori negativi.
- **Unità di Stock-out** = è il numero di pezzi la cui domanda non è stata soddisfatta in quanto l'item non era in giacenza al momento della richiesta da parte del cliente. Si possono classificare come:
    - **Ordini arretrati** (Backorders), se si suppone che il cliente è disposto ad aspettare, e la domanda verrà soddisfatta appena il prodotto tornerà a disposizione (cioè con l'arrivo del successivo ordine di riempimento)
    - **Vendite mancate** (Lost Sales), se si suppone che il cliente non è disposto ad aspettare e la domanda è stata quindi persa
- **'Inventory Level'** (IL) o 'Net Stock' = OH – backorders. L'Inventory Level non è altro che la giacenza fisica a cui vengono sottratte le quantità richieste ma non ancora consegnate. Può quindi assumere valore negativo.
- **Disponibilità**, o 'Inventory Position' (IP) = OH + quantità ordinate – backorders. Corregge le scorte fisiche andando a considerare le quantità che sono state già ordinate e le domande che devono essere ancora soddisfatte.

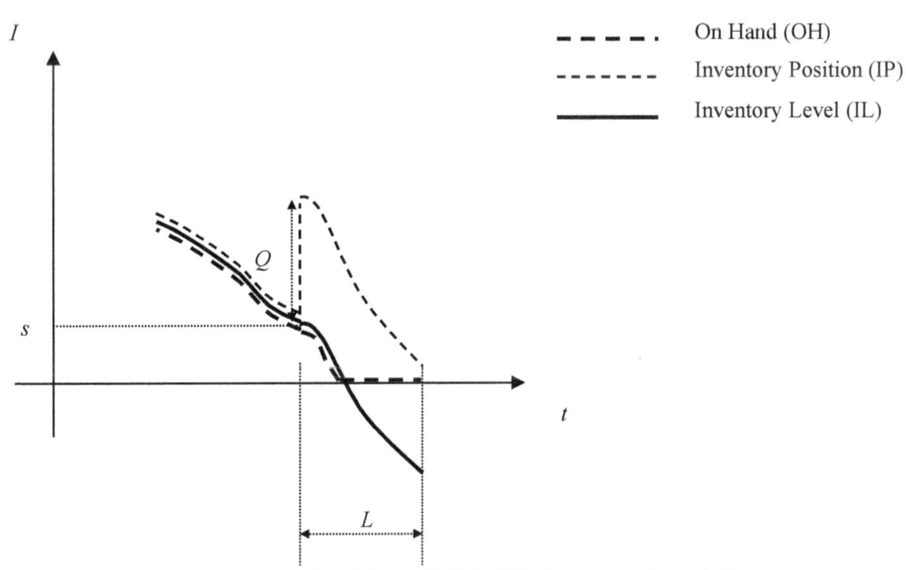

Figura 43. Giacenze (OH), Disponibilità (IP), Inventory Level (IL).

7.2 Notazione

D = Valore medio della domanda annua [unità/anno]

k = fattore di sicurezza

L = lead time di approvvigionamento [anni]

Q = quantità di riordino [unità]

r = tasso di mantenimento scorte [(€/€)/anno]

v = costo variabile per unità [€/unità]

A = costo fisso di riempimento [€/riempimento]

s = punto di riordino [unità]

SS = scorte di sicurezza [unità]

x = variabile aleatoria che rappresenta la domanda annua

$f(x)$ = funzione densità di probabilità della domanda annua, con valor medio $\hat{x}=D$ e deviazione standard σ. Nel caso di densità di probabilità gaussiana, si può indicare con N~($\hat{x}$, σ).

$f_L(x)$ = densità di probabilità della domanda durante L, con valor medio $\hat{x}_L$ e deviazione standard σ_L. Nel caso di densità di probabilità gaussiana, si può indicare con N~($\hat{x}_L$, σ_L).

$f_{R+L}(x)$ = densità di probabilità della domanda durante $R+L$, con valor medio $\hat{x}_{R+L}$ e deviazione standard σ_{R+L}. Nel caso di densità di probabilità gaussiana, si può indicare con N~($\hat{x}_{R+L}$, σ_{R+L}).

$$f_u(x) = \frac{1}{\sqrt{2\pi}} e^{-\frac{x^2}{2}}$$

funzione densità di probabilità gaussiana standardizzata, con valor medio nullo e deviazione standard unitaria. Si indica anche con la notazione N~(0,1)

$$F_u(x) = \int_{-\infty}^{x} f_u(u) \cdot du$$

Cumulata della funzione gaussiana standardizzata.

$$P_u(x) = \int_{x}^{\infty} \frac{1}{\sqrt{2\pi}} e^{-\frac{u^2}{2}} \cdot du = \int_{x}^{\infty} f_u(u) \cdot du = 1 - F_u(x)$$

probabilità che una variabile gaussiana standardizzata assuma un valore maggiore o uguale a x.

$$G_u(x) = \int_{x}^{\infty} (u-x) \frac{1}{\sqrt{2\pi}} e^{-\frac{u^2}{2}} du = \int_{x}^{\infty} (u-x) f_u(u) \cdot du$$

'Loss function': funzione della gaussiana standardizzata, usata per trovare il numero atteso di stock out in un ciclo di approvvigionamento.

$$H_u(x) = \int_{x}^{\infty} G_u(u) \cdot du$$

altra funzione della gaussiana standardizzata, usata per trovare il costo atteso nel caso di costi di stock-out proporzionali alla durata dello stock-out

7.3 POLITICA (*s*, *Q*) (order point, order quantity) - CONTINUOUS REVIEW

La politica a punto fisso di riordino prevede di monitorare l'andamento della disponibilità dell'item istante per istante. Man mano che la domanda si verifica, la disponibilità dell'item diminuisce. Nel momento in cui la disponibilità raggiunge un predeterminato punto di riordino s, viene eseguito un riordino di una quantità Q di pezzi.

La politica a punto fisso di riordino è dunque caratterizzata da due parametri, che dovranno essere determinati:

- s: il punto di riordino, è il valore di disponibilità raggiunto il quale viene emesso un ordine di riempimento
- Q: la quantità di riordino, ovvero il numero di item ordinati in un ordine di riempimento. Rimane lo stesso per tutti i riempimenti.

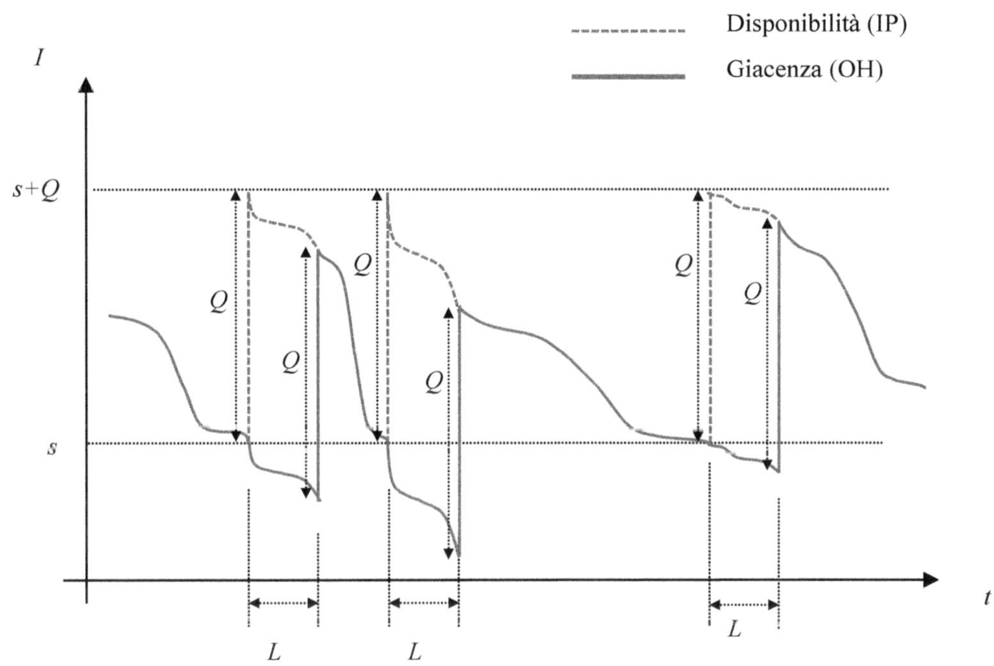

Figura 44. Disponibilità e giacenza in una politica (s,Q)

La Figura 44 mostra l'andamento della disponibilità e della giacenza di un item gestito con una politica a punto fisso di riordino. Partendo da una situazione in cui la disponibilità coincide con la giacenza (non ci sono ordini in arrivo), si vede che al raggiungimento del punto di riordino s l'emissione dell'ordine porta la disponibilità ad un valore pari ad $s + Q$. Da quel momento, e durante tutto il lead time di approvvigionamento L, disponibilità e giacenza differiscono per la quantità Q. Quando, passato un tempo L dall'istante dell'ordine, la merce arriva in magazzino, la giacenza si incrementa di una quantità Q, andando di nuovo a coincidere con la disponibilità.
I cicli di riempimento si susseguono analogamente ogni volta che la disponibilità dell'item tocca nuovamente il punto di riordino s, provocando l'emissione di un nuovo ordine.
Come si può osservare, l'intervallo di tempo che intercorre tra un ciclo di riempimento ed il successivo (ovvero tra l'emissione di un ordine e la successiva) è variabile, perché

dipende dall'andamento della domanda durante il ciclo (che come ipotizzato è variabile nel tempo).
Appare chiaro il motivo di eseguire l'ordine quando la disponibilità raggiunge un punto di riordino s maggiore di zero. Poiché infatti dal momento del lancio dell'ordine al momento del suo arrivo passa un tempo L, è necessario cautelarsi dalla **domanda che si verifica durante il lead time**. A ben vedere anzi, non è di grande interesse l'andamento della domanda *prima* del raggiungimento del punto di riordino s. Adottando un monitoraggio continuo, l'allerta scatterà solo al raggiungimento del punto di riordino s, poiché da lì in poi e per un intervallo di tempo pari ad L si dovrà far fronte alla domanda solo con le scorte a disposizione. Ecco dunque perché le grandezze di fondamentale importanza in questa politica sono:

- il lead time di approvvigionamento, L, che rappresenta appunto il *periodo di incertezza* durante il quale bisogna far fronte alla domanda con le sole scorte a disposizione all'inizio del periodo, che sono pari a s;
- la domanda durante il lead time L, domanda che è una variabile aleatorea definita tramite la sua funzione densità probabilità $f_L(x)$, avente valor medio $\hat{x}_L$ e deviazione standard σ_L.

La Figura 45 mostra il possibile andamento della domanda durante il lead time L, mettendo in evidenza l'importanza della deviazione standard della domanda durante il lead time, σ_L. Nel caso di bassa variabilità (σ_L bassa), si vede come alla fine del periodo L è facile che le scorte possedute siano sufficienti a non andare in stock-out. Nel caso di alta variabilità (σ_L elevata), anche a parità di valor medio della domanda durante il lead time ($\hat{x}_L$), c'è maggior probabilità che le scorte non siano sufficienti.

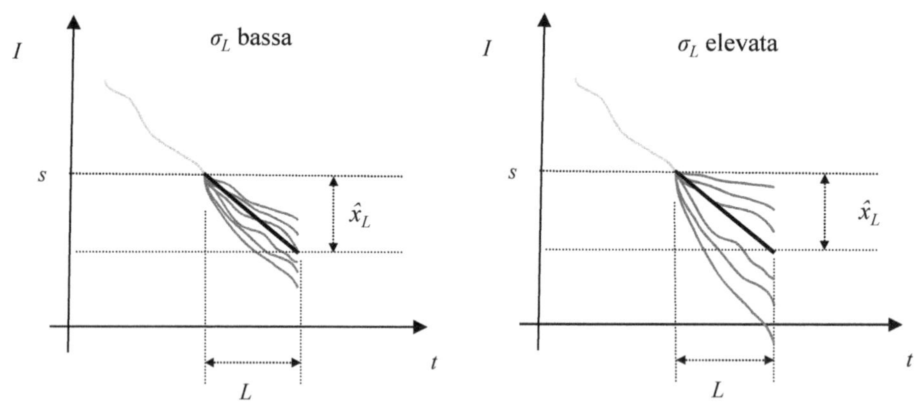

Figura 45. Domanda durante il lead time.

In Figura 46 viene mostrato l'andamento *medio* della disponibilità e della giacenza in una politica (s, Q), utile a determinarne le grandezze caratteristiche.

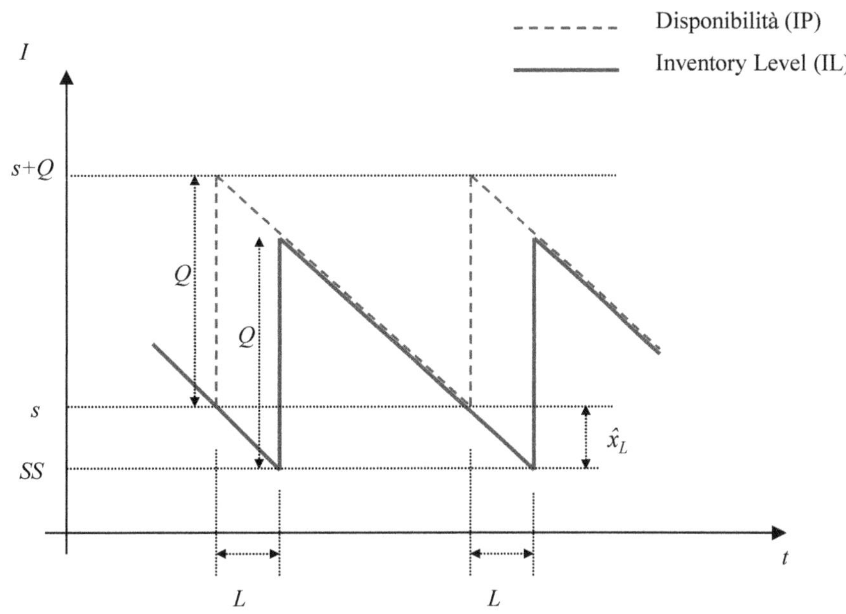

Figura 46. Andamento medio di IP e IL in una politica (*s*, *Q*)

7.3.1 Punti di forza e di debolezza

Il principale punto di forza della politica (*s*,*Q*) è il contenimento delle scorte di sicurezza (e quindi dei costi di mantenimento a scorta), reso possibile dal controllo continuo dell'inventario. Il monitoraggio continuo permette infatti di essere allertati e di procedere all'ordine solo quando la disponibilità dell'item raggiunge il punto di riordino *s*. Ci si deve dunque preoccupare di posizionare *s* ad un livello tale da soddisfare la domanda durante il lead time *L*, che rappresenta sì un periodo di incertezza, ma la cui durata è abbastanza limitata. Vedremo come nella politica (*R*,*S*) il periodo di incertezza sarà maggiore, e questo comporterà l'esigenza di scorte di sicurezza superiori a parità degli altri fattori.

Il principale punto di debolezza di questa politica è il costo connesso proprio alle tecnologie che permettono il monitoraggio continuo, ovvero in tempo reale, della disponibilità dell'item, quali un adeguato sistema informativo comunicante con strumenti per il carico/scarico in tempo reale delle merci in magazzino (es. lettori codici a barre, RFID).

Altro punto di debolezza è dato dalla variabilità del tempo che intercorre tra un ordine ed il successivo, che non permette al fornitore di avere un preavviso per organizzare una spedizione veloce (che favorirebbe il contenimento di *L*) ed efficiente (che significa un minor valore di *A*). Questa variabilità inoltre non permette di aggregare in uno stesso ordine diversi item richiesti a uno stesso fornitore, dovendo rinunciare alla possibilità di trasporti in comune, e alla conseguente possibile riduzione dei costi di riempimento, propria invece delle politiche a periodo fisso di riordino (si veda il cap. 7.4.1)

7.3.2 Grandezze caratteristiche

Scorte di sicurezza, *SS*: sono pari al valore atteso delle scorte appena prima dell'arrivo di un ordine. Per calcolarle eseguiremo il valor medio della variabile $(s - x)$,

$$SS = \int_0^{\infty} (s - x) \cdot f_L(x) \cdot dx = s - \hat{x}_L \tag{7.1}$$

Le scorte di sicurezza sono dunque quel 'cuscino' che rimane sottraendo dal punto di riordino, s, il valor medio della domanda durante il lead time (vedi Figura 46).
Si capisce bene che lavorare in assenza di scorte di sicurezza equivarrebbe a dimensionare il punto di riordino s pari al valor medio della domanda. In questo caso, ogni volta che la domanda durante il lead time risulta maggiore del suo valor medio si verificherebbe uno stock-out. Questo, nel caso di densità di probabilità simmetrica, si verificherebbe una volta su due (probabilità del 50%).

Coefficiente di sicurezza *k* ('saftey factor'). L'espressione delle scorte di sicurezza viene vista come il prodotto tra il coefficiente di sicurezza k e la deviazione standard della domanda durante il lead time:

$$SS = k \cdot \sigma_L \tag{7.2}$$

Valore atteso delle giacenze medie: L'andamento medio delle giacenze è a dente di sega, analogo a quello dell'EOQ, traslato verso l'alto di una quantità pari alle scorte di sicurezza. Il valore atteso delle giacenze medie è quindi pari a:

$$E(OH) = \frac{Q}{2} + SS = \frac{Q}{2} + k\sigma_L \tag{7.3}$$

Numero di riempimenti atteso in un anno: è pari al rapporto tra la domanda media annua e la quantità fissa di riordino:

$$N = \frac{D}{Q} \tag{7.4}$$

Si noti che il numero di riempimenti annuo non dipende da s (e quindi da SS o da k).

Probabilità di andare in stock-out in un ciclo di riempimento: è la probabilità che la domanda durante il lead time sia maggiore del punto di riordino s. Conoscendo la funzione densità di probabilità della domanda durante il lead time, $f_L(x)$, può essere calcolata come:

$$prob\{x \geq s\} = \int_s^{\infty} f_L(x) \cdot dx \tag{7.5}$$

Se si assume distribuzione normale della domanda durante il lead time si avrà che:

$$prob\{x \geq \hat{x}_L + k\sigma_L\} = \int_s^{\infty} f_L(x) \cdot dx = \int_{\hat{x}_L + k\sigma_L}^{\infty} \frac{1}{\sigma_L \sqrt{2\pi}} e^{-\frac{(x-\hat{x}_L)^2}{2\sigma_L^2}} \cdot dx$$

sostituendo $u = (x - \hat{x}_L)/\sigma_L$ si ottiene:

$$prob\{x \geq \hat{x}_L + k\sigma_L\} = \int_k^{\infty} \frac{1}{\sqrt{2\pi}} e^{-\frac{u^2}{2}} \cdot du = P_u(k) \tag{7.6}$$

Numero atteso di stock-out per ciclo di riempimento: è il valor atteso della quantità $(x - s)$, cioè di quanto la domanda durante il lead time eccede il punto di riordino s. I valori assumibili da x, per cui si verifica uno stock-out, sono naturalmente solo quelli maggiori di s.

$$ESPRC = \int_s^{\infty} (x - s) \cdot f_L(x) \cdot dx \tag{7.7}$$

L'abbreviazione *ESPRC* sta per 'Expected Stock-out Per Replenishcment Cycle'.
Se si assume una distribuzione normale della domanda durante il lead time si avrà che:

$$ESPRC = \int_{\hat{x}_L + k\sigma_L}^{\infty} (x - \hat{x}_L - k\sigma_L) \cdot \frac{1}{\sigma_L\sqrt{2\pi}} e^{-\frac{(x-\hat{x}_L)^2}{2\sigma_L^2}} \cdot dx$$

sostituendo $u = (x - \hat{x}_L)/\sigma_L$ si ottiene:

$$ESPRC = \sigma_L \int_k^{\infty} (u - k) \cdot \frac{1}{\sqrt{2\pi}} e^{-\frac{u^2}{2}} \cdot du = \sigma_L G_u(k) \tag{7.8}$$

ESEMPIO NUMERICO

Si supponga di gestire un item avente le seguenti caratteristiche:
D=450 pezzi/anno
A= 80 €/riempimento
v = 3 €
L = 3 mesi
σ_L = 50 pezzi
r = 24%/anno

L'item è gestito attraverso una politica (s, Q) con punto di riordino s =150, e quantità di riordino Q = 200.

Calcoliamo le scorte di sicurezza:

$$SS = \int_0^{\infty} (s - x) \cdot f_L(x) \cdot dx = s - \hat{x}_L = s - D \cdot L = 150 - 450 \cdot \frac{3}{12} = 37,5 \text{ pezzi}$$

Calcoliamo il coefficiente di sicurezza k:

$$SS = k \cdot \sigma_L \quad \Rightarrow \quad k = SS / \sigma_L = 37,5 / 50 = 0,75$$

La giacenza media sarà pari a:

$$E(OH) = \frac{Q}{2} + SS = \frac{Q}{2} + k\sigma_L = \frac{200}{2} + 37,5 = 137,5 \text{ pezzi}$$

Il numero di riempimenti attesi in un anno sarà pari a:

$$N = \frac{D}{Q} = \frac{450}{200} = 2,25 \text{ riempimenti/anno}$$

Probabilità di andare in stock-out in un ciclo di riempimento

$$prob\{x \geq s\} = P_u(k) = P_u(0,75) = 0,2266$$

Numero atteso di stock-out per ciclo di riempimento

$$ESPRC = \sigma_L G_u(k) = 50 \cdot G_u(0,75) = 50 \cdot 0,1312 = 6,56$$

Box 7.1 **Il caso di più ordini lanciati contemporaneamente.**

E' fondamentale innanzi tutto notare l'importanza di monitorare la *disponibilità* dell'item e non la sua giacenza ai fini del raggiungimento del punto di riordino s. Può succedere infatti (si veda la Figura 47) che una volta raggiunto il punto di riordino s, ed emesso il corrispondente ordine di riempimento per una quantità Q, durante il lead time di approvvigionamento la domanda sia così elevata che la disponibilità (*IP*) dell'item raggiunga nuovamente il punto di riordino s, facendo così scattare un secondo ordine di riempimento, prima che l'ordine precedente sia arrivato. Si noti in questo caso che se invece della disponibilità dell'item si fosse monitorata la sua giacenza (*OH*), non ci si sarebbe accorti di aver raggiunto nuovamente il punto di riordino, e la mancata emissione del relativo ordine avrebbe comportato un notevole incremento di stock-out.
Il caso sopra illustrato descrive la situazione in cui dunque ci sono più ordini concomitanti. Questa situazione si verifica quanto più è facile che la quantità Q ordinata venga 'consumata' durante il lead time di approvvigionamento, ovvero quanto più Q è piccola rispetto alla variabilità della domanda durante il lead time, σ_L. In questi casi, nel calcolare il numero atteso di stock-out per ciclo (*ESPRC*) bisogna stare attenti ad attribuire il numero di unità di stock-out attesi al relativo ciclo di riempimento. Vediamo nel dettaglio come fare.
Come si vede in Figura 47, quando l'*IP* raggiunge il reorder point durante il primo ciclo di riempimento (ciclo 1), viene lanciato un ordine di Q unità, dando così luogo ad un nuovo ciclo di riempimento (ciclo 2). Nel caso in cui l'*IP* raggiunga nuovamente il reorder point durante il lead time, cioè prima che l'ordine sia arrivato, viene lanciato un nuovo ordine, che riporta l'*IP* al valore di $s+Q$, dando così inizio ad un nuovo ciclo di riempimento (ciclo 3). Come si vede dalla figura, in questo caso il numero atteso di stock-out da attribuire al ciclo 1 è solamente il segmento *ab*, e non tutto il segmento *ac*. Infatti parte degli stock-out verificatisi alla fine del lead time L relativo al ciclo 1 (e cioè il segmento *cb*) sono già da ascriversi al ciclo 2.
Quando dunque si deve calcolare il numero atteso di stock-out per ciclo, e si vuole tenere conto di questo possibile comportamento, l'*ESPRC* dovrà dunque essere calcolato in questo modo:

$$ESPRC = \int_{s}^{\infty} (x-s) \cdot f_L(x) \cdot dx - \int_{s+Q}^{\infty} (x-s) \cdot f_L(x) \cdot dx = \int_{s}^{s+Q} (x-s) \cdot f_L(x) \cdot dx$$

Ne segue che, se la domanda durante il lead time è distribuita normalmente, utilizzando gli analoghi passaggi che portano alla (7.8) si ottiene in questo caso:

$$ESPRC = \sigma_L \int_{k}^{k+Q/\sigma_L} (u-k) \cdot \frac{1}{\sqrt{2\pi}} e^{-\frac{u^2}{2}} \cdot du = \sigma_L \left[G_u(k) - G_u\left(k + \frac{Q}{\sigma_L}\right) \right] \qquad (7.9)$$

Da notare che, se Q è significativamente maggiore di σ_L, la (7.9) si riduce alla (7.8). Infatti $G_u(x)$ tende rapidamente a zero al crescere di x (si veda l'andamento della funzione in Appendice a pag. 196)

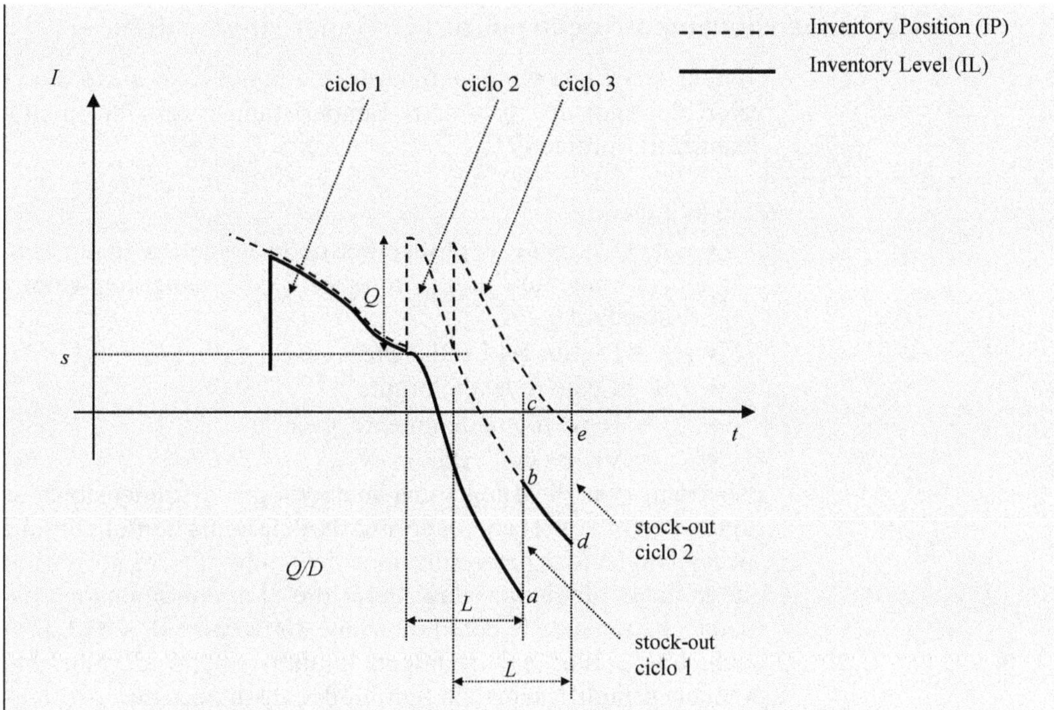

Figura 47. Stock-out per ciclo nel caso di ordini concomitanti.

7.3.3 Dimensionamento della politica (*s*, *Q*) per singolo item

Dimensionare una politica di gestione a punto fisso di riordino significa determinare i valori dei suoi due parametri caratteristici, ovvero del punto di riordino s e della quantità di riordino Q.

Dati in ingresso:

- $f(x)$, Densità di probabilità della domanda in un certo intervallo di tempo (tipicamente l'anno), ipotizzata Gaussiana con valor medio $\hat{x}$ e deviazione standard σ.
- L = Durata del Lead Time
- A = Costo di lancio ordine
- r = Tasso di mantenimento a scorta
- v = Valore dell'articolo

Esporremo qui di seguito una metodologia di dimensionamento *sequenziale* (vedi Figura 48), che prevede dapprima la determinazione della quantità di riordino Q, e successivamente la determinazione del punto di riordino s. Mostreremo in seguito che questa metodologia introduce un errore di approssimazione rispetto alla metodologia esatta, che prevede la determinazione *simultanea* di s e Q. L'approssimazione risulta comunque portare a scostamenti limitati rispetto ai valori ottimali, a fronte di una notevole semplificazione in termini di calcoli necessari.

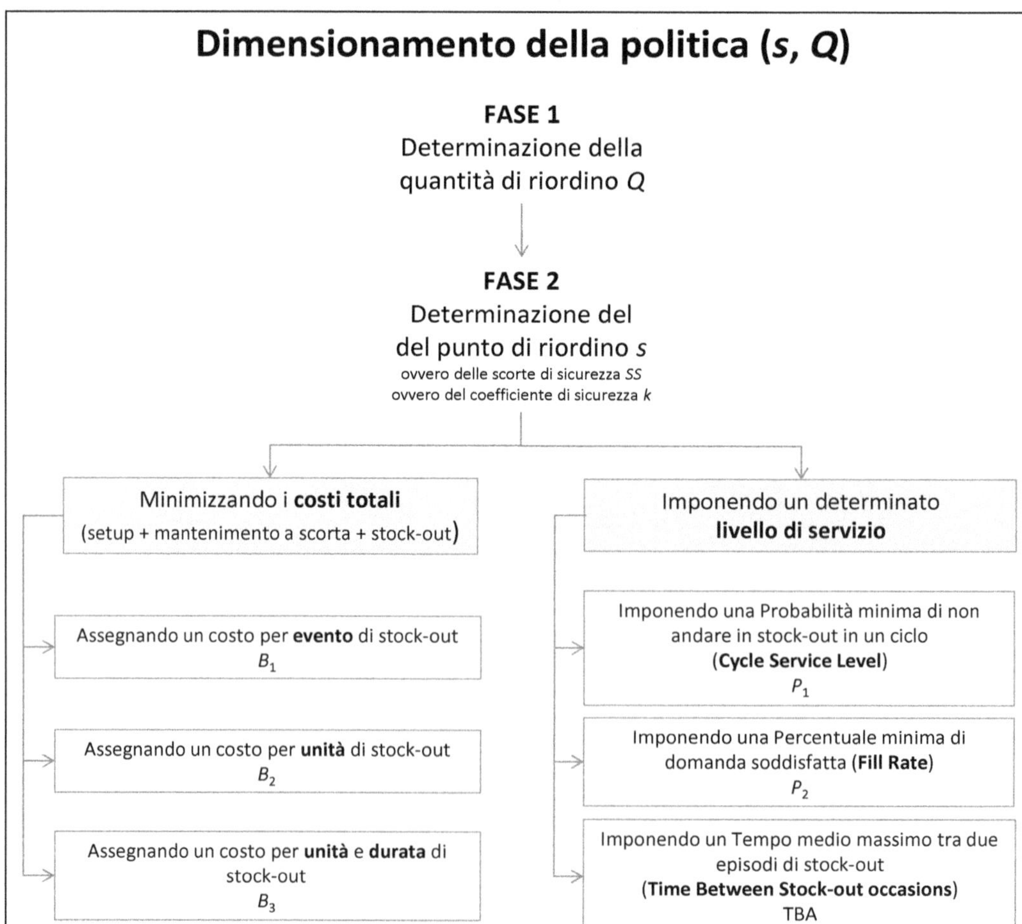

Figura 48. Dimensionamento sequenziale di una politica (*s*,*Q*)

FASE 1

Determinazione della quantità ottimale di riordino Q

Pur essendo la domanda una variabile aleatorea, la determinazione della quantità ottimale di riordino Q può essere eseguita, con una approssimazione, utilizzando il modello del lotto economico di riordino (*EOQ*). Ricordiamo che nel modello *EOQ* la domanda è assunta deterministica e costante, di valore pari a D. L' approssimazione consisterà nell'utilizzare al posto di D il valor medio della domanda $\hat{x}$, ovvero porre:

$$\hat{x} = D$$

ed utilizzare la formula dell'EOQ per determinare la quantità di riordino:

$$Q = EOQ = \sqrt{\frac{2AD}{vr}}$$

In sostanza in questa fase la quantità ottimale viene determinata ipotizzando la domanda come deterministica e costante, assumendo come valore di domanda costante il valor medio della domanda stessa. Questo significa che nel caso in cui fossero disponibili sconti sulle quantità, o il riempimento del magazzino avvenisse in maniera progressiva, si potranno utilizzare gli opportuni modelli già illustrati.

FASE 2

Determinazione del punto di riordino s

Il punto di riordino s può essere visto come la somma delle scorte di sicurezza e del valore atteso della domanda durante il lead time; infatti dalla (7.1):

$$s = \hat{x}_L + SS = \hat{x}_L + k \cdot \sigma_L \qquad (7.10)$$

La (7.10) chiarisce l'equivalenza tra determinare il coefficiente di sicurezza k, le scorte di sicurezza SS o il punto di riordino s. Le tre grandezze sono infatti legati da parametri noti, ovvero $\hat{x}_L$ e σ_L, che sono dati in ingresso al problema. Nel seguito forniremo dei criteri per la determinazione del coefficiente k, ed utilizzeremo la (7.10) per risalire al valore delle scorte di sicurezza e del punto di riordino.

E' bene distinguere due approcci alternativi per la determinazione del coefficiente k (Figura 48):

- Assegnare un costo associato allo stock-out e cercare di minimizzare i costi totali (riempimento + mantenimento a scorta + stock-out)
- Imporre il rispetto di un determinato livello di servizio

A sua volta, vi sono diversi modi per associare un costo allo stock-out, e vi sono diversi tipi di livello di servizio da poter imporre. E' importante però comprendere che si tratta sempre di approcci tra loro *alternativi*. I criteri su cu basare la scelta dell'approccio da adottare verranno discussi a valle della descrizione dettagliata di ciascuno di questi.

7.3.3.1 Minimizzazione dei costi totali associando un costo B_1 per evento di Stock-out.

Definiamo innanzi tutto cosa si intende per 'evento' di stock-out. Un evento di stock-out si verifica quando, in un ciclo di riempimento, le scorte di sicurezza vengono consumate prima dell'arrivo del nuovo ordine, cioè non si riesce a soddisfare completamente la domanda di prodotto che si verifica durante il lead time di approvvigionamento.

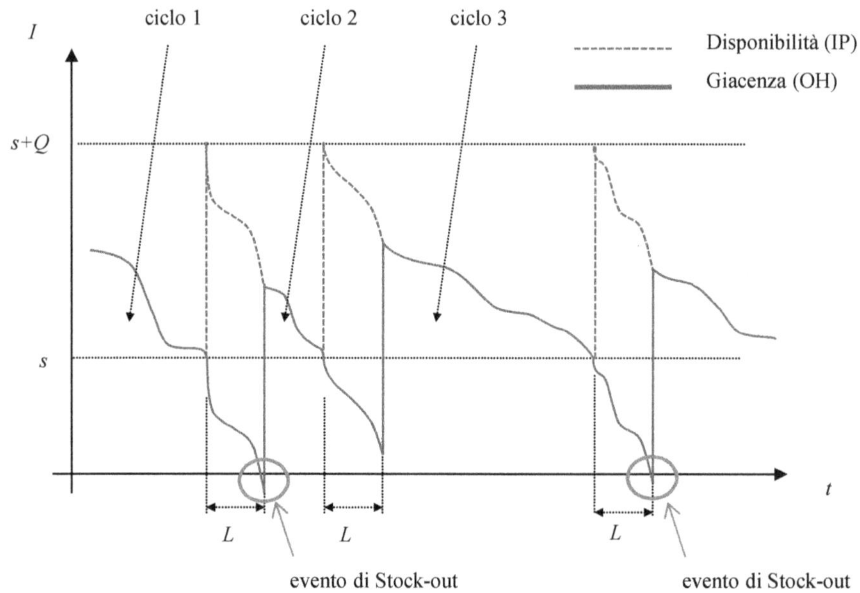

Figura 49. Eventi di stock-out

In Figura 49 sono mostrati gli andamenti di disponibilità e giacenza durante un intervallo temporale in cui accadono due distinti eventi di stock-out, uno corrispondente al primo ciclo di riempimento, l'altro corrispondente al terzo ciclo di riempimento.

Ebbene è possibile associare un costo, che indicheremo con B_1, ad ogni evento di stock-out che si verifica in un certo intervallo di tempo (ad esempio l'anno), e dimensionare il coefficiente di sicurezza k (e quindi s) in maniera tale da minimizzare i costi totali annui attesi, intesi come somma di costi di riempimento, di mantenimento a scorta e di stock-out. Per far ciò è necessario scrivere, in funzione del parametro che vogliamo ottimizzare (in questo caso k) l'espressione dei costi totali annui attesi[5], che sarà in questo caso pari a:

$$ETRC(k) = C_r + C_m + C_s = A\frac{D}{Q} + \left(\frac{Q}{2} + k\sigma_L\right)vr + B_1\frac{D}{Q}P_u(k) \qquad (7.11)$$

[5] Osservando l'espressione dei costi totali attesi (7.11) è evidente come il dimensionamento sequenziale della quantità Q nella FASE 1 e successivamente del k nella FASE 2 sia una approssimazione. I costi totali attesi sarebbero infatti una funzione nelle due variabili k e Q, il cui minimo andrebbe ricercato minimizzando appunto $ETRC(k,Q)$. Avendo invece adottato l'approccio sequenziale, Q nella (7.11) è un dato noto e la funzione dei costi totali dipende solo da k.

Infatti i costi di riempimento C_r saranno pari al numero di riempimenti annui (D/Q, eq. (7.4)) per il costo di ciascun riempimento, A. I costi di mantenimento a scorta, C_m, saranno pari alle giacenze medie (eq. (7.3)) moltiplicate per il valore dell'item v e per il tasso annuo di mantenimento a scorta r. I costi di stock-out, C_s, saranno pari al prodotto tra numero atteso di eventi stock-out annui (ottenuto moltiplicando il numero di riempimenti atteso in un anno, D/Q, per la probabilità di andare in stock-out in un ciclo di riempimento, $P_u(k)$) e il costo associato ad ogni evento di stock-out, B_1.
Osservando l'espressione dei costi totali attesi (7.11) è evidente come il dimensionamento sequenziale della quantità Q nella FASE 1 e successivamente del k nella FASE 2 sia una approssimazione. I costi totali attesi sarebbero infatti non una funzione solo di k, ma anche di Q, il cui minimo andrebbe ricercato minimizzando la funzione a due variabili $ETRC(k,Q)$. Avendo invece adottato l'approccio sequenziale, Q nella (7.11) è un dato noto.
Deriviamo quindi la funzione costo per trovarne il minimo:

$$\frac{dETRC(k)}{dk} = \sigma_L vr + \frac{DB_1}{Q}\frac{dP_u(k)}{dk} = 0$$

Poiché dalla (7.100):

$$\frac{dP_u(k)}{dk} = -f_u(k) \tag{7.12}$$

si ha:

$$f_u(k) = \frac{Qv\sigma_L r}{DB_1} \qquad \Rightarrow \qquad \frac{1}{\sqrt{2\pi}}e^{-\frac{k^2}{2}} = \frac{Qv\sigma_L r}{DB_1} \tag{7.13}$$

da cui:

$$k = \sqrt{2\ln\frac{DB_1}{\sqrt{2\pi}Qv\sigma_L r}} \tag{7.14}$$

Se l'argomento del logaritmo è minore di 1, la funzione non ha minimo. Da una analisi sulla funzione di costo si vede che minore è il k in questo caso, e minore sono i costi. Questo significa che il costo associato all'incidente di stock-out è così basso da risultare conveniente non dotarsi di scorte di sicurezza ($k = 0$). Addirittura un $k < 0$ porterebbe ad una ulteriore diminuzione di costi, ma ciò significherebbe non solo non avere scorte di sicurezza, ma addirittura posizionare il punto di riordino ad un valore minore del valore medio della domanda durante il lead time. Nella realtà, al di là delle indicazioni fornite dall'analisi dei costi qui presentata, le aziende impongono comunque un valore minimo del coefficiente di sicurezza k, solitamente sempre maggiore di zero, e corrispondente al livello minimo di servizio richiesto. Riassumendo, se l'argomento del logaritmo è minore di 1, il valore di k da assumere è il valore minimo imposto dall'azienda. In assenza di indicazioni, assumere un valore pari a 0 (assenza di scorte di sicurezza).

N.B. Da notare che ad ogni evento di stock-out può essere associato un numero diverso di unità di stock-out del ciclo di riempimento, ovvero di domande non soddisfatte. In questo modello però lo stesso costo B_1 viene conteggiato ogni volta che si verifica un evento di stock-out, indipendentemente dal numero di unità di stock-out ad esso associato.

ESEMPIO NUMERICO

Si supponga di aver fissato un costo per evento di stock-out B_1 = 250 €, e di voler gestire un item avente le seguenti caratteristiche:

D=450 pezzi/anno
A= 80 €/riempimento
v = 3 €
L = 3 mesi
σ_L = 50 pezzi
r = 24%/anno

Determiniamo innanzi tutto la quantità di riordino (Fase 1).

$$Q = EOQ = \sqrt{\frac{2AD}{vr}} = \sqrt{\frac{2\cdot 80\cdot 450}{3\cdot 0,24}} = 316,23 \approx 316 \text{ pezzi/riempimento}$$

Per determinare ora il punto di riordino s, troviamo il k attraverso la (7.14):

$$k = \sqrt{2\ln\frac{DB_1}{\sqrt{2\pi}Qv\sigma_L r}} = \sqrt{2\ln\frac{450\cdot 250}{\sqrt{2\pi}\cdot 316\cdot 3\cdot 50\cdot 0,24}} = 1,6568$$

Il punto di riordino s sarà pari a:

$s = k\,\sigma_L + DL$ = 82,84+112,5=195,34 ≈ 195 pezzi[6]

Le scorte di sicurezza saranno pari a:

$SS = s - DL$ = 195 – 112,5 = 82,5 pezzi[7]

Da notare che è più corretto calcolare le scorte di sicurezza SS come la differenza fra l'effettivo punto di riordino scelto (cioè quello approssimato) e la domanda media durante il lead time.

I costi totali attesi annui saranno pari a:

$$ETRC(k) = C_r + C_m + C_s = A\frac{D}{Q} + \left(\frac{Q}{2} + SS\right)vr + B_1\frac{D}{Q}P_u(k)$$

$$= 80\cdot\frac{450}{316} + \left(\frac{316}{2} + 82,5\right)3\cdot 0,24 + 250\cdot\frac{450}{316}\cdot 0,04846 =$$

$$= 113,92 + 173,16 + 17,252 = 304,33 \text{ €/anno}$$

[6] In questo caso arrotondiamo all'intero più vicino, e non all'intero successivo come nel caso di livello di servizio imposto. Infatti non essendo vincolati al rispetto di un determinato livello di servizio conviene mantenersi il più vicino possibile al punto di ottimo.

[7] Seguendo la definizione per cui le scorte di sicurezza sono il valor medio delle scorte prima che arrivi l'ordine, è più corretto calcolare le scorte di sicurezza SS che effettivamente si terranno come la differenza fra l'effettivo punto di riordino scelto (cioè quello già arrotondato) e la domanda media durante il lead time, piuttosto che come il prodotto $k\cdot\sigma_L$. Non sempre infatti, proprio a causa dell'approssimazione, le due quantità coincidono esattamente.

7.3.3.2 Minimizzazione dei costi totali associando un costo B_2 (espresso in percentuale al valore v dell'item) per singola unità in Stock-out.

In questo metodo viene associato un costo ad ogni singola unità di stock-out. Il parametro che utilizziamo, B_2, è un costo espresso in percentuale al valore dell'item. Ad esempio un valore B_2 =0,5 implica che ogni volta che una domanda non viene soddisfatta si sostiene un costo pari al 50% del valore dell'item. Il costo quindi realmente sostenuto sarà pari a B_2v.
In Figura 50 viene mostrato come le unità di stock-out che si sono verificate in un ciclo di riempimento corrispondano al valore (se negativo) dell'inventory level alla fine del ciclo stesso. Come si vede in figura, ad ogni ciclo sarà associato un numero diverso di unità di stock-out: il ciclo 1 ha un numero di stock-out più alto del ciclo 3, mentre nel ciclo 2 non si sono verificati stock-out. Come abbiamo visto è possibile comunque calcolare il valore atteso delle unità di stock-out in un ciclo (*ESPRC*) attraverso la (7.8)

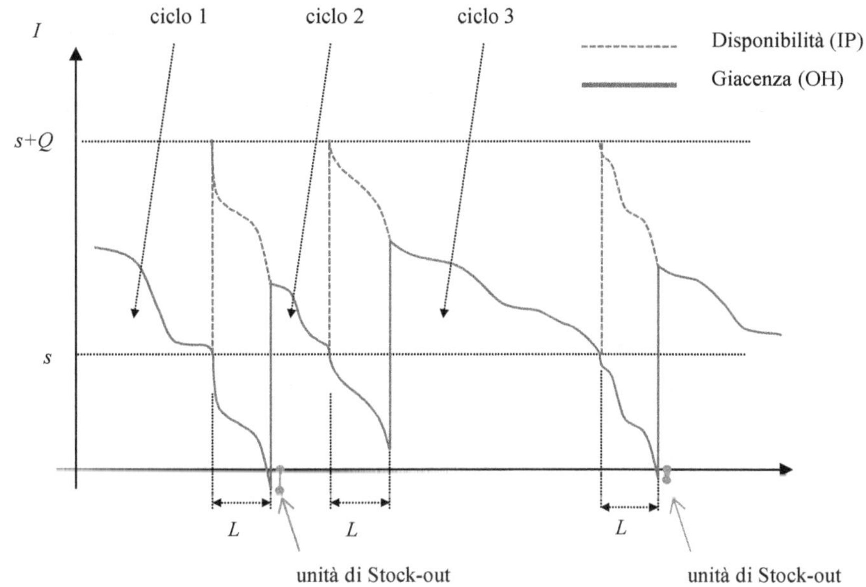

Figura 50. Unità di stock-out.

La funzione dei costi totali annui attesi sarà allora in questo caso:

$$ETRC(k) = C_r + C_m + C_s = A\frac{D}{Q} + \left(\frac{Q}{2} + k\sigma_L\right)vr + B_2 v\frac{D}{Q}\sigma_L G_u(k)$$

I costi di riempimento C_r ed i costi di mantenimento a scorta C_m sono gli stessi del caso precedente. I costi di stock-out, C_s, saranno invece pari in questo caso al prodotto tra numero di stock-out annui (ottenuto moltiplicando il numero di riempimenti atteso in un anno, D/Q, per il numero atteso di unità di stock-out in un ciclo di riempimento, $\sigma_L G_u(k)$) ed il costo associato alla singola unità di stock-out, B_2v. Derivando la funzione per trovare il minimo otteniamo:

$$\frac{dETRC(k)}{dk} = \sigma_L vr + \frac{B_2 v\sigma_L D}{Q}\frac{dG_u(k)}{dk} = 0$$

Poiché dalla (7.103):

$$\frac{dG_u(k)}{dk} = -P_u(k)$$

si ottiene:

$$\sigma_L vr - \frac{B_2 v \sigma_L D}{Q} P_u(k) = 0 \qquad \Rightarrow \qquad P_u(k) = \frac{Qr}{DB_2} \tag{7.15}$$

Bisogna quindi selezionare il valore di k che soddisfa questa condizione.
Da notare che il valore di $P_u(k)$ rappresenta una probabilità; quindi non c'è soluzione quando il valore Qr/DB_2 è maggiore dell'unità (probabilità del 100%). Anzi, come detto il massimo valore accettabile per $P_u(k)$ sarà pari a 0,5, visto che per valori superiori si avrebbe un k negativo. Anche in questo caso dunque, qualora si ottenesse un valore per $P_u(k)$ maggiore di 0,5, il minimo valore di k ammissibile è 0.

ESEMPIO NUMERICO

Facciamo riferimento sempre all'item descritto nell'esempio numerico del paragrafo 7.3.3.1. Si supponga di aver fissato un costo per evento di stock-out $B_2 = 0,5$, di voler attribuire ad ogni unità di stock-out un costo pari al 50% del valore dell'item.
Supponiamo di aver già eseguito la FASE 1 del dimensionamento, e di aver dunque determinato la quantità di riordino Q attraverso la formula dell'EOQ, come descritto già nel Paragrafo 7.3.3.1.
$Q = 316$ pezzi/riempimento (già determinato)

Per determinare il punto di riordino s, troviamo il k attraverso la:

$$P_u(k) = \frac{Qr}{DB_2} = \frac{316 \cdot 0,24}{450 \cdot 0,5} = 0,33707$$

In corrispondenza di questo valore probabilitàdi $P_u(k)$, troviamo in tabella $k = 0,42$.
Il punto di riordino s sarà dunque pari a pari a:
$s = k\,\sigma_L + DL = 21 + 112,5 = 133,5 \approx 134$ pezzi
Le scorte di sicurezza saranno pari a:
$SS = s - DL = 134 - 112,5 = 21,5$ pezzi
I costi totali attesi annui saranno pari a:

$$ETRC(k) = C_r + C_m + C_s = A\frac{D}{Q} + \left(\frac{Q}{2} + SS\right)vr + B_2 v \frac{D}{Q}\sigma_L G_u(k)$$

$$= 80 \cdot \frac{450}{316} + \left(\frac{316}{2} + 21,5\right)3 \cdot 0,24 + 0,5 \cdot 3 \cdot \frac{450}{316} \cdot 50 \cdot 0,2236 =$$

=113,92+129,24+23,881= 267,04 €/anno

7.3.3.3 Minimizzazione dei costi totali considerando un costo B_3 (espresso in percentuale al valore v dell'item) per unità e durata di Stock-out

In questo modello associamo un costo proporzionale non solo al valore dell'unità in stock-out, ma anche alla durata dello stock-out.
Utilizziamo la seguente notazione. Introduciamo $h=vr$, costo di mantenimento a scorta per item per unità di tempo, e $\pi = vB_3$, costo di stock-out per item per unità di tempo. Inoltre, per la generica variabile x, introduciamo la seguente notazione:

$(x)^+ = \max(x,0)$; (vale 0 quando la variabile è negativa, e x quando è positiva)
$(x)^- = \max(-x,0)$; (vale 0 quando la variabile è positiva, e $-x$ quando è negativa)

Si noti che $(x)^+ - (x)^- = x$.

Se IL è l'Inventory Level, per ogni unità di tempo in cui si manterrà tale livello di scorte verrà sostenuto un costo di mantenimento a scorta pari a $h\cdot(IL)^+$, ed un costo di stock-out pari a $\pi\cdot(IL)^-$. I costi di mantenimento e di stock-out saranno dunque pari a:

$$h\cdot IL^+ + \pi\cdot IL^- = h\cdot IL + (h+\pi)\cdot IL^- \qquad (7.16)$$

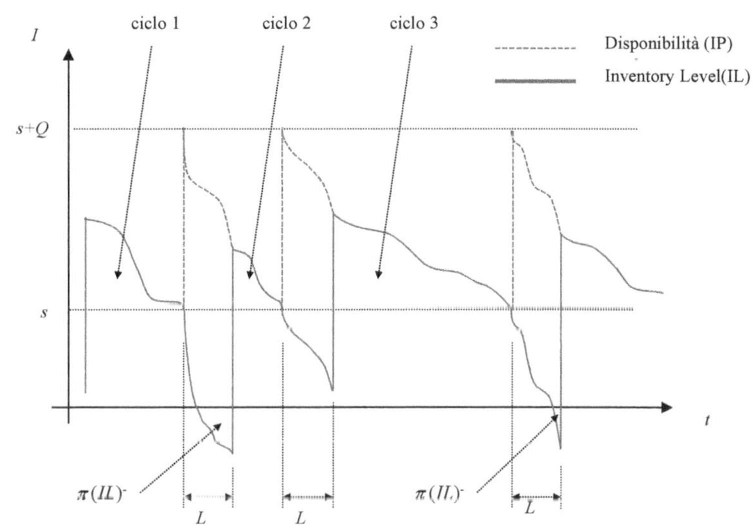

Figura 51. Costo per unità e durata di stock-out.

Come si vede in Figura 51, i costi di stock-out sostenuti in un ciclo, pari a $\pi\cdot(IL)^-$, saranno proporzionali all'area sottesa dalla curva dell'inventory level quando questi assume valore negativo. Nel caso in figura, i costi sostenuti nel ciclo 1 sono maggiori di quelli sostenuti nel ciclo 2, perché pur essendo il numero di stock-out a fine ciclo circa lo stesso, nel primo caso si permane in situazione di stock-out per un periodo più lungo.
Si noti che nei punti precedenti, avendo considerato come costo di mantenimento a scorta $h\cdot IL$, e non $h\cdot(IL)^+$, si è assunto che $(IL)^-$ fosse trascurabile. In questo caso invece non facciamo questa approssimazione, visto che assumiamo un costo π proporzionale proprio a $(IL)^-$, che non può essere quindi trascurato.
Andiamo dunque a scrivere la funzione costi tenendo presente la (7.16):

$$ETRC(k) = C_r + C_c + C_s = \frac{AD}{Q} + h \cdot E(IL)^+ + \pi \cdot E(IL)^- =$$
$$= \frac{AD}{Q} + h \cdot E(IL) + (h + \pi) E(IL)^-$$
$$= \frac{AD}{Q} + h\left(\frac{Q}{2} + k\sigma_L\right) + (h + \pi) E(IL)^- . \qquad (7.17)$$

Dobbiamo ora stimare il valore atteso $E(IL)^-$, vale a dire il valore atteso dell'inventory level quando questi assume valore negativo. Andiamo ad integrare i diversi possibili contributi ad un inventory level negativo. La probabilità che durante il lead time ci sia stato un momento in cui l'inventory level sia stato negativo per una quantità pari a (x–s), con $x > s$, è pari alla probabilità che durante il lead time stesso la domanda abbia assunto un certo valore x maggiore di s.

$$prob\{(IL)^- = x - s\} = \int_x^{\infty} f_L(u)du = \int_x^{\infty} \frac{1}{\sqrt{2\pi}\sigma_L} e^{-\frac{1}{2}\left(\frac{u-\hat{x}_L}{\sigma_L}\right)^2} du \text{ , con } x > s$$

sostituendo $z = (u - \hat{x}_L) / \sigma_L$:

$$prob\{(IL)^- = x - s\} = \int_{\frac{x-\hat{x}_L}{\sigma_L}}^{\infty} \frac{1}{\sqrt{2\pi}} e^{-\frac{1}{2}z^2} dz = P_u\left(\frac{x - \hat{x}_L}{\sigma_L}\right) \text{ , con } x > s$$

La durata dello stato in cui l'inventory level è stato in stock-out di (x – s) unità è pari mediamente a $1/D$ (tempo medio che passa tra una domanda e la successiva). Quindi la quantità:

$$E(A^-) = \int_s^{\infty} \frac{(x-s)}{D} \cdot P_u\left(\frac{x - \hat{x}_L}{\sigma_L}\right) \cdot dx = \frac{1}{D}\int_s^{\infty} (x - s) \cdot P_u\left(\frac{x - \hat{x}_L}{\sigma_L}\right) \cdot dx$$

rappresenta l'area mediamente sottesa in un ciclo dalla curva dell'inventory level quando assume valore negativo (vedi Figura 52).

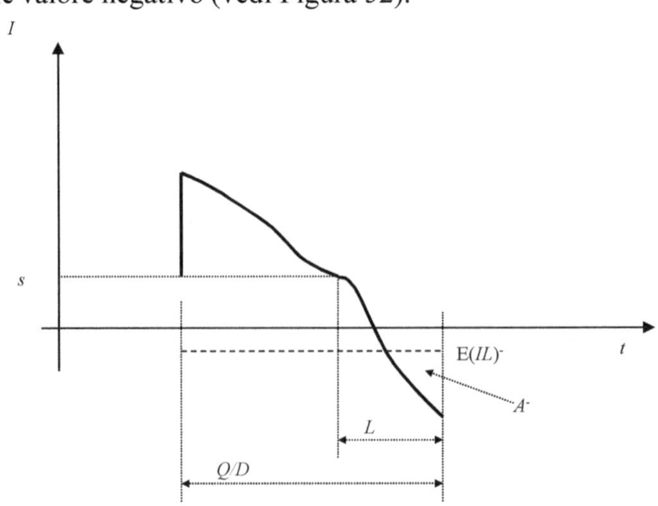

Figura 52. Valore atteso dell'invetory level negativo.

Per avere il valore medio dell'inventory level negativo in un ciclo, tale area andrà divisa per la durata totale del ciclo, che mediamente è pari a Q/D, ottenendo dunque:

$$E(IL)^- = E(A^-) \cdot \frac{D}{Q} = \frac{1}{Q}\int_s^\infty (x-s) \cdot P_u\left(\frac{x-\hat{x}_L}{\sigma_L}\right) \cdot dx$$

Sostituendo $u = (x - \hat{x}_L)/\sigma_L$, si ottiene:

$$E(IL)^- = \frac{\sigma_L^2}{Q}\int_k^\infty (u-k) \cdot P_u(u) \cdot du \tag{7.18}$$

E dunque, dalla (7.107):

$$E(IL)^- = \frac{\sigma_L^2}{Q}\int_k^\infty G_u(u) \cdot du = \frac{\sigma_L^2}{Q} H_u(k) \tag{7.19}$$

Introducendo la (7.19) nell'equazione di costo (7.17), e derivando rispetto a k per trovare il minimo si ottiene:

$$\frac{dETRC(k)}{dk} = \sigma_L h + (h+\pi)\frac{d}{dk}\left[\frac{\sigma_L^2}{Q}\int_k^\infty G_u(u) \cdot du\right] = 0$$

$$\frac{dETRC(k)}{dk} = \sigma_L h - (h+\pi)\frac{\sigma_L^2}{Q} G_u(k) = 0$$

da cui si ha che il minimo della funzione costo si ha quando:

$$G_u(k) = \frac{Q}{\sigma_L}\left(\frac{h}{h+\pi}\right) = \frac{Q}{\sigma_L}\left(\frac{r}{r+B_3}\right) \tag{7.20}$$

Da notare che confrontando la (7.20) con la (7.24) si può desumere l'equivalenza tra questo metodo di scelta del k e quello che impone un dato fill rate P_2; tale equivalenza vale per i seguenti valori:

$$1 - P_2 = \left(\frac{r}{r+B_3}\right) \Rightarrow P_2 = \frac{B_3}{r+B_3}$$

Volendo calcolare i costi totali attraverso la (7.17), sfruttando la (7.19) e ricordando che abbiamo posto $vr = h$ e $vB_3 = \pi$, si avrà:

$$ETRC(k) = \frac{AD}{Q} + \left(\frac{Q}{2} + k\sigma_L\right)vr + (r+B_3)v\frac{\sigma_L^2}{Q} H_u(k) \tag{7.21}$$

dove $H_u(k)$ può essere calcolata così (si veda la dimostrazione (7.104)):

$$H_u(k)=\frac{1}{2}\left[\left(k^2+1\right)P_u(k)-k\cdot f_u(k)\right]$$

ed è tabulata nell'Appendice del presente capitolo.

ESEMPIO NUMERICO

Si consideri un magazzino di pezzi di ricambio, ed un item che viene fornito a diversi impianti in caso di guasto di un certo macchinario speciale. A causa del fermo macchina provocato da un eventuale mancanza del pezzo di ricambio, il contratto di fornitura prevede una penale di 500€ per ogni giorno di ritardo rispetto al momento della richiesta. Si dimensioni per questo item una politica (s,Q) che minimizza i costi totali. Si hanno i seguenti dati:

D=70 pezzi/anno
σ= 40 pezzi
A= 100 €/riempimento
v = 600 €/pezzo
L = 1 mese
r = 24%/anno
giorni annui lavorativi = 250

Determiniamo innanzi tutto la quantità di riordino (Fase 1).

$$Q=EOQ=\sqrt{\frac{2AD}{vr}}=\sqrt{\frac{2\cdot 100\cdot 70}{600\cdot 0,24}}=9,8601\approx 10 \text{ pezzi/riempimento}$$

Per determinare il punto di riordino s (Fase 2), troviamo il k attraverso la (7.20). E' necessario prima calcolare i valori di B_3 e σ_L:

B_3 = (500·250)/600 = 208 [€/€_anno]

$$\sigma_L=\sqrt{L}\cdot\sigma=\sqrt{\frac{1}{12}}\cdot 40=11,547$$

$$G_u(k)=\frac{Q}{\sigma_L}\left(\frac{r}{r+B_3}\right)=\frac{10}{11,547}\left(\frac{0,24}{0,24+208}\right)=0,00099811$$

In corrispondenza di questo valore di $G_u(k)$, troviamo in tabella k = 2,72.
Il punto di riordino s sarà dunque pari a:
$s = k\,\sigma_L + DL$ = 2,72 11,547+70/12=37,241 ≈ 37 pezzi
Le scorte di sicurezza saranno pari a:
$SS = s - DL$ = 37 – 70/12 = 31,166 pezzi
I costi totali attesi annui saranno pari a:

$$ETRC(k)=C_r+C_m+C_s=A\frac{D}{Q}+\left(\frac{Q}{2}+SS\right)vr+(r+B_3)v\frac{\sigma_L^2}{Q}H_u(k)$$

$$=100\cdot\frac{70}{10}+\left(\frac{10}{2}+31,166\right)600\cdot 0,24+(0,24+208)\cdot 600\cdot\frac{11,547^2}{10}0,000282$$

=700+5207,9+469,79= 6377,7 €/anno

7.3.3.4 Scelta in funzione di una data probabilità P_1 di non andare in Stock-out durante un ciclo di approvvigionamento (Cycle Service Level)

Il dimensionamento delle scorte di sicurezza in questo caso viene fatto imponendo una probabilità minima P_1 di non andare in stock-out durante un ciclo di riempimento. Ricordandosi che la probabilità di andare in stock out in un ciclo di riempimento è data da $P_u(k)$, si avrà che:

$$P_1 = 1 - P_u(k) \qquad \Rightarrow \qquad P_u(k) = 1 - P_1 \tag{7.22}$$

Bisogna quindi selezionare il valore di k che soddisfi questa condizione.

ESEMPIO NUMERICO

Facciamo riferimento sempre all'item descritto nell'esempio numerico del paragrafo 7.3.3.1. Si supponga di aver fissato livello di servizio richiesto P_1=0,95, ovvero di imporre una probabilità di non andare in stock-out in un ciclo pari al 95%.
Supponiamo di aver già eseguito la FASE 1 del dimensionamento, e di aver dunque determinato la quantità di riordino Q attraverso la formula dell'EOQ, come descritto già nel Paragrafo 7.3.3.1.
Q = 316 pezzi/riempimento (già determinato)

E' necessario trovare il valore di k che rispetta la seguente condizione:
$P_u(k) = 1 - P_1 = 1 - 0,95 = 0,05$
Dalle tabelle si ottiene k = 1,64. Il punto di riordino s sarà quindi pari a:
$s = k\,\sigma_L + DL$ = 82+112,5=194,5 ≈ 195 pezzi[8]
Le scorte di sicurezza saranno pari a:
$SS = s - DL$ = 195 – 112,5 = 82,5 pezzi
I costi totali attesi annui saranno pari a:

$$ETRC(k) = C_r + C_m = A\frac{D}{Q} + \left(\frac{Q}{2} + SS\right)vr = 80 \cdot \frac{450}{316} + \left(\frac{316}{2} + 82,5\right)3 \cdot 0,24 =$$
$$=113,92+173,16=287,08 \text{ €/anno}$$

[8] In questo caso, l'approssimazione va fatta sempre per eccesso, cioè all'intero successivo. Solo così infatti il livello di servizio richiesto sarà garantito.

7.3.3.5 Scelta in funzione di una data percentuale P_2 di domanda soddisfatta direttamente dallo scaffale (Fill Rate)

Un altro modo di dimensionare le scorte di sicurezza è quello di imporre il soddisfacimento di una certa percentuale P_2 della domanda verificatasi. Ad esempio, imporre $P_2 = 0.95$ significa avere un numero massimo di unità di stock-out pari al 5% della domanda, o viceversa una percentuale di domanda soddisfatta pari al 95%.
Si possono avere due casi, a seconda che le unità di stock-out siano backorders o lost sales.

1. Backorders
   Analizzando un ciclo di riempimento (Figura 46) avremo che mediamente la domanda che si verifica in un ciclo è pari a Q. Poiché in un ciclo il numero atteso di stock-out è espresso da *ESPRC*, la percentuale di domanda non soddisfatta sarà pari a:

   $$\%\text{backorders} = (ESPRC/Q)$$

   Quindi la percentuale di domanda soddisfatta direttamente dallo scaffale sarà pari a:

   $$\text{Fill Rate} = P_2 = 1 - (ESPRC/Q) \qquad (7.23)$$

   La condizione da imporre sarà dunque:

   $$P_2 = 1 - \frac{ESPRC}{Q} = 1 - \frac{\sigma_L G_u(k)}{Q}$$

   da cui:

   $$G_u(k) = \frac{Q}{\sigma_L}(1 - P_2) \qquad (7.24)$$

   Bisogna quindi trovare il valore di k che soddisfi questa condizione.

2. Lost Sales
   In questo caso l'andamento medio delle giacenze cambia leggermente. Andando infatti a vedere cosa succede al termine di un ciclo di riempimento quando si verificano degli stock-out (Figura 53), si deduce che mediamente la giacenza iniziale del ciclo successivo aumenta, rispetto al caso con backorders, di una quantità pari proprio al numero atteso di stock-out in un ciclo (*ESPRC*). Questo perché, con l'arrivo del nuovo ordine, non è necessario destinare parte degli item arrivati per soddisfare i backorders del ciclo precedente.
   Come si vede in Figura 54, ciò fa sì che un ciclo di riempimento sia mediamente più lungo rispetto al caso precedente, e che durante il ciclo la domanda che mediamente si verifica sia pari a (*Q*+*ESPRC*). La (7.23) viene corretta quindi in questo modo:

   $$\text{Fill Rate} = P_2 = 1 - [ESPRC/(Q+ESPRC)] \qquad (7.25)$$

Ovvero:

$$\text{Fill Rate} = P_2 = Q/(Q+ESPRC)$$

La condizione da imporre sarà dunque:

$$P_2 = \frac{Q}{Q+ESPRC} = \frac{Q}{Q+\sigma_L G_u(k)}$$

da cui:

$$G_u(k) = \frac{Q}{\sigma_L}\frac{(1-P_2)}{P_2} \tag{7.26}$$

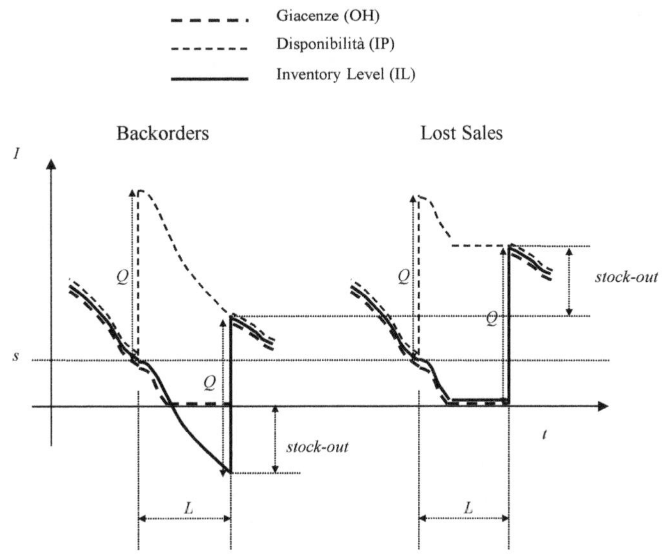

Figura 53. Andamento delle giacenze nel caso di backorders e lost sales in caso di stock-out.

Dalla Figura 54 si osserva anche che le scorte di sicurezza, essendo definite come il valore di giacenza media appena prima che arrivi un ordine, nel caso di lost sales non saranno pari a $SS = s - \hat{x}_L$, ma a $SS = s - \hat{x}_L + ESPRC$.

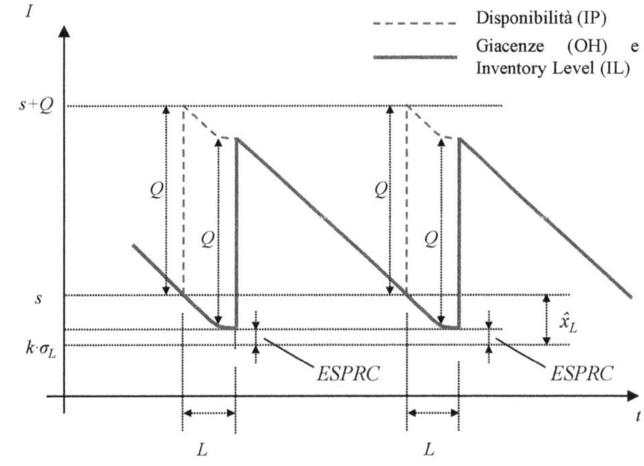

Figura 54. Andamento medio delle giacenze nel caso di lost sales.

ESEMPIO NUMERICO

Facciamo riferimento sempre all'item descritto nell'esempio numerico del paragrafo 7.3.3.1. Si supponga di aver fissato livello di servizio richiesto P_2=0,99, ovvero di imporre una percentuale di domanda soddisfatta pari al 99%.

Supponiamo di aver già eseguito la FASE 1 del dimensionamento, e di aver dunque determinato la quantità di riordino Q attraverso la formula dell'EOQ, come descritto già nel Paragrafo 7.3.3.1.

Q = 316 pezzi/riempimento (già determinato)

Backorders

La condizione da verificare è la seguente:

$$G_u(k) = \frac{Q}{\sigma_L}(1 - P_2) = \frac{316}{50}(1 - 0{,}99) = 0{,}06320$$

Dalle tabelle si ottiene k = 1,14. Il punto di riordino s sarà pari a:

$s = k\,\sigma_L + DL$ = 57+112,5=169,5 ≈ 170 pezzi[9]

Le scorte di sicurezza saranno pari a:

$SS = s - DL$ = 170 – 112,5 = 57,5 pezzi

I costi totali attesi annui saranno pari a:

$$ETRC(k) = C_r + C_m = A\frac{D}{Q} + \left(\frac{Q}{2} + SS\right)vr = 80 \cdot \frac{450}{316} + \left(\frac{316}{2} + 57{,}5\right)3 \cdot 0{,}24 =$$

=113,92+155,16= 269,08 €/anno

Lost sales

In questo caso la condizione da verificare è la seguente:

$$G_u(k) = \frac{Q}{\sigma_L}\left(\frac{1 - P_2}{P_2}\right) = \frac{316}{50}\left(\frac{1 - 0{,}99}{0{,}99}\right) = 0{,}063838$$

Dalle tabelle si ottiene sempre k = 1,14, e ciò significa che in questo esempio la differenza tra i due casi non è apprezzabile. Si noti che la differenza fra il caso con backorders e quello con lost sales è tanto maggiore quanto maggiore è il valore del rapporto Q/σ_L e quanto più il valore di P_2 è lontano dall'unità.

---

[9] Anche in questo caso, l'approssimazione va fatta sempre per eccesso, cioè all'intero successivo. Solo così infatti il livello di servizio richiesto sarà garantito.

7.3.3.6 Scelta in funzione di un dato tempo medio tra incidenti di stock out (TBS = Time Between Stockout Occasion)

Come livello di servizio si può imporre che tra un evento di stock-out ed il successivo passi mediamente un certo tempo. Ad esempio può ritenersi accettabile che si verifichi un evento di stock-out mediamente ogni 6 mesi.
Il numero atteso di riempimenti in un anno è pari a D/Q. Poiché la probabilità che si verifichi un incidente di stock out in un ciclo è pari a $P_u(k)$, il numero annuo atteso di incidenti di stock out sarà pari a $(D/Q)\cdot P_u(k)$, ed ha le dimensioni di una frequenza (eventi di stock-out/anno). L'intervallo di tempo che mediamente trascorre tra due eventi di stock-out (*TBS* = Time Between Stockout Occasions) sarà quindi l'inverso di tale quantità:

$$TBS = \frac{1}{\frac{D}{Q}\cdot P_u(k)} \tag{7.27}$$

Per rispettare un certo *TBS* imposto sarà quindi necessario selezionare k in maniera tale da rispettare la seguente condizione:

$$P_u(k) = \frac{Q}{D\cdot TBS} \tag{7.28}$$

Da notare che anche in questo caso il valore di $P_u(k)$ rappresenta una probabilità; quindi non c'è soluzione quando il valore $Q/D(TBS)$ è maggiore dell'unità (probabilità del 100%). Anche in questo caso l'analisi porterebbe a scegliere un k il più piccolo possibile. Valgono le stesse considerazioni espresse nei casi precedenti, ovvero il minimo valore di k ammissibile è pari a 0.
Dal confronto della (7.27) con la (7.15) si deduce che c'è una equivalenza tra i due metodi per la scelta del k, e cioè la minimizzazione dei costi totali in funzione di B_2 e l'imposizione del *TBS* come livello di servizio. In particolare l'equivalenza è data per:

$$TBS = \frac{B_2}{r} \tag{7.29}$$

In sostanza, dimensionare la politica ipotizzando un valore di B_2 e minimizzando i costi totali, equivale a dimensionarla imponendo un $TBS = B_2/r$. Si veda il paragrafo 7.3.5.1 per ulteriori considerazioni in merito all'equivalenza tra i vari criteri di dimensionamento.

ESEMPIO NUMERICO

Facciamo riferimento sempre all'item descritto nell'esempio numerico del paragrafo 7.3.3.1. Si supponga di aver fissato livello di servizio richiesto TBS=3, ovvero di imporre che il tempo che intercorre tra un evento di stock-out ed il successivo sia pari a 3 anni. Supponiamo di aver già eseguito la FASE 1 del dimensionamento, e di aver dunque determinato la quantità di riordino Q attraverso la formula dell'EOQ, come descritto già nel Paragrafo 7.3.3.1.
Q = 316 pezzi/riempimento (già determinato)

La condizione da imporre è la seguente:

$$P_u(k) = \frac{Q}{D \cdot TBS} = \frac{316}{450 \cdot 3} = 0,23407$$

Dalle tabelle si ottiene $k = 0,73$. Il punto di riordino s sarà pari a:

$s = k \cdot \sigma_L + DL = 36,5+112,5=149$ pezzi

Le scorte di sicurezza saranno pari a:

$SS = s - DL = 149 - 112,5 = 36,5$ pezzi[10]

I costi totali attesi annui saranno pari a:

$$ETRC(k) = C_r + C_m = A\frac{D}{Q} + \left(\frac{Q}{2} + SS\right)vr = 80 \cdot \frac{450}{316} + \left(\frac{316}{2} + 36,5\right)3 \cdot 0,24 =$$

=113,92+140,04= 253,97 €/anno

[10] In questo caso si vede che i valori delle scorte di sicurezza calcolati come ($SS = s - DL$) e ($SS = k \cdot \sigma_L$) coincidono. Questo perché non c'è stato bisogno di approssimare il punto di riordino s. In generale si ricorda che è più corretto calcolare le scorte di sicurezza come $SS = s - DL$.

Minimizzazione dei costi totali (setup, mantenimento a scorta, stock-out)			
Parametro	descrizione	Valore ottimale di k	Costi di stock-out
B_1	Costo per evento di stock-out	$f_u(k)=\frac{Qv\sigma_L r}{DB_1},\ k=\sqrt{2\ln\frac{DB_1}{\sqrt{2\pi}Qv\sigma_L r}}$	$B_1\frac{D}{Q}P_u(k)$
B_2	Costo per unità di stock-out in % al valore dell'item	$P_u(k)=\frac{Qr}{DB_2}$	$B_2 v\frac{D}{Q}\sigma_L G_u(k)$
B_3	Costo per unità e durata di stock-out in % al valore dell'item	$G_u(k)=\frac{Q}{\sigma_L}\left(\frac{r}{r+B_3}\right)$	$(r+B_3)vH_u(k)$
Soddisfacimento di un determinato livello di servizio			
Parametro	descrizione	Valore ottimale di k	Costi di stock-out
P_1	Probabilità di non andare in stock-out in un ciclo (Cycle Service Level)	$P_u(k)=1-P_1$	
P_2	Percentuale di domanda soddisfatta (Fill Rate)	$G_u(k)=\frac{Q}{\sigma_L}(1-P_2)$ backorders $G_u(k)=\frac{Q}{\sigma_L}\frac{(1-P_2)}{P_2}$ lost sails	/
TBS	Tempo medio tra due episodi di stock-out (Time Between Stock-out occasions)	$P_u(k)=\frac{Q}{D\cdot TBS}$	

Tabella 15. Formule di dimensionamento del fattore di sicurezza k nel caso di politica (s,Q)

7.3.4 Allocazione di una certa quantità di scorte di sicurezza (in valore) tra più item

Un approccio alternativo a quello illustrato nel precedente paragrafo consiste nel dimensionare i parametri (s,Q) per più item contemporaneamente, sulla base di considerazioni relative ai costi aggregati per la gestione degli item stessi.
Vediamo innanzi tutto alcune grandezze aggregate nel caso di più item. Supponiamo di avere n item, contraddistinti dall'indice $i = 1, ..., n$. Per ciascun item i avremo:

scorte di sicurezza: $$SS_i = k_i \sigma_{Li} \quad (7.30)$$

numero atteso di incidenti di SO all'anno: $$\frac{D_i}{Q_i} P_u(k_i) \quad (7.31)$$

numero atteso di unità di SO all'anno: $$\frac{D_i}{Q_i} \sigma_{Li} G_u(k_i) \quad (7.32)$$

fill rate atteso: $$1 - \frac{\sigma_{Li} G_u(k_i)}{Q_i} \quad (7.33)$$

cycle service level atteso: $$1 - P_u(k_i) \quad (7.34)$$

Volendo avere una misura delle analoghe quantità a livello di aggregato, scriveremo:

valore totale scorte di sicurezza [€]: $$\sum_{i=1}^{n} k_i \sigma_{Li} v_i \quad (7.35)$$

numero atteso totale di incidenti di SO all'anno: $$\sum_{i=1}^{n} \frac{D_i}{Q_i} P_u(k_i) \quad (7.36)$$

valore totale atteso di unità di SO all'anno[€]: $$\sum_{i=1}^{n} \frac{D_i}{Q_i} \sigma_{Li} v_i G_u(k_i) \quad (7.37)$$

fill rate pesato sulla domanda: $$\frac{\left[\sum_{i=1}^{n} D_i \left(1 - \frac{\sigma_{Li} G_u(k_i)}{Q_i}\right)\right]}{\sum_{i=1}^{n} D_i} \quad (7.38)$$

cycle service level pesato sulla domanda: $$\frac{\left[\sum_{i=1}^{n} D_i \left(1 - P_u(k_i)\right)\right]}{\sum_{i=1}^{n} D_i} \quad (7.39)$$

Da notare che la misura aggregata delle scorte di sicurezza (7.35) non è la semplice sommatoria delle scorte di sicurezza dei vari item (7.30), in quanto essendo gli item eterogenei la somma delle quantità è una grandezza di poca utilità. E' necessario riportare tutto ad una stessa 'unità di misura', che convenientemente è il *valore*. Discorso analogo per quanto riguarda il numero atteso di unità di SO all'anno, che per l'aggregato degli item deve necessariamente riferirsi al valore e non al numero di unità, vedi (7.37) vs. (7.32).

7.3.4.1 Allocazione di un valore totale di scorte di sicurezza per la minimizzazione del numero atteso totale di incidenti di stock-out in un anno

In questo caso il dimensionamento dei parametri (s,Q) per un insieme di item viene eseguito partendo da un vincolo sul valore massimo di scorte di sicurezza che si vuole avere in magazzino. Il problema dunque diventa come distribuire tali scorte tra i vari item, cercando di minimizzare il numero atteso totale di incidenti di stock-out all'anno. Il problema consiste dunque nel trovare il valore di k_i per ciascun articolo in maniera tale da minimizzare la funzione:

$$\sum_{i=1}^{n} \frac{D_i}{Q_i} P_u(k_i) \tag{7.40}$$

soggetta al vincolo:

$$\sum_{i=1}^{n} k_i \sigma_{Li} v_i = Y \tag{7.41}$$

dove Y è il valore totale delle scorte di sicurezza assegnato espresso in euro.
Utilizzando il metodo dei moltiplicatori di Lagrange, questo equivale a minimizzare la funzione:

$$L(k_1,...,k_n,M) = \sum_{i=1}^{n} \frac{D_i}{Q_i} P_u(k_i) - M\left(Y - \sum_{i=1}^{n} k_i \sigma_{Li} v_i\right)$$

il che si ottiene ponendo le derivate parziali della funzione uguali a zero:

$$\frac{\partial L}{\partial k_i} = -\frac{D_i}{Q_i} f_u(k_i) + M\sigma_{Li} v_i = 0 \quad \Rightarrow \quad f_u(k_i) = M\frac{Q_i v_i \sigma_{Li}}{D_i} \qquad i = 1,...,n \tag{7.42}$$

$$\frac{\partial L}{\partial M} = Y - \sum_{i=1}^{n} k_i \sigma_{Li} v_i = 0 \tag{7.43}$$

La (7.42) esprime un sistema di n equazioni nelle n incognite k_1,...,k_n. La (7.43) impone il rispetto del vincolo espresso dall'equazione (7.41). Si nota dunque che quando la funzione L ha un minimo, il vincolo di partenza è rispettato; il minimo inoltre coincide con il minimo della funzione iniziale da minimizzare.
Fissato un valore di M, il sistema espresso dalla (7.42) è un sistema di n equazioni nelle n incognite k_1,...,k_n. E' possibile risolvere il sistema iterativamente attraverso le seguenti fasi:

- fissare arbitrariamente un valore di M;
- trovare i k_i attraverso la (7.42);
- sostituire i k_i nella (7.43) per verificare il rispetto del vincolo (e tornare al primo step, con un valore modificato di M, ripetendo l'intero procedimento fino a che il vincolo (7.43) non viene rispettato)

Si osservi che la (7.42) è equivalente alla (7.13) a patto di porre:

$$M = \frac{r}{B_1} \tag{7.44}$$

in cui, ricordiamo, B_1 è il costo associato al singolo incidente di stock-out. Sostituendo la (7.44) nella (7.42) si ottiene infatti:

$$f_u(k_i) = \frac{Q_i v_i \sigma_{Li} r}{D_i B_1} \qquad (7.45)$$

Questo significa che il procedimento di risoluzione può essere visto come segue:
- fissare arbitrariamente un valore di B_1;
- trovare i k_i attraverso la (7.45);
- calcolare il valore totale delle scorte di sicurezza (7.41) ottenuto con i k_i e confrontarlo con il valore Y assegnato. Tornare eventualmente al primo step, modificando il valore di B_1 e ripetere il procedimento, fino a che il valore totale delle scorte di sicurezza non è pari a quello desiderato. Cioè: verificare la (7.41) (che poi equivale alla (7.43)).

In sostanza quindi il problema è equivalente alla minimizzazione dei costi totali in funzione di un costo fisso B_1 per incidente di stock out, con il vincolo aggiuntivo per cui B_1 deve assumere un valore tale da rendere il valore totale delle scorte di sicurezza uguale al valore assegnato (uguale a Y).
Nel caso in cui si scelga un valore di B_1 tale che il k più piccolo diventi nullo, e nonostante ciò l'equazione del vincolo non è soddisfatta per "eccesso", come si procede? Si continua a diminuire il valore di B_1. Il k che prima era nullo diventerebbe negativo, invece si continua a mantenerlo pari a zero. Gli altri k diminuiscono, e si continua finché non si trova il valore per cui le scorte di sicurezza assumono il valore assegnato. Se anche altri k diventano 0, si procede come per il primo. Al limite il problema non ammette soluzione se pur con tutti i k = 0 il valore delle scorte di sicurezza desiderate non viene raggiunto (ma ciò significherebbe avere scorte di sicurezza nulle).

ESEMPIO NUMERICO

Si considerino 3 item aventi le seguenti caratteristiche:

item	D_i (pezzi/anno)	v_i (€/pezzo)	$\sigma_{annuale}$(pezzi)
1	1000	12	30
2	350	30	50
3	600	15	40

Si dimensioni per ciascuno di essi una politica (s,Q) in modo da minimizzare il numero totale di eventi di stock-out in un anno, volendo investire la cifra complessiva di 800€ in scorte di sicurezza. Si considerino i seguenti dati comuni ai 3 item:
A = 30 €/riempimento
r =12%/anno
L = 2 settimane
1 anno = 40 settimane

Calcoliamo innanzi tutto le quantità ottimali di riordino per ogni articolo (FASE 1).

$$Q_1 = \sqrt{\frac{2\cdot 30\cdot 1000}{12\cdot 0{,}12}} \approx 204, \quad Q_2 = \sqrt{\frac{2\cdot 30\cdot 350}{30\cdot 0{,}12}} \approx 76, \quad Q_3 = \sqrt{\frac{2\cdot 30\cdot 600}{15\cdot 0{,}12}} \approx 141$$

Calcoliamo inoltre le deviazioni standard della domanda durante il lead time per i 3 articoli:

$$\sigma_{L1} = \sqrt{\frac{2}{40}}\cdot\sigma = 6{,}7082, \quad \sigma_{L2} = \sqrt{\frac{2}{40}}\cdot\sigma = 11{,}18, \quad \sigma_{L3} = \sqrt{\frac{2}{40}}\cdot\sigma = 8{,}9443$$

Iterazione 1. Ipotizzo un costo per evento di stock-out B_1 = 100€. Attraverso la (7.45) calcolo i valori di k_i per ciascun articolo:

$$f_u(k_1)=\frac{Q_1 v_1 \sigma_{L1} r}{D_1 B_1}=\frac{204\cdot 12\cdot 6,7082\cdot 0,12}{1000\cdot 100}=0,01971\rightarrow k_1=2,45$$

$$f_u(k_2)=\frac{Q_2 v_2 \sigma_{L2} r}{D_2 B_1}=\frac{76\cdot 30\cdot 11,18\cdot 0,12}{350\cdot 100}=0,08740\rightarrow k_2=1,74$$

$$f_u(k_3)=\frac{Q_3 v_3 \sigma_{L3} r}{D_3 B_1}=\frac{141\cdot 15\cdot 8,9443\cdot 0,12}{600\cdot 100}=0,03783\rightarrow k_3=2,17$$

Verifico il rispetto del vincolo (7.43):

$$Y-\sum_{i=1}^{n} k_i \sigma_{Li} v_i = 800-\left(2,45\cdot 6,7082\cdot 12+1,74\cdot 11,18\cdot 30+2,17\cdot 8,9443\cdot 15\right)=$$

$$=800-1072,2=-272,2$$

Poiché il valore delle scorte di sicurezza così dimensionate è maggiore dell'investimento desiderato, il valore di B_1 va diminuito in modo da far diminuire anche le scorte di sicurezza.

Iterazione 2. Ipotizzo: B_1=40€. Attraverso la (7.45), in maniera analoga all'iterazione 1, calcolo i valori di k_i per ciascun articolo:

$$f_u(k_1)=0,04927\rightarrow k_1=2,05$$

$$f_u(k_2)=0,2185\rightarrow k_2=1,10$$

$$f_u(k_3)=0,09459\rightarrow k_3=1,70$$

Verifico il rispetto del vincolo (7.43):

$$Y-\sum_{i=1}^{n} k_i \sigma_{Li} v_i = 800-762,1=37,9$$

Poiché il valore delle scorte di sicurezza così dimensionate è minore dell'investimento desiderato, il valore di B_1 va aumentato in modo da far aumentare anche le scorte di sicurezza.

Iterazione 3. Ipotizzo: B_1=44€. Come prima calcolo i valori di k_i per ciascun articolo:

$$f_u(k_1)=0,04479\rightarrow k_1=2,09$$

$$f_u(k_2)=0,19863\rightarrow k_2=1,18$$

$$f_u(k_3)=0,08599\rightarrow k_3=1,75$$

Verifico il rispetto del vincolo (7.43):

$$Y-\sum_{i=1}^{n} k_i \sigma_{Li} v_i = 800-798,8=1,2\approx 0$$

Ritenendo l'approssimazione accettabile il vincolo è considerato soddisfatto.

I corrispondenti punti di riordino per i tre articoli saranno pari a:

$$s_1=k_1\sigma_{L1}+D_1L=2,09\cdot 6,708+1000\cdot(2/40)=64,02\approx 64$$

$$s_2=k_2\sigma_{L2}+D_2L=1,18\cdot 11,18+350\cdot(2/40)=30,69\approx 31$$

$$s_3=k_3\sigma_{L3}+D_3L=1,75\cdot 8,9443+600\cdot(2/40)=45,65\approx 46$$

Il numero atteso di eventi di stock-out totali in un anno sarà pari a:

$$\sum_{i=1}^{n}\frac{D_i}{Q_i}P_u(k_i)=\frac{1000}{204}0,01831+\frac{350}{76}0,119+\frac{600}{141}0,04006=0,8082 \text{ eventi/anno}$$

7.3.4.2 Allocazione di un valore totale di scorte di sicurezza per la minimizzazione del valore totale atteso di unità di stock-out in un anno

Il problema consiste nel trovare il valore di k_i per ciascun articolo in maniera tale da minimizzare la funzione:

$$\sum_{i=1}^{n} \frac{D_i}{Q_i} \sigma_{Li} v_i G_u(k_i) \tag{7.46}$$

soggetta al vincolo:

$$\sum_{i=1}^{n} k_i \sigma_{Li} v_i = Y \tag{7.47}$$

dove Y è il valore totale delle scorte di sicurezza espresso in euro.
Utilizzando ancora il metodo dei moltiplicatori di Lagrange, questo equivale a minimizzare la funzione:

$$L(k_1,...,k_n,M) = \sum_{i=1}^{n} \frac{D_i}{Q_i} \sigma_{Li} v_i G_u(k_i) - M\left(Y - \sum_{i=1}^{n} k_i \sigma_{Li} v_i\right)$$

il che si ottiene ponendo le derivate parziali della funzione uguali a zero:

$$\frac{\partial L}{\partial k_i} = -\frac{D_i}{Q_i} \sigma_{Li} v_i P_u(k_i) + M \sigma_{Li} v_i = 0 \quad \Rightarrow \quad P_u(k_i) = M \frac{Q_i}{D_i} \tag{7.48}$$

$$\frac{\partial L}{\partial M} = Y - \sum_{i=1}^{n} k_i \sigma_{Li} v_i = 0 \tag{7.49}$$

La (7.48) esprime un sistema di n equazioni nelle n incognite $k_1,...,k_n$. La (7.49) impone il rispetto del vincolo espresso dall'equazione (7.47).
Fissato un valore di M, il sistema espresso dalla (7.48) è un sistema di n equazioni nelle n incognite $k_1,...,k_n$. Il procedimento risolutivo prevedrebbe quindi di:

- fissare arbitrariamente un valore di M;
- trovare i k_i attraverso la (7.48);
- sostituire i k_i nella (7.49) per verificare il rispetto del vincolo (e tornare al primo step, con un valore modificato di M, ripetendo il procedimento fino a che il vincolo (7.49) non viene rispettato)

Si osservi che la (7.48) è equivalente alla (7.15) a patto di porre:

$$M = \frac{r}{B_2} \tag{7.50}$$

in cui, ricordiamo, B_2 è il costo (in percentuale al valore dell'item) associato alla singola unità in stock-out. Sostituendo la (7.50) nella (7.48) si ottiene infatti:

$$P_u(k_i) = \frac{Q_i r}{D_i B_2} \tag{7.51}$$

Questo significa che il procedimento di risoluzione può essere visto come segue:

- fissare arbitrariamente un valore di B_2;
- trovare i k_i attraverso la (7.51);

- calcolare il valore totale delle scorte di sicurezza ottenuto con i k_i e confrontarlo con il valore Y assegnato. Tornare eventualmente al primo step, modificando il valore di B_2 finché il valore totale delle scorte di sicurezza non è pari a quello desiderato. Cioè: verificare la (7.47) (che poi equivale alla (7.49)).

In sostanza quindi il problema è equivalente alla minimizzazione dei costi totali in funzione di un costo B_2 (espresso in percentuale al valore dell'item) per unità di stock out, con il vincolo aggiuntivo per cui B_2 deve assumere un valore tale da rendere il valore totale delle scorte di sicurezza uguale al valore richiesto (uguale a Y).

ESEMPIO NUMERICO

Si considerino gli stessi 3 item descritti nel paragrafo precedente. Si dimensioni per ciascuno di essi una politica (s,Q) in modo da minimizzare stavolta il valore totale delle unità di stock-out, sempre volendo investire la cifra complessiva di 800€ in scorte di sicurezza.
Avendo già determinato le quantità ottimali di riordino (FASE1), procediamo con le iterazioni per trovare i valori di k per ciascun articolo.

Iterazione 1. Ipotizzo un costo per unità di stock-out in percentuale al valore dell'item pari a $B_2 = 100\%$. Attraverso la (7.51) calcolo i valori di k_i per ciascun articolo:

$$P_u(k_1) = (Q_1 \cdot r)/(D_1 \cdot B_2) = (204 \cdot 0.12)/(1000 \cdot 1) = 0,02448 \rightarrow k_1 = 1,97$$

$$P_u(k_2) = (Q_2 \cdot r)/(D_2 \cdot B_2) = (76 \cdot 0.12)/(350 \cdot 1) = 0,02606 \rightarrow k_2 = 1,94$$

$$P_u(k_3) = (Q_3 \cdot r)/(D_3 \cdot B_2) = (141 \cdot 0.12)/(600 \cdot 1) = 0,0282 \rightarrow k_3 = 1,91$$

Verifico il rispetto del vincolo (7.49):

$$Y - \sum_{i=1}^{n} k_i \sigma_{Li} v_i = 800 - 1065,5 = -265,5$$

Poiché il valore delle scorte di sicurezza così dimensionate è maggiore dell'investimento desiderato, il valore di B_2 va diminuito in modo da far diminuire anche le scorte di sicurezza.

Iterazione 2. Ipotizzo $B_2 = 36\%$ (che risulterà essere quello ottimale). Attraverso la (7.51) calcolo i valori di k_i per ciascun articolo:

$$P_u(k_1) = 0,068 \rightarrow k_1 = 1,49$$

$$P_u(k_2) = 0,07238 \rightarrow k_2 = 1,46$$

$$P_u(k_3) = 0,07833 \rightarrow k_3 = 1,42$$

Verifico il rispetto del vincolo (7.49):

$$Y - \sum_{i=1}^{n} k_i \sigma_{Li} v_i = 800 - 800,2 = -0,2$$

Ritenendo l'approssimazione accettabile il vincolo è considerato soddisfatto.
I corrispondenti punti di riordino per i tre articoli saranno pari a:

$$s_1 = k_1 \sigma_{L1} + D_1 L = 1,49 \cdot 6,708 + 1000 \cdot (2/40) = 59,99 \approx 60$$

$$s_2 = k_2 \sigma_{L2} + D_2 L = 1,46 \cdot 11,18 + 1000 \cdot (2/40) = 33,82 \approx 34$$

$$s_3 = k_3 \sigma_{L3} + D_3 L = 1,42 \cdot 8,9443 + 1000 \cdot (2/40) = 42,7 \approx 43$$

Il valore totale delle unità di stock-out all'anno sarà pari a:

$$\sum_{i=1}^{n} \frac{D_i}{Q_i} \sigma_{Li} v_i G_u(k_i) =$$

$$= \frac{1000}{204} 6,7083 \cdot 12 \cdot 0,02998 + \frac{350}{76} 11,18 \cdot 30 \cdot 0,05844 + \frac{600}{141} 8,9443 \cdot 15 \cdot 0,01617 =$$

$$= 11,83 + 90,27 + 9,232 = 111,33 \quad \text{€/anno}$$

7.3.5 La scelta del criterio di dimensionamento e le curve di equivalenza

Quale dei vari criteri di dimensionamento utilizzare per stabilire il coefficiente di sicurezza k? E' chiaro infatti come il valore finale di k, e conseguentemente il valore del punto di riordino s, dipenda direttamente dal criterio utilizzato.
In generale, la scelta del criterio da utilizzare dipende dalla prospettiva con cui i manager valutano la gravità dell'andare in stock-out, che a sua volta dovrebbe dipendere da come un cliente percepisce il disservizio legato all'item non trovato.
Vediamo alcuni metodi che possono guidare nella scelta del criterio da utilizzare.

7.3.5.1 Equivalenza tra i criteri di dimensionamento per singoli item

Un modo per giungere a un dimensionamento che sia il più appropriato possibile è l'utilizzo del concetto di equivalenza. Scelto un valore per uno dei parametri corrispondenti a un criterio (B_1, B_2, B_3, P_1, P_2, TBS) ed eseguito il dimensionamento attraverso il calcolo del coefficiente di sicurezza k, esistono infatti corrispondenti valori per tutti gli altri parametri che porterebbero allo stesso risultato di dimensionamento.

Valore in ingresso di uno tra:				Valore equivalente degli altri parametri
B_1, B_2, B_3, P_1, P_2, TBS	⟶	k	⟶	B_1, B_2, B_3 , P_1, P_2, TBS

Ad esempio, si può iniziare fissando arbitrariamente un valore di B_2 che si ritiene opportuno, e calcolare quali sono i valori degli altri parametri che porterebbero allo stesso risultato. Ad esempio potrebbe succedere che un valore di $B_2 = 1$ (il costo di una unità di stock-out è pari al 100% del valore dell'item) porti ad un dimensionamento equivalente a quello di imporre un tempo medio tra un episodio di stock-out ed il successivo (TBS) pari a 20 anni, che il management può ad esempio giudicare eccessivamente cautelativo. Ciò suggerirebbe di adottare un valore di B_2 inferiore a quello inizialmente scelto.
In sostanza, la presentazione al management dei valori dei parametri corrispondenti a tutti i criteri di dimensionamento a disposizione può aiutare il management stesso a giudicare l'appropriatezza del dimensionamento che si sta effettuando.

ESEMPIO NUMERICO

Facciamo riferimento all'item descritto nell'esempio numerico del paragrafo 7.3.3.1.
Supponiamo di aver già eseguito la FASE 1 del dimensionamento, e di aver dunque determinato la quantità di riordino Q attraverso la formula dell'EOQ, come descritto già nel Paragrafo 7.3.3.1.
$Q = 316$ pezzi/riempimento (già determinato)

In quel caso avevamo scelto come criterio di dimensionamento la minimizzazione dei costi totali, considerando un costo per evento di stock-out $B_1 = 250€$.
Per determinare il punto di riordino s, era stato calcolato il k attraverso la:

$$k = \sqrt{2\ln\frac{DB_1}{\sqrt{2\pi}Qv\sigma_L r}} = \sqrt{2\ln\frac{450\cdot 250}{\sqrt{2\pi}\cdot 316\cdot 3\cdot 50\cdot 0,24}} = 1,6568$$

Si tratta a questo punto di vedere quali valori degli altri parametri (B_2, B_3, P_1, P_2, TBS), associati ai diversi criteri di dimensionamento, porterebbero ad avere lo stesso valore di k, e quindi ad avere una politica di gestione equivalente. Per fare ciò è sufficiente inserire il valore di k, ottenuto per $B_1 = 250€$, nelle formule di dimensionamento dei vari criteri, e risolverle rispetto al parametro di interesse.

Ad esempio, inserendo $k = 1{,}6568$ nella (7.15) e nella (7.20), e risolvendo rispetto a B_2 e B_3 otterremo:

$$B_2 = \frac{Q \cdot r}{D \cdot P_u(k)} = \frac{316 \cdot 0{,}24}{450 \cdot 0{,}04846} = 3{,}4778 = 347{,}78\%$$

$$B_3 = \frac{Q \cdot r}{\sigma_L \cdot G_u(k)} - r = \frac{316 \cdot 0{,}24}{50 \cdot 0{,}02064} = 73{,}25 \text{€/€\_anno}$$

Ciò significa che ipotizzare un costo per evento di stock-out $B_1 = 250€$ porta ad un dimensionamento equivalente al caso in cui si ipotizza un costo in percentuale al valore dell'item per unità di stock-out $B_2 = 347{,}78\%$. In maniera del tutto analoga, è possibile calcolare i valori equivalenti di P_1, P_2 e *TBS* che portano allo stesso dimensionamento, utilizzando rispettivamente le (7.22), (7.24) e (7.29):

$$P_1 = 1 - P_u(k) = 1 - P_u(1{,}6568) = 0{,}95154 = 95{,}154\ \%$$

$$P_2 = 1 - \frac{\sigma_L G_u(k)}{Q} = 1 - \frac{50 \cdot G_u(1{,}6568)}{316} = 0{,}99681 = 99{,}681\%$$

$$TBS = \frac{Q}{D \cdot P_u(k)} = \frac{316}{450 \cdot P_u(1{,}6568)} = 14{,}491 \text{ anni}$$

Ecco quindi che per comunicare al management aziendale il modo in cui stiamo dimensionando le scorte di sicurezza avremo a disposizione diversi modi, tra loro equivalenti, che aiutano a formare una corretta valutazione di come realmente si sta procedendo. In questo caso ad esempio, può essere utile comunicare che le scorte di sicurezza sono state dimensionate in modo da avere un evento di stock-out ogni circa 14 anni, una percentuale di domanda soddisfatta quasi pari al 99,7%, o che questo equivale a minimizzare i costi totali avendo considerato un costo per unità di stock-out pari circa a 3,5 volte il valore dell'item stesso.

7.3.5.2 Curve di politiche ottimali su dati aggregati nel caso multi-item

Quando si ha a che fare con una moltitudine di item, il management aziendale è soprattutto focalizzato su misure di performance aggregate, come ad esempio il valore totale del magazzino, i costi complessivi di riempimento, o le performance globali in termini di stock-out. Il management infatti è interessato a cercare il giusto compromesso (trade off) tra queste misure aggregate.

Da questo punto di vista, l'allocazione di un certo valore delle scorte di sicurezza tra i vari item, descritta nel paragrafo 7.3.4, può risultare spesso preferibile rispetto allo stabilire arbitrariamente dei costi per evento di stock-out B_1 o per unità di stock-out B_2, che spesso risultano di difficile quantificazione. I manager spesso trovano infatti più facile definire un livello target del valore medio del magazzino (scorte di sicurezza + scorte di ciclo) o delle scorte di sicurezza.

Una valutazione molto completa quando si vuole lavorare su dati aggregati può essere effettuata rappresentando la frontiera efficiente di una certa politica, attraverso la cosiddetta curva di equivalenza ('exchange curve'). La frontiera efficiente di una politica si costruisce andando a dimensionare la politica secondo un certo criterio, facendo variare il valore del parametro caratteristico relativo a quel criterio (B_1, B_2, B_3, P_1, P_2, *TBS*), e riportando sull'ascissa e sull'ordinata di un grafico i valori di due misure di performance aggregate tra di loro in contrasto, come ad esempio il valore di scorte in magazzino e le prestazioni in termini di stock-out.

Il concetto di frontiera efficiente è legato al principio di Pareto: da un punto appartenente a questa frontiera, il miglioramento di un indicatore di performance può essere ottenuto solo a costo del peggioramento dell'altro. I movimenti lungo la frontiera corrispondono alla variazione del valore del parametro caratteristico della politica dimensionata con un certo criterio, mentre un passaggio da una frontiera ad un'altra corrisponde a un cambiamento del criterio di dimensionamento della politica stessa.

ESEMPIO NUMERICO

Si considerino i tre item dell'esempio numerico riportato nel paragrafo 7.3.4.1. La Figura 55 mostra due curve di equivalenza, una relativa alla politica di minimizzazione dei costi totali imponendo un costo per evento di stock-out B_1 e l'altra imponendo un costo per unità di stock-out in percentuale al valore dell'item B_2. I parametri di performance tra di loro contrastanti sono il valore delle scorte di sicurezza in magazzino (riportato sulle ascisse) e il numero atteso totale di eventi di stock-out all'anno (riportato sulle ordinate).

Per costruire le curve si procede in questo modo: si ipotizza un valore di B_1, e si dimensiona la politica conseguentemente. Si calcolano i parametri di performance scelti e si riporta il punto sul piano. Ciò corrisponde a quanto già fatto in parte nell'eseguire l'Iterazione 1 dell'esempio numerico del paragrafo 7.3.4.1.

Infatti, ipotizzato un valore di B_1 = 100 € abbiamo ottenuto:

$$k_1 = 2,45; \quad k_2 = 1,74; \quad k_3 = 2,17$$

Avendo i valori dei k, abbiamo già calcolato il valore delle scorte di sicurezza totali:

$$\sum_{i=1}^{n} k_i \sigma_{Li} v_i = 1072,2€$$

e possiamo calcolare il numero atteso di eventi di stock-out in un anno:

$$\sum_{i=1}^{n} \frac{D_i}{Q_i} P_u(k_i) - \frac{D_1}{Q_1} P_u(k_1) + \frac{D_2}{Q_2} P_u(k_2) + \frac{D_3}{Q_3} P_u(k_3) = 0,28733 \text{ eventi di s.o./anno}$$

Il punto di coordinate (1072,2; 0,28733) non è che uno dei punti della frontiera efficiente della politica di minimizzazione dei costi totali assegnando un costo per evento di s.o. pari a B_1 (politica indicata in legenda nel grafico semplicemente con B1). Facendo variare il valore di B_1 e ripetendo il procedimento si può costruire per punti la curva riportata in Figura 55.

Poiché abbiamo visto che minimizzare i costi totali considerando un costo per evento di stock-out B_1, imponendo un certo valore delle scorte di sicurezza, porta alla minimizzazione del numero di eventi di stock-out all'anno (paragrafo 7.3.4.1), ci aspettiamo che la frontiera efficiente di tale politica 'domini' (ovvero sia sempre al di sotto) quella di qualsiasi altra politica se il parametro di performance è proprio il numero di eventi di s.o. all'anno.

Questo può essere verificato disegnando nello stesso grafico la frontiera efficiente della politica che minimizza i costi totali considerando un costo B_2 per unità di stock-out in percentuale al valore dell'item (politica indicata in legenda nel grafico semplicemente con B2). La curva B2 si ottiene in maniera del tutto analoga: si ipotizza un valore di B_2, e si dimensiona la politica conseguentemente. Si calcolano i parametri di performance scelti e si riporta il punto sul piano. Ciò corrisponde a quanto già fatto in parte nell'eseguire l'Iterazione 1 dell'esempio numerico del paragrafo 7.3.4.2.

Infatti, ipotizzato un valore di B_2 = 1 abbiamo ottenuto:

$k_1 = 1{,}97; \quad k_2 = 1{,}94; \quad k_3 = 1{,}91$

Avendo i valori dei k, abbiamo già calcolato il valore delle scorte di sicurezza totali:

$$\sum_{i=1}^{n} k_i \sigma_{Li} v_i = 1065{,}5€$$

e possiamo calcolare il numero atteso di eventi di stock-out in un anno:

$$\sum_{i=1}^{n} \frac{D_i}{Q_i} P_u(k_i) = \frac{D_1}{Q_1} P_u(k_1) + \frac{D_2}{Q_2} P_u(k_2) + \frac{D_3}{Q_3} P_u(k_3) = 0{,}36 \text{ eventi di s.o./anno}$$

Il punto di coordinate (1065,5; 0,36) è uno dei punti della frontiera efficiente della politica, che può essere disegnata per punti facendo variando il valore di B_2 e ripetendo il procedimento.

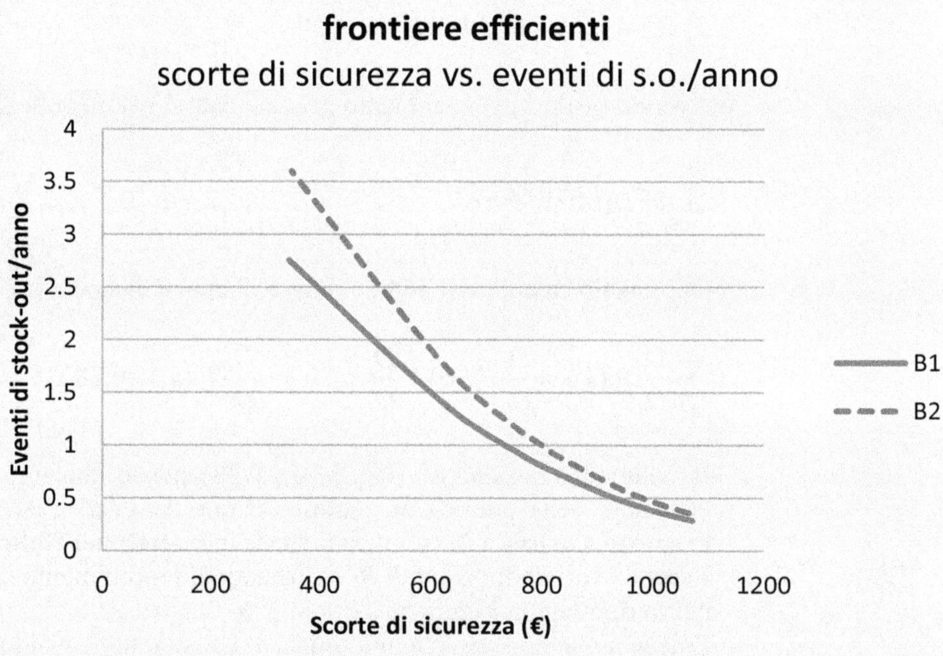

Figura 55. Curve di equivalenza scorte di sicurezza vs. eventi di stock-out

La frontiera efficiente di una politica può essere costruita in maniera del tutto analoga utilizzando ad altre misure di performance, come ad esempio il valore totale delle unità di stock-out in un anno (Figura 56). In questo caso, come ci aspettiamo, sarà la politica B2 a dominare qualsiasi altra politica, visto che per un dato valore di scorte di sicurezza, minimizzare i costi totali assegnando un costo B_2 per unità di s.o. equivale proprio a minimizzare il valore atteso delle unità di stock-out, come dimostrato nel paragrafo 7.3.4.2.

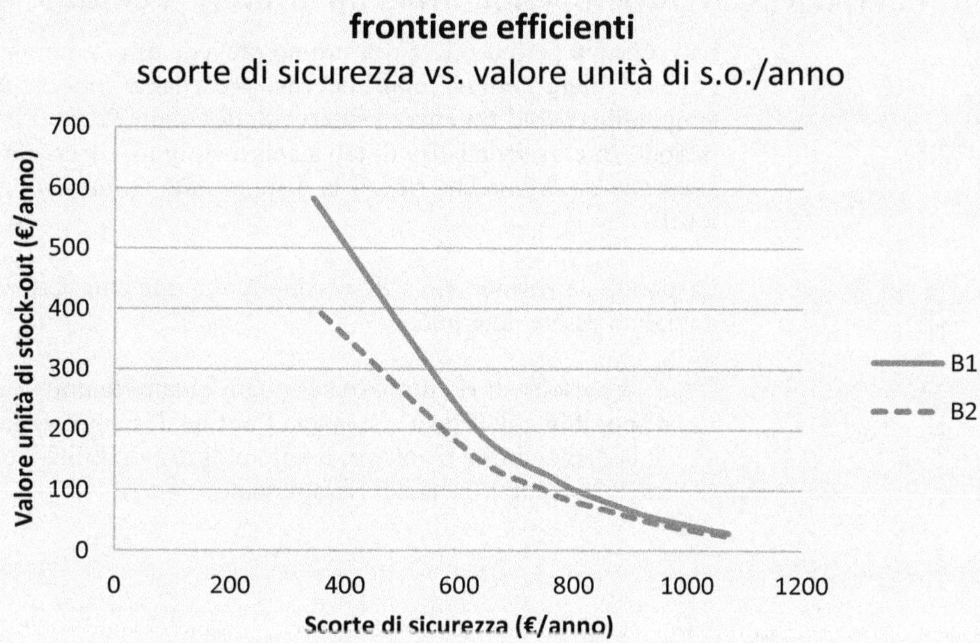

Figura 56. Curve di equivalenza scorte di sicurezza vs. valore unità di stock-out.

La costruzione della frontiera efficiente di una politica su dati aggregati, per quanto operazione abbastanza laboriosa, risulta tra le più utili per i manager, che possono valutare il trade-off tra le due grandezze in contrasto in un range molto ampio, e decidere il punto più favorevole tenendo contemporaneamente in considerazione i fattori di costo e di performance.

7.4 POLITICA (*R, S*) (review period, order up to level) - PERIODIC REVIEW

La politica a periodo fisso di riordino prevede di monitorare la disponibilità dell'item non in maniera continua, come nel caso precedente, ma solo in corrispondenza di istanti temporali seperati tra loro da intervallo di tempo *R*, detto periodo di riordino (review period). In corrispondenza di tali stanti temporali, osservata la disponibilità dell'item, si esegue un ordine che riporti la disponibilità ad un livello obiettivo, *S* (order up-to level).

La politica a periodo fisso di riordino è dunque caratterizzata da due parametri, che dovranno essere determinati:

- *R*: il periodo di riordino, ovvero ogni quanto tempo si va a osservare il valore di disponibilità dell'item e si lancia l'ordine di riempimento.
- *S*: la disponibilità obiettivo, il valore di disponibilità a cui riportare l'item quando viene lanciato l'ordine di riempimento.

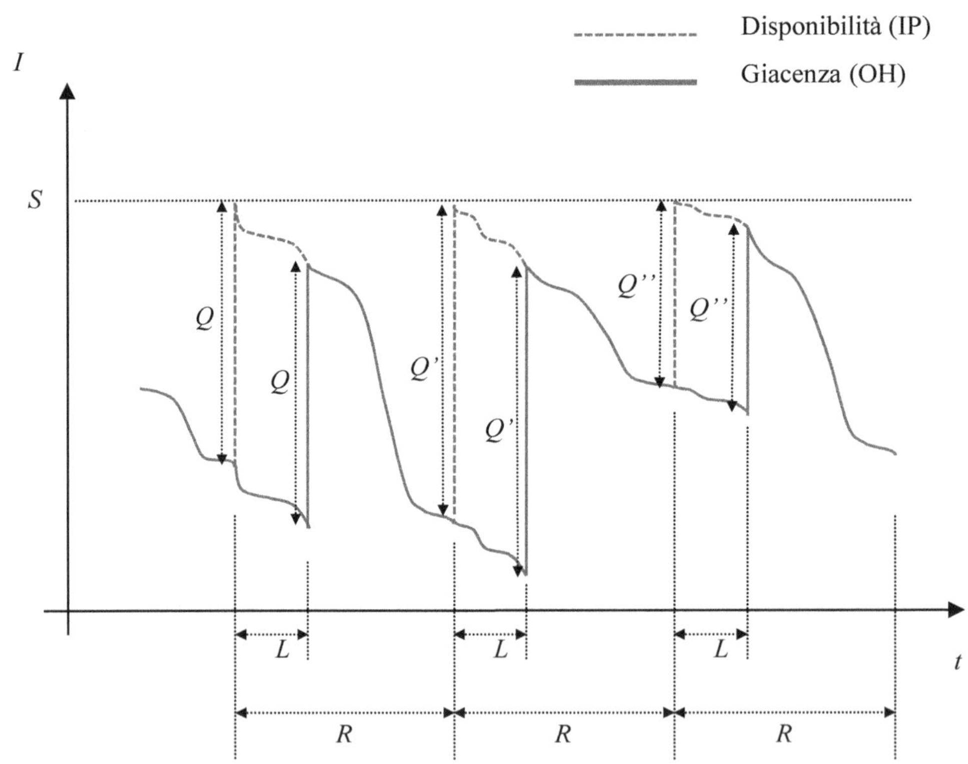

Figura 57. Disponibilità e giacenza in una politica (*R*,*S*)

La Figura 57 mostra l'andamento di disponibilità e giacenza di un item gestito con una politica a periodo fisso di riordino. Si nota come l'ordine venga lanciato ogni *R* unità di tempo, e che la grandezza dell'ordine sia variabile, perché variabile è la distanza tra la disponibilità corrente dell'item e la disponibilità obiettivo *S*.
Come si può osservare confrontando la Figura 57 con la Figura 44, mentre nella politica (*s*,*Q*) le quantità ordinate sono sempre uguali ed i cicli di riempimento possono avere durate diverse, nella politica (*R*,*S*) le cose si invertono: le quantità ordinate variano, mentre i cicli di riempimento hanno sempre la stessa durata.

Un punto molto importante è che, per evitare di andare in stock-out, il valore di disponibilità obiettivo S, a cui si riporta l'item ogni volta che si lancia un ordine, deve coprire la domanda che si verifica in un intervallo di tempo di durata pari a $R+L$. In questo caso dunque avremo che nel dimensionare S dovremo tenere conto della **domanda che si verifica durante tutto il review period e il lead time**. Ecco dunque perché le grandezze di fondamentale importanza in questa politica sono:

- la somma del review period e del lead time di approvvigionamento, $R+L$, che rappresenta appunto il *periodo di incertezza* durante il quale bisogna far fronte alla domanda con le sole scorte a disposizione all'inizio del periodo, che sono pari a S;
- la domanda durante $R+L$, domanda che è una variabile aleatorea definita tramite la sua funzione densità probabilità $f_{R+L}(x)$, e avente valor medio $\hat{x}_{R+L}$ e deviazione standard σ_{R+L}.

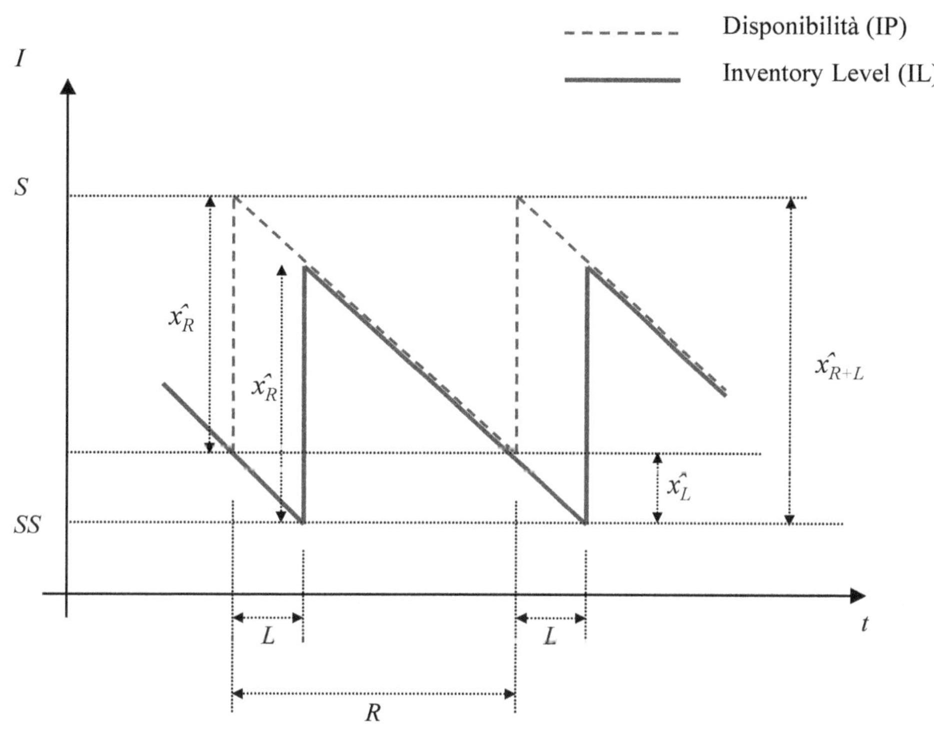

Figura 58. Andamento medio di IP e IL in una politica (R, S)

7.4.1 Punti di forza e di debolezza

I punti di forza e di debolezza della politica (R,S) sono speculari a quelli della politica (s,Q). Innanzi tutto si evidenzia il minor costo di implementazione di tale politica. Potendo controllare l'inventario del magazzino a intervalli prefissati e non in maniera continua, la politica può essere implementata anche senza l'ausilio di tecnologie che consentono il monitoraggio in tempo reale.

La regolarità con cui vengono lanciati gli ordini permette inoltre ai fornitori di organizzare in anticipo le spedizioni, potendo garantire dunque lead time più brevi e/o costi di lancio ordine minori. Inoltre, nel caso di diversi item ordinati presso uno stesso fornitore, scegliendo un intervallo di riordino R comune a più articoli è possibile

aggregare più item in uno stesso ordine, favorendo la diminuzione dei costi di trasporto (e quindi di riempimento).
Il principale punto di debolezza della politica (R,S) sta invece nell'elevato periodo di incertezza che deve essere coperto al momento del lancio dell'ordine. Tale periodo, come detto, passa dal solo lead time L (nel caso di una politica a punto fisso) a $R+L$. Questa maggiore incertezza rende necessario predisporre delle scorte di sicurezza più elevate, con conseguente aumento dei costi di mantenimento a scorta.

7.4.2 Grandezze caratteristiche

Scorte di sicurezza, *SS*: sono pari al valore atteso delle scorte appena prima dell'arrivo di un ordine. Per calcolarle eseguiremo il valor medio della variabile $(S - x)$, con x domanda durante $R+L$:

$$SS = \int_0^\infty (S - x) \cdot f_{R+L}(x) \cdot dx = S - \hat{x}_{R+L} \qquad (7.52)$$

Le scorte di sicurezza sono dunque quel 'cuscino' che rimane sottraendo dalla disponibilità obiettivo, S, il valor medio della domanda durante $R+L$.

Coefficiente di sicurezza *k* ('saftey factor'). L'espressione delle scorte di sicurezza viene vista come il prodotto tra il coefficiente di sicurezza k e la deviazione standard della domanda durante $R+L$:

$$SS = k \cdot \sigma_{R+L} \qquad (7.53)$$

Valore atteso delle giacenze medie: L'andamento medio delle giacenze è a dente di sega, analogo a quello della politica (s,Q). La quantità ordinata in questo caso varierà di ciclo in ciclo come detto, ma mediamente sarà pari a DR. Il valore atteso delle giacenze medie è quindi pari a:

$$E(OH) = \frac{D \cdot R}{2} + SS = \frac{D \cdot R}{2} + k\sigma_{R+L} \qquad (7.54)$$

Numero di riempimenti atteso in un anno: non sarà altro che l'inverso del periodo di riordino:

$$N = \frac{1}{R} \qquad (7.55)$$

Probabilità di andare in stock-out in un ciclo di riempimento: è la probabilità che la domanda durante $R+L$ sia maggiore della disponibilità obiettivo S. Conoscendo la funzione densità di probabilità della domanda durante $R+L$, $f_{R+L}(x)$, può essere calcolata come:

$$prob\{x \geq S\} = \int_S^\infty f_{R+L}(x) \cdot dx \qquad (7.56)$$

Se si assume distribuzione normale della domanda durante $R+L$, con densità di probabilità $f_{R+L}(x)$, si avrà che:

$$prob\{x \geq \hat{x}_{R+L} + k\sigma_{R+L}\} = \int_{\hat{x}_{R+L}+k\sigma_{R+L}}^{\infty} f_{R+L}(x) \cdot dx =$$

$$= \int_{\hat{x}_{R+L}+k\sigma_{R+L}}^{\infty} \frac{1}{\sigma_{R+L}\sqrt{2\pi}} e^{-\frac{(x-\hat{x}_{R+L})^2}{2\sigma_{R+L}^2}} \cdot dx$$

sostituendo: $u = (x - \hat{x}_{R+L}) / \sigma_{R+L}$

$$prob\{x \geq \hat{x} + k\sigma_{R+L}\} = \int_{k}^{\infty} \frac{1}{\sqrt{2\pi}} e^{-\frac{u^2}{2}} \cdot du = P_u(k) \qquad (7.57)$$

Numero atteso di stock out per ciclo di riempimento: è il valor atteso della quantità $(x - S)$, cioè di quanto la domanda durante $R+L$ eccede la disponibilità obiettivo S. I valori assumibili da x, per cui si verifica uno stock-out, sono naturalmente solo quelli maggiori di S.

$$ESPRC = \int_{S}^{\infty} (x - S) \cdot f_{R+L}(x) \cdot dx \qquad (7.58)$$

Se si assume distribuzione normale della domanda durante $R+L$, con densità di probabilità $f_{R+L}(x)$, si avrà che:

$$ESPRC = \int_{\hat{x}_{R+L}+k\sigma_{R+L}}^{\infty} (x - \hat{x}_{R+L} - k\sigma_{R+L}) \cdot f_{R+L}(x) \cdot dx =$$

$$= \int_{\hat{x}_{R+L}+k\sigma_{R+L}}^{\infty} (x - \hat{x}_{R+L} - k\sigma_{R+L}) \cdot \frac{1}{\sigma_{R+L}\sqrt{2\pi}} e^{-\frac{(x-\hat{x}_{R+L})^2}{2\sigma_{R+L}^2}} \cdot dx$$

sostituendo: $u = (x - \hat{x}_{R+L}) / \sigma_{R+L}$

$$ESPRC = \sigma_{R+L} \int_{k}^{\infty} (u - k) \cdot \frac{1}{\sqrt{2\pi}} e^{-\frac{u^2}{2}} \cdot du = \sigma_{R+L} G_u(k) \qquad (7.59)$$

7.4.3 Formule di equivalenza fra politica (*R*,*S*) e politica (*s*,*Q*)

Ai fini dello sviluppo delle formule di dimensionamento per la politica a periodo fisso di riordino, è importante notare come esista una analogia tra la politica (R,S) e la politica (s,Q). In particolare le due politiche risultano equivalenti operando le seguenti trasformazioni:

(s,Q)	(R,S)
s	S
Q	DR
L	$R+L$

Ciò risulta chiaro dal confronto fra le equazioni (7.1)-(7.8), che esprimono le grandezze caratteristiche della politica (s,Q), con le analoghe equazioni (7.52)-(7.59) sviluppate per la politica (R,S).

7.4.4 Dimensionamento della politica (R, S)

Dimensionare una politica di gestione a periodo fisso di riordino significa determinare i valori dei suoi due parametri caratteristici, ovvero del periodo di riordino R e della disponibilità obiettivo S.

Dati in ingresso:

- $f(x)$, Densità di probabilità della domanda in un certo intervallo di tempo (tipicamente l'anno), ipotizzata Gaussiana con valor medio $\hat{x}$ e deviazione standard σ.
- L = Durata del Lead Time
- A = Costo di lancio ordine
- r = Tasso di mantenimento a scorta
- v = Valore dell'articolo

In analogia a quanto fatto per la politica (s, Q) prenderemo in esame una metodologia di dimensionamento *sequenziale* (vedi Figura 48), che prevede dapprima la determinazione del periodo di riordino R, e successivamente la determinazione della disponibilità obiettivo S. Anche in questo caso questa metodologia introduce un errore di approssimazione, considerato accettabile, rispetto alla determinazione *simultanea* di R e S.

FASE1

Determinazione del periodo di riordino *R*

Considerando un singolo item, si può determinare il periodo di riordino ottimale analogamente a quanto fatto per determinare la quantità di riordino Q per la politica (s,Q). Ovvero, pur essendo la domanda una variabile aleatorea, possiamo utilizzare il modello del lotto economico di riordino, in cui invece che la quantità ottimale di riordino (EOQ) andremo a cercare il periodo ottimale di riordino (T_{EOQ}), espresso attraverso la (5.6):

$$R = T_{EOQ} = \frac{EOQ}{D} = \sqrt{\frac{2A}{Dvr}} \tag{7.60}$$

Il periodo di riordino viene dunque determinato considerando la domanda come deterministica e costante, assumendo come valore di domanda il valor medio della domanda stessa.

Molto spesso il periodo di riordino R può essere imposto esternamente e comunque non coincidere con il periodo ottimale calcolato tramite la (5.6). Basti pensare che nel caso di una moltitudine di item, ogni item avrebbe un periodo di riordino diverso, e questo impedirebbe di beneficiare di uno dei principali vantaggi della politica (R,S), che è quello dell'accorpamento di più ordini verso uno stesso fornitore con la conseguente condivsione del costo A del singolo riempimento (si rimanda alla sezione 7.4.5 per approfondimenti in proposito).

FASE2

Determinazione della disponibilità obiettivo *S*

Come si vede dalla Figura 58, la disponibilità obiettivo può essere vista come la somma delle scorte di sicurezza e del valore atteso della domanda durante (R+L):

$$S = \hat{x}_{R+L} + SS = D \cdot (R + L) + k \cdot \sigma_{R+L} \qquad (7.61)$$

Anche in questo caso è chiara l'equivalenza tra il determinare la disponibilità obiettivo, le scorte di sicurezza e il coefficiente di sicurezza k, in quanto le tre grandezze sono legate tra di loro da parametri noti, ovvero $\hat{x}_{R+L}$ e σ_{R+L}.

Tenendo conto delle formule di equivalenza descritte nel paragrafo 7.4.3, la determinazione del coefficiente di sicurezza k può essere fatta applicando gli stessi criteri descritti per la politica (s,Q). La Tabella 16 mostra uno schema riassuntivo delle formule ottenute sostituendo le espressioni di equivalenza nelle corrispondenti formule riportate in Tabella 2.

ESEMPIO NUMERICO

Supponiamo di voler gestire tramite una politica (R,S) l'item dell'esempio numerico del paragrafo 7.3.3.1. Adottiamo lo stesso criterio di dimensionamento, ovvero fissiamo un costo per evento di stock-out B_1 = 250 €, volendo minimizzare i costi totali.

D=450 pezzi/anno
A= 80 €/riempimento
v = 3 €
L = 3 mesi
σ_L = 50 pezzi
r = 24%/anno

FASE1. Calcoliamo innanzi tutto R utilizzando la formula del periodo ottimale di riordino in caso di domanda deterministica:

$$T_{EOQ} = \frac{EOQ}{D} = \sqrt{\frac{2A}{D \cdot vr}} = \sqrt{\frac{2 \cdot 80}{450 \cdot 3 \cdot 0,24}} = 0,70273 \text{ anni}$$

Supponiamo di avere come periodo di riferimento il mese, e voler ordinare dunque ogni un dato numero di mesi. Stabiliamo R come:

$$R = T_{EOQ} \cdot 12 = 0,70273 \cdot 12 = 8,4328 \approx 8 \text{ mesi}$$

FASE 2. Calcoliamo la deviazione standard della domanda durante R+L:

$$\sigma_{R+L} = \sqrt{\frac{11}{3}}\sigma_L = \sqrt{\frac{11}{3}}50 = 95,743 \text{ pezzi}$$

Posso calcolare ora k attraverso:

$$k = \sqrt{2\ln\frac{B_1}{\sqrt{2\pi}Rv\sigma_{R+L}r}} = \sqrt{2\ln\frac{250}{\sqrt{2\pi}(8/12) \cdot 3 \cdot 95,743 \cdot 0,24}} = 1,2449$$

La disponibilità obiettivo sarà pari a:

$$S = k \cdot \sigma_{R+L} + D(R+L) = 1,2449 \cdot 95,743 + 450 \cdot 11/12 = 531,68 \approx 532 \text{ pezzi}$$

$$SS = S - D(R+L) = 532 - 450 \cdot 11/12 = 119,5 \text{ pezzi}$$

$$ETRC(k) = C_r + C_m + C_s = A\frac{1}{R} + \left(\frac{D \cdot R}{2} + SS\right)vr + B_1\frac{1}{R}P_u(k)$$

$$= 80\frac{1}{(8/12)} + \left(\frac{450\cdot(8/12)}{2} + 119,5\right)3\cdot 0,24 + 250\frac{1}{8/12}\cdot 0,1075 = 354,35 \text{ €/anno}$$

Come ci si aspettava, a parità di tutti i parametri (costo del singolo riempimento, durata del lead time, etc.) i costi totali annui per gestire un singolo item risultano maggiori per la politica periodic review rispetto a quella continuous review. Questo è dovuto essenzialmente all'aumento di scorte di sicurezza richiesto per far fronte ad un periodo di incertezza più lungo. Ricordiamo però che la politica (*R*,*S*), oltre ad essere più facilmente realizzabile, può risultare particolarmente vantaggiosa nel caso di raggruppamento di più item in uno stesso ordine, che permette di condividere i costi di riempimento fra più item. Inoltre, adottando una polititca (*R*,*S*) il lead time di approvvigionamento L potrebbe essere più breve, ed il costo di setup A potrebbe essere minore. Si rimanda al paragrafo 7.4.1 per quanto riguarda i punti di forza di questa politica.

Minimizzazione dei costi totali (setup, mantenimento a scorta, stock-out)			
Parametro	descrizione	Valore ottimale di k	Costi di stock-out
B_1	Costo per evento di stock-out	$f_u(k) = \frac{Rv\sigma_{R+L}r}{B_1}$, $k = \sqrt{2\ln\frac{B_1}{\sqrt{2\pi}Rv\sigma_{R+L}r}}$	$B_1\frac{1}{R}P_u(k)$
B_2	Costo per unità di stock-out in % al valore dell'item	$P_u(k) = \frac{Rr}{B_2}$	$B_2v\frac{1}{R}\sigma_{R+L}G_u(k)$
B_3	Costo per unità e durata di stock-out in % al valore dell'item	$G_u(k) = \frac{D\cdot R}{\sigma_{R+L}}\left(\frac{r}{r+B_3}\right)$	$(r+B_3)vH_u(k)$
Soddisfacimento di un determinato livello di servizio			
Parametro	descrizione	Valore ottimale di k	Costi di stock-out
P_1	Probabilità di non andare in stock-out in un ciclo (Cycle Service Level)	$P_u(k) = 1 - P_1$	/
P_2	Percentuale di domanda soddisfatta (Fill Rate)	$G_u(k) = \frac{D\cdot R}{\sigma_{R+L}}(1-P_2)$ backorders $G_u(k) = \frac{D\cdot R}{\sigma_{R+L}}\frac{(1-P_2)}{P_2}$ lost sails	
TBS	Tempo medio tra due episodi di stock-out (Time Between Stock-out occasions)	$P_u(k) = \frac{R}{TBS}$	

Tabella 16. Formule di dimensionamento del fattore di sicurezza k nel caso di politica (R,S)

7.4.5 La scelta del periodo di riordino nel caso di più item

Nel caso della gestione di più item, uno dei punti di forza della politica periodic review è come detto la possibilità di condividere gli stessi costi di setup tra più item. Nasce quindi il problema della determinazione del periodo ottimale di riordino dei vari item, che non può dunque essere effettuata semplicemente determinando il periodo ottimale di riordino separatamente per i vari item, attraverso la (7.60). Questo porterebbe infatti ad avere istanti di riordino tutti differenti tra di loro, facendo così rinunciare al vantaggio della condivisione dei costi di riempimento.
Il caso più generale del modello prevede l'esistenza di due tipi di costi di setup:

- un costo di setup A fisso associato al lancio di un ordine, indipendente dalla varietà di item che vengono inclusi nell'ordine;
- un costo di setup a_i associato al singolo tipo di item i, che viene sostenuto solo se nel riempimento viene incluso quel tipo di item.

Vedremo come i vari modelli possono adattarsi al caso in cui i costi di setup a_i non siano presenti.

7.4.5.1 Riempimento contemporaneo di tutti gli item

Vediamo il caso in cui si sceglie un unico periodo di riordino comune a tutti gli item. Si tratta di eseguire la FASE 1 del dimensionamento della politica (*R,S*) per un certo numero di diversi tipi di item, in cui il periodo di riordino R sia lo stesso. Come già fatto nel caso del singolo item, adotteremo il modello dell'*EOQ* inserendo nel dato di domanda il valor medio della domanda dei vari item. Utilizziamo la seguente notazione:

D_i = valor medio della domanda annuale dell'item i [pezzi/anno]
r = tasso di mantenimento a scorta [€/€_anno]
v_i = valore dell'item i [€/pezzo]
A = costo di lancio ordine comune[€/riempimento]
a_i = costo di lancio ordine associato all'item i [€/riempimento]

Poiché gli item sono ordinati sempre insieme, il costo di lancio ordine complessivo sarà sempre uguale ad ($A+\Sigma_i a_i$), e sarà condiviso tra tutti gli item. Avremo dunque che i costi totali attesi di una politica (*R,S*) con R comune a tutti gli item sarà pari a:

$$ETRC(R) = C_r + C_m = \frac{A+\sum_i a_i}{R} + \sum_i \frac{D_i \cdot R}{2} v_i r \qquad (7.62)$$

Derivando questa espressione rispetto ad R ed eguagliando a zero otterremo:

$$\frac{dETRC(R)}{dR} = -\frac{A+\sum_i a_i}{R^2} + \sum_i \frac{D_i \cdot v_i}{2} r = 0$$

$$\Rightarrow R^* = \sqrt{\frac{2(A+\sum_i a_i)}{\sum_i D_i \cdot v_i r}} \qquad (7.63)$$

Nel caso in cui non siano presenti i costi specifici di setup a_i, la (7.63) si riduce a:

$$R^* = \sqrt{\frac{2A}{\sum_i D_i \cdot v_i r}} \quad (7.64)$$

L'adozione di un unico intervallo di riordino comune a tutti gli item non è sempre la soluzione ottimale, specialmente quando sono presenti i costi di setup specifici a_i e gli item hanno il rapporto D_i/v_i molto diverso tra di loro. Nei successivi paragrafi vedremo come assegnare ad ogni item o ad un gruppo di item uno specifico periodo di riordino.

ESEMPIO NUMERICO

Si considerino 4 item, che un distributore si procura da uno stesso fornitore, aventi le seguenti caratteristiche:

Item	domanda [pezzi/anno]	v_i [€/pezzo]	a_i [€/riempimento]
1	430	9	3
2	2100	13	3
3	210	4	3
4	3000	35	3

Si consideri un costo fisso di lancio ordine A = 25€. Quando un ordine è lanciato, il costo per inserire una tipologia di item all'interno dell'ordine è pari a 3€, lo stesso per tutti gli item. Si assuma un tasso di mantenimento a scorta r = 24%, e che l'anno sia composto da 52 settimane.

$$R^* = \sqrt{\frac{2 \cdot (25+4 \cdot 3)}{0,24 \cdot (430 \cdot 9 + 2100 \cdot 13 + 210 \cdot 4 + 3000 \cdot 35)}} = 0,047439 \text{ anni}$$

Assumendo 52 settimane in un anno:

$R^* = 0,047439 \cdot 52 = 2,4668 \approx 2$ settimane

La scelta di approssimare a multipli della settimana consente di avere i riordini sempre lo stesso giorno della settimana. Volendo è possibile approssimare il periodo di riordino anche su base giornaliera.

I costi totali attesi, utilizzando la (7.62), saranno pari a:

$$ETRC = \frac{25+4 \cdot 3}{2/52} + \frac{0,24 \cdot 2/52}{2}(430 \cdot 9 + 2100 \cdot 13 + 210 \cdot 4 + 3000 \cdot 35) =$$

=962+632,35=1594,3 €/anno

7.4.5.2 La politica 'powers of two'

In questa sezione viene presentata una politica, detta 'powers of two' (potenze di due) che consiste nel vincolare i valori assumibili dal periodo di riordino dei vari item. Detto t il generico intervallo base (ad esempio t = 1 settimana), questa politica prevede che il periodo di riordino R di un item possa assumere un valore che sia un multiplo della potenza di due dell'intervallo base:

$$R = 2^m \cdot t \qquad m = 0,1,2,... \quad (7.65)$$

Se ad esempio l'intervallo base è di una settimana, i periodi di riordino potranno assumere valori pari a 2^0 = 1 settimana, 2^1 = 2 settimane, 2^2 = 4 settimane, 2^3 = 8 settimane, e così via. Il vantaggio di una politica di questo tipo è che, anche se diversi

item hanno valori differenti di R, che però rispettano la (7.65), si verificheranno spesso situazioni in cui è possibile raggruppare in un singolo ordine più item. Si considerino ad esempio due item, uno che viene ordinato ogni quattro settimane, e l'altro ogni otto settimane. E' possibile sincronizzare gli ordini in modo che ogni otto settimane i due item vengano ordinati insieme, consentendo di condividere i costi di riempimento. Se invece ad esempio si scegliessero dei tempi di riordino pari a 5 e 7 settimane, questo sarebbe possibile solo ogni 35 settimane.
Naturalmente restringere i valori assumibili dal periodo di riordino a multipli delle potenze di due del periodo base potrebbe far rinunciare a scegliere il valore ottimale del periodo di riordino per il singolo item, T_{EOQ}, calcolabile attraverso la (7.60). E' però possibile dimostrare che il conseguente incremento di costi è tutto sommato limitato. Andiamo dunque a calcolare qual è l'aggravio di costi dovuto al restringere la scelta del periodo ottimale ai valori espressi dalla (7.65) rispetto al valore potenzialmente ottimale per il singolo item. Prendiamo come riferimento il modello con domanda deterministica e costante dell'*EOQ*, e quantifichiamo il rapporto tra i costi sostenuti scegliendo come quantità di riordino una quantità generica Q (diversa dall'*EOQ*) e l'*EOQ*. Attraverso la (5.3) e la (5.5) si ottiene che:

$$\frac{TRC(Q)}{TRC(EOQ)} = \frac{A(D/Q)+(Q/2)vr}{\sqrt{2ADvr}} = \frac{AD}{Q\sqrt{2ADvr}} + \frac{Qvr}{2\sqrt{2ADvr}} = \frac{\sqrt{AD}}{Q\sqrt{2vr}} + \frac{Q\sqrt{vr}}{2\sqrt{2AD}} =$$

$$= \frac{1}{2Q}\sqrt{\frac{2AD}{vr}} + \frac{Q}{2}\sqrt{\frac{vr}{2AD}} = \frac{1}{2}\left(\frac{EOQ}{Q} + \frac{Q}{EOQ}\right)$$

In maniera del tutto analoga, trasferendo il discorso dalle quantità ai periodi di riordino, poiché $T=Q/D$, avremo che l'incremento percentuale dei costi sostenuti scegliendo come periodo di riordino un generico periodo T e non il periodo T_{EOQ} sarà pari a:

$$\frac{TRC(T)}{TRC(T_{EOQ})} = \frac{1}{2}\left(\frac{T_{EOQ}}{T} + \frac{T}{T_{EOQ}}\right)$$

Supponiamo ora di voler adottare una politica powers of two, e di scegliere quindi il periodo di riordino il più vicino possibile a T_{EOQ}, ma nell'insieme di valori permessi dalla (7.65). Il periodo di riordino ottimale T_{EOQ} sarà sempre compreso tra due valori di R corrispondenti a due valori contigui di m, che indicheremo con k e $k+1$, per cui si ha che $2^k \cdot t < T_{EOQ} < 2^{k+1} \cdot t$. Se indichiamo con T il periodo di riordino corrispondente a k, quello corrispondente a $k+1$ varrà naturalmente $2T$. Quale sarà l'aggravio di costi scegliendo T o $2T$ come periodo di riordino invece di T_{EOQ}? Il caso peggiore è il caso in cui il costo relativo a T_{EOQ} si trovi equidistante da quelli relativi a T e a $2T$, ovvero quando:

$$\frac{TRC(T)}{TRC(T_{EOQ})} = \frac{TRC(2T)}{TRC(T_{EOQ})} \Leftrightarrow \frac{1}{2}\left(\frac{T_{EOQ}}{T} + \frac{T}{T_{EOQ}}\right) = \frac{1}{2}\left(\frac{T_{EOQ}}{2T} + \frac{2T}{T_{EOQ}}\right) \quad (7.66)$$

E' facile dimostrare[11] che la (7.66) è soddisfatta se e solo se:

$$\frac{T_{EOQ}}{T} = \frac{2T}{T_{EOQ}} = \sqrt{2}$$

e che quindi:

$$\frac{TRC(T)}{TRC(T_{EOQ})} = \frac{TRC(2T)}{TRC(T_{EOQ})} = \frac{1}{2}\left(\frac{1}{\sqrt{2}} + \sqrt{2}\right) = 1{,}06 \qquad (7.67)$$

La (7.67) dimostra che, dato un certo intervallo base t, il massimo incremento di costi che si può avere adottando una politica powers of two è pari al 6%. Inoltre, questo limitato incremento è compensato dal fatto che in realtà, nel caso di più item, sarà possibile spesso raggruppare più item in un singolo ordine, condividendo così i costi di setup e potendo quindi contenere i costi di riempimento.

7.4.5.3 L'euristica di Silver

Nel paragrafo precedente abbiamo illustrato come sia possibile adottare una politica powers of two per far sì che più item condividano spesso il costo di riempimento. Si sceglie cioè come periodo di riordino di un item il valore R più vicino a quello ottimale per il singolo item, T_{EOQ}, restringendo però il campo di valori assumibili a multipli della potenza di due del periodo base.
Il problema però consiste nel calcolare accuratamente quale è il valore vero di T_{EOQ} per i singoli item. Infatti, prendendo il generico item i, se il periodo ottimale T_{EOQi} venisse calcolato usando la (7.60), sarebbe come se l'intero costo di setup A fosse ascrivibile al solo item i. Visto però che poi, grazie all'adozione ad esempio di una politica powers of two, spesso i costi di riempimento saranno condivisi fra più item, si sta in realtà sovrastimando il costo di setup A per il singolo item, e di conseguenza il periodo ottimale di riordino dell'item i. Il problema è difficilmente risolvibile in maniera ottimale, perché è difficile stimare quali e quanti item condivideranno un riempimento, e con che frequenza lo faranno, *prima* di determinare il periodo ottimale di riordino per il singolo item.
Silver ha proposto un'euristica la cui idea di base è la seguente. Si individua l'item che andrebbe ordinato più frequentemente se fosse da solo, e si cerca di ordinare gli altri item ad intervalli che siano multipli di quello dell'item ordinato più spesso.
Di seguito si descrive il procedimento:

1. Calcolare quale item verrebbe ordinato più frequentemente nel caso in cui tutti gli item siano ordinati indipendetemente l'uno dall'altro. In questo caso utilizzeremmo la formula del periodo ottimale di riordino, considerando un costo totale di setup pari a $A+a_i$:

$$T_i = \sqrt{\frac{2\cdot(A+a_i)}{v_i\cdot r\cdot D_i}} \qquad (7.68)$$

[11] Si ponga ad esempio $a = T_{EOQ}/T$ nella (7.66) e si risolva l'equazione di secondo grado in a.

Si supponga ora che i^* sia l'item con frequenza di riordino maggiore, ovvero che $T_{i^*} < T_i \quad \forall\ i \neq i^*$.

2. Calcolare la frequenza ottimale per gli altri item considerando di sostenere solo i costi di lancio ordine specifici a_i.

$$\overline{T}_i = \sqrt{\frac{2 \cdot a_i}{v_i \cdot r \cdot D_i}}, \quad \text{con } i \neq i^* \tag{7.69}$$

3. Lo scopo è quello di capire, avendo già visto che l'item i^* è quello che verrà riordinato più spesso, ogni quanti riempimenti dell'item i^* includere gli altri item nell'ordine. Per fare questo calcoliamo i rapporti:

$$m_i = \frac{\overline{T}_i}{T_{i^*}} \quad \text{con } i \neq i^* \tag{7.70}$$

Il valore dei rapporti può essere approssimato all'intero più vicino (maggiore di zero), o ad un multiplo delle potenze di due se si decide di adottare la politica 'powers of two'. Il valore del rapporto m_i indica proprio ogni quanti ordini dell'item i^* si debba includere nell'ordine anche l'item i. Naturalmente $m_{i^*}=1$.

4. Ricalcolare il periodo di riordino ottimale dell'item i^* sulla base dell'informazione acquisita al punto 3, ovvero sapendo ogni quanti ordini di i^* vengono inclusi anche gli altri item. Considerando che i periodi di riordino di ogni item saranno pari a $R_i = m_i T_{i^*}$, i costi totali della politica saranno pari a:

$$ETRC(T_{i^*}) = \frac{A}{T_{i^*}} + \sum_i \frac{a_i}{m_i T_{i^*}} + \sum_i \frac{D_i m_i T_{i^*}}{2} v_i r \tag{7.71}$$

Derivando rispetto a T_{i^*} ed eguagliando a zero si ottiene:

$$T_{i^*} = R_{base} = \sqrt{\frac{2\left(A + \sum_i a_i / m_i\right)}{\sum_i D_i m_i v_i r}} \tag{7.72}$$

5. I periodi di riordino per i diversi item saranno quindi pari a $R_i = m_i \cdot R_{base}$.

Si noti che nel caso in cui non siano presenti i costi specifici di setup a_i il problema si riduce a quello del paragrafo precedente, in cui tutti gli item hanno un comune periodo di riordino. Infatti osservando la (7.69), per valori piccoli di a_i, al limite nulli, saranno molto piccoli anche i corrispondenti valori di $\overline{T}_i$, e conseguentemente i corrispondenti valori di m_i che, approssimati all'intero più vicino maggiore di zero saranno in sostanza tutti uguali a 1. Questo significa appunto ordinare tutti gli item contemporaneamente.

ESEMPIO NUMERICO

Si considerino gli stessi 4 item dell'esempio numerico del precedente paragrafo. Applichiamo in questo caso l'euristica appena descritta.

1. Calcoliamo i vari periodi ottimali di riordino dei vari item se fossero ordinati da soli, considerando quindi per ciascuno un costo di lancio ordine pari ad $A+a_i$:

$$T_1 = \sqrt{\frac{2\cdot(25+3)}{9\cdot 0,24\cdot 430}} = 0,245546 \text{ anni}$$

T_2=0,092450 anni
T_3=0,527046 anni
T_4=0,047140 anni
L'item ordinato più frequentemente è l'item 4.

2. Calcoliamo i periodi di riordino degli altri item (1, 2 e 3) considerando solo i costi di lancio ordine specifici:

$$T_1 = \sqrt{\frac{2\cdot 3}{9\cdot 0,24\cdot 430}} = 0,080374 \text{ anni}$$

T_2 = 0,030261 anni
T_3 = 0,017252 anni

3. Ora stabiliamo ogni quanti ordini dell'item 4 debbano essere inclusi anche gli item 1,2 e 3:

m_1 = 0,080374/0,047140 = 1,70498 ≈ 2
m_2 = 0,030261/0,047140 = 0,64194 ≈ 1
m_3 = 0,017252 /0,047140 = 3,6596 ≈ 4
Naturalmente sarà m_4 = 1

4. Ricalcoliamo il periodo di riordino ottimale dell'item 4 utilizzando i valori degli m_i calcolati al punto precedente:

$$R_{base} = \sqrt{\frac{2}{0,24}\left(\frac{25+3/2}{430\cdot 2\cdot 9}+\frac{25+3/1}{2100\cdot 1\cdot 13}+\frac{25+3/4}{210\cdot 4\cdot 4}+\frac{25+3/1}{3000\cdot 1\cdot 35}\right)} = 0,043957 \text{ anni}$$

Considerando 52 settimane in un anno avremo:
R_{base} = 0,043957 · 52 = 2,28 settimane ≈ 2 settimane
La scelta di approssimare a multipli della settimana consente di avere i riordini lo stesso giorno della settimana. Volendo è possibile approssimare il periodo di riordino anche su base giornaliera.

5. Avremo dunque i seguenti periodi di riordino per i 4 item:

R_1=2·2 = 4 settimane
R_2=1·2 = 2 settimane
R_3=4·2 = 8 settimane
R_4=1·2 = 2 settimane
Volendo calcolare i costi totali attesi avremo:

$$ETRC = \frac{A}{T_{i*}} + \sum_i \frac{a_i}{m_i T_{i*}} + \sum_i \frac{D_i m_i T_{i*}}{2} v_i r = \frac{25}{2/52} + \frac{3}{52}\cdot\left(\frac{1}{4}+\frac{1}{2}+\frac{1}{8}+\frac{1}{2}\right) +$$

$$+\frac{0,24}{2}\left(430\cdot 4\cdot 9+2100\cdot 2\cdot 13+210\cdot 8\cdot 4+3000\cdot 2\cdot 35\right)=220,5+661,85$$

=882,35 €/anno

Come si può osservare, i costi totali attesi sono notevolmente inferiore rispetto al caso in cui tutti gli item sono ordinati con la stessa frequenza.
Definiti i periodi di riordino R per i 4 articoli, potremo dimensionare la politica (R,S) procedendo alla FASE 2, ovvero alla determinazione della disponibilità obiettivo, come descritto nella sezione 7.4.4.

7.4.5.4 L'euristica di Atkins e Iyogun.

Atkins e Iyogun hanno proposto un'euristica alternativa, la cui idea di base è la seguente. Visto che il costo fisso di setup A sarà condiviso fra più tipologie di item, il costo di setup complessivo ascrivibile al singolo tipo di item i sarà pari a $(\alpha_i \cdot A + a_i)$, dove α_i, numero reale compreso tra 0 e 1, sarà la frazione del costo fisso A ascritto all'item i. Il periodo di riordino ottimale dell'item i sarebbe dunque pari a:

$$T_{EOQi} = \sqrt{\frac{2 \cdot (\alpha_i \cdot A + a_i)}{v_i \cdot r \cdot D_i}} \qquad (7.73)$$

Rimangono a questo punto da determinare i valori di α_i per i vari item.
Atkins e Iyogun propongono il seguente metodo:

1. Iniziare assumendo $\alpha_i = 0$ per ogni item, e calcolare quindi:

$$T_{EOQi} = \sqrt{\frac{2 \cdot a_i}{v_i \cdot r \cdot D_i}}$$

2. Ordinare i T_{EOQi} così trovati in ordine crescente. Si supponga di rinumerare gli item i in modo tale che:

$$T_{EOQ1} < T_{EOQ2} < T_{EOQ3} < \ldots < T_{EOQn}$$

   Cominciare ad ascrivere parte del costo di setup fisso A all'item con il periodo di riordino più piccolo, ovvero all'item 1, facendo dunque aumentare α_1. Dalla (7.73) si vede come questo comporterà un aumento di T_{EOQ1}. Incrementare il valore di α_1 fino a quando il valore di T_{EOQ1} diventa uguale al secondo più piccolo, ovvero T_{EOQ2}.
3. A questo punto aumentare contemporaneamente i valori di α_1 e α_2 finché i valori di T_{EOQ1} e T_{EOQ2} non raggiungono T_{EOQ3}.
4. La procedura continua così finché l'intero costo di setup fisso A non viene totalmente allocato, ovvero fino a quando:

$$\sum_i \alpha_i = 1 \qquad (7.74)$$

5. Quando tutto il costo fisso di setup A è stato allocato, gli item per cui $\alpha_i > 0$ saranno ordinati insieme, con periodo di riordino pari a quello corrispondente al verificarsi della condizione (7.74). Tale periodo di riordino sarà il periodo base. E' comunque possibile che la condizione (7.74) sia raggiunta quando ancora ci sono degli item per cui $\alpha_i = 0$, ai quali ovvero non è stato allocata alcuna parte del costo fisso di setup A. Questi item non saranno ordinati ogni

periodo, ed il periodo di riordino sarà quello calcolato al punto 1, approssimato però ad un multiplo del periodo base, o meglio ancora approssimato ad un multiplo delle potenze di due del periodo base (politica powers of two).

ESEMPIO NUMERICO

Si considerino gli stessi 4 item dell'esempio numerico del precedente paragrafo. Applichiamo in questo caso l'euristica appena descritta.

1. Calcoliamo i vari periodi ottimali di riordino non considerando il costo fisso di setup A:

$$T_{EOQ1} = \sqrt{\frac{2 \cdot 3}{9 \cdot 0,24 \cdot 430}} = 0,080374 \text{ anni} = 4,019 \text{ settimane}$$

T_{EOQ2} = 0,030261 anni = 1,5131 settimane
T_{EOQ3} = 0,17252 anni = 8,626 settimane
T_{EOQ4} = 0,015430 anni = 0,7715 settimane

2. Si ha dunque che $T_{EOQ4} < T_{EOQ2} < T_{EOQ1} < T_{EOQ3}$. Cominciamo dunque ad aumentare α_4 fino a quando il periodo di riempimento T_{EOQ4}, calcolato attraverso la (7.73), non diventi pari a T_{EOQ2}. Invertendo la (7.73) rispetto ad α_i si ottiene:

$$\alpha_i = \frac{T_i^2 r_i v_i D_i}{2A} - \frac{a_i}{A} \tag{7.75}$$

per cui è possibile calcolare il valore di α_4 per cui si avrebbe che $T_{EOQ4} = T_{EOQ2}$:

$$\alpha_4 = \frac{T_{EOQ2}^2 r\, v_4 D_4}{2A} - \frac{a_4}{A} = \frac{0,030261^2 \cdot 0,24 \cdot 35 \cdot 3000}{2 \cdot 25} - \frac{3}{25} = 0,34153$$

La condizione (7.74) non è ancora verificata, visto che α_4 = 0,34153 mentre $\alpha_1 = \alpha_2 = \alpha_3 = 0$.

3. A questo punto aumentiamo contemporaneamente i valori di α_4 e α_2 fino a quando T_{EOQ4} e T_{EOQ2} non diventano pari a T_{EOQ1}. Sfruttando la (7.75):

$$\alpha_4 = \frac{T_{EOQ1}^2 r\, v_4 D_4}{2A} - \frac{a_4}{A} = \frac{0,080374^2 \cdot 0,24 \cdot 35 \cdot 3000}{2 \cdot 25} - \frac{3}{25} = 4,0699$$

$$\alpha_2 = \frac{T_{EOQ1}^2 r\, v_2 D_2}{2A} - \frac{a_2}{A} = \frac{0,080374^2 \cdot 0,24 \cdot 13 \cdot 2100}{2 \cdot 25} - \frac{3}{25} = 0,94717$$

Si vede che però in questo caso:

$$\sum_i \alpha_i = 0,947171 + 4,0699 > 1$$

Ciò significa aumentando α_4 e α_2 la loro somma raggiunge 1 prima che T_{EOQ4} e T_{EOQ2} raggiungano T_{EOQ1}. Il valore della somma uguale a 1 si ottiene per valori di α_4 = 0,88175 e α_2 = 0,11525. Questi due valori possono essere individuati iterativamente[12] andando a cercare per quale valore comune di T si ha che:

[12] La procedura è facilmente implementabile attraverso la funzione 'ricerca obiettivo' o 'risolutore' in un foglio di calcolo Microsfot Excel™.

$$\alpha_4 = \frac{T^2 r\, v_4 D_4}{2A} - \frac{a_4}{A},\ \alpha_2 = \frac{T^2 r\, v_2 D_2}{2A} - \frac{a_2}{A},\ \sum_i \alpha_i = 1$$

Il valore di T in questo esempio è pari a 0,040468 anni = 2,0234 settimane.

4. A questo punto abbiamo individuato il periodo base di riordino per gli item 2 e 4, che possiamo approssimare a 2,0234 = 2 settimane. Per gli item 1 e 3 (per i quali è ancora α_i=0) prenderemo dei periodi di riordino il più vicino possibili a quelli calcolati allo step 1, ma che siano multipli delle potenze di due del periodo base. In questo caso, essendo il periodo base 2 settimane, i valori possibili sono 2,4,8,16,... settimane. Prenderemo dunque per l'item 1, per cui si ha T_{EOQ1} = 4,019, un periodo di riordino di 4 settimane, e per l'item 3, che ha T_{EOQ3} = 8,626 settimane, un periodo di riordino di 8 settimane.

Come si vede, in questo caso l'euristica porta agli stessi risultati dell'euristica di Silver descritta nel precedente paragrafo.

7.4.5.5 La simulazione di più alternative

Un metodo più generale, che può essere applicato anche nel caso in cui siano presenti ad esempio sconti sulle quantità, è il seguente. Si considera un insieme di valori plausibili per *R* comune a tutti gli articoli, ad esempio 1, 2, 3 o 4 settimane. Per ciascuno di questi valori, si dimensiona la politica (*R*, *S*) ottimale per i vari item, come descritto nella sezione 7.4.4. Considerando che i costi di riempimento saranno condivisi tra tutti gli articoli, perché il periodo di riordino è comune a tutti, sarà possibile calcolare gli *ETRC*(*R*) nei vari scenari, e scegliere il periodo di riordino *R* che minimizza i costi totali attesi.

7.5 Variabilità del lead time di approvvigionamento

Nei modelli finora trattati la quantità chiave è la domanda durante il periodo di approvvigionamento, che è pari a L nelle politiche (s,Q) e pari a $R+L$ nelle politiche (R,S). La durata del lead time L è stata considerata costante e determinisitica.
Se la durata del lead time L non è invece nota con certezza, appare chiaro che sarà richiesto un incremento delle scorte di sicurezza (a parità di livello di servizio richiesto) al fine di proteggere da questo incremento di incertezza.
Si assuma che il lead time L e la domanda nell'unità di tempo D siano due variabili aleatorie indipendenti, e che $\mathrm{E}(L)$ e $\mathrm{V}(L)$ siano rispettivamente valor medio e varianza del lead time, e che $\mathrm{E}(D)$ e $\mathrm{V}(D)$ siano valor medio e varianza della domanda nell'unità di tempo.
Partiamo dal caso (s,Q), in cui la variabile di interesse è la domanda durante il periodo di approvvigionamento L.
Può essere dimostrato allora che il valore medio della domanda durante L è pari a:

$$\hat{x}_L = \mathrm{E}(L) \cdot \mathrm{E}(D) \tag{7.76}$$

e che la deviazione standard della domanda durante il lead time è pari a:

$$\sigma_L = \sqrt{\mathrm{E}(L)\mathrm{V}(D) + [\mathrm{E}(D)]^2 \mathrm{V}(L)} \tag{7.77}$$

Utilizzando la (7.76) e la (7.77) nella (7.10) si può determinare il valore di s.

Nel caso (R,S), la variabile di interesse è la domanda durante il periodo $R+L$. Il suo valore medio è in questo caso pari a:

$$\hat{x}_{R+L} = \mathrm{E}(R+L) \cdot \mathrm{E}(D) = [R + \mathrm{E}(L)] \cdot \mathrm{E}(D) \tag{7.78}$$

e la deviazione standard della domanda durante il periodo $R+L$ è pari a:

$$\begin{aligned}\sigma_{R+L} &= \sqrt{\mathrm{E}(R+L)\mathrm{V}(D) + [\mathrm{E}(D)]^2 \mathrm{V}(R+L)} = \\ &= \sqrt{[R+\mathrm{E}(L)]\mathrm{V}(D) + [\mathrm{E}(D)]^2 \mathrm{V}(L)}\end{aligned} \tag{7.79}$$

Utilizzando la (7.78) e la (7.79) nella (7.61) si può determinare il valore di S.

Box 7.2 Perché la (7.77) non è una formula simmetrica rispetto alle variabili aleatorie *L* e *D*?
Questo è dovuto fondamentalmente al fatto che la dimensione fisica della variabile D è [pezzi/tempo], e quella della variabile L è [tempo]. Infatti la varianza della variabile 'domanda durante il lead time' con lead time $\boldsymbol{L}$ e domanda $\boldsymbol{D}$ aleatori, che indicheremo con $\mathrm{V}(\boldsymbol{L}\cdot\boldsymbol{D})$, può essere vista come la varianza della somma di due variabili aleatorie. La prima, che indicheremo con $\mathrm{V}(L\cdot\boldsymbol{D})$, è la variabile 'domanda durante il lead time con lead time costante', considerando dunque il lead time L costante, e la domanda $\boldsymbol{D}$ invece aleatoria. La seconda, che indicheremo con $\mathrm{V}(\boldsymbol{L}\cdot D)$, è la variabile 'domanda durante il lead time con domanda costante', considerando quindi la domanda D costante e il lead time $\boldsymbol{L}$ aleatorio:

$$V(\boldsymbol{L}\cdot\boldsymbol{D}) = V(L\cdot\boldsymbol{D})+V(\boldsymbol{L}\cdot D) \quad (7.80)$$

La variabile aleatoria $L\cdot\boldsymbol{D}$, essendo L costante ed espresso in unità di tempo e D in pezzi nell'unità di tempo, non è altro che la variabile aleatoria 'domanda durante L', che può essere vista come 'somma di L volte la variabile aleatoria $\boldsymbol{D}$', la cui varianza sarà quindi L volte la varianza della variabile aleatoria $\boldsymbol{D}$. Si ha quindi $V(L\cdot\boldsymbol{D}) = L\cdot V(\boldsymbol{D})$.
Anche la variabile aleatoria $\boldsymbol{L}\cdot D$ rappresenta la 'domanda durante L' ma stavolta nel caso in cui è D ad essere costante ed $\boldsymbol{L}$ ad essere variabile aleatoria. In questo caso però, come evidente dall'analisi dimensionale, non possiamo vedere la variabile aleatoria $\boldsymbol{L}\cdot D$ come la somma di D volte la variabile aleatoria $\boldsymbol{L}$. Il prodotto $\boldsymbol{L}\cdot D$ è invece in questo caso il prodotto tra una variabile aleatoria $\boldsymbol{L}$ e una costante D, e per le note proprietà dell'operatore varianza sarà dunque $V(\boldsymbol{L}\cdot D) = D^2\cdot V(\boldsymbol{L})$.
Si ottiene in definitiva:

$$V(\boldsymbol{L}\cdot\boldsymbol{D}) = V(L\cdot\boldsymbol{D})+V(\boldsymbol{L}\cdot D)= L\cdot V(\boldsymbol{D}) + D^2\cdot V(\boldsymbol{L}) \quad (7.81)$$

che è quanto espresso dalla (7.77).

In termini rigorosi la dimostrazione della (7.77) viene dalla seguente proprietà dell'operatore varianza. Date due variabili aleatorie Z e Y tra di loro indipendenti, si dimostra che è possibile calcolare la varianza di Z condizionandola sulla variabile Y in questo modo:

$$V(Z) = E_Y[V_Z(Z \mid Y)] + V_Y[E_Z(Z \mid Y)] \quad (7.82)$$

Prendendo come Z = domanda durante il lead time, e Y = durata del lead time (= L), si ha che:

- $V_Z(Z \mid Y)$ = varianza della domanda durante il lead time, fissato il lead time L. Può essere vista come L volte la varianza della domanda D nell'unità di tempo, e quindi $= L\cdot V(D)$
- $E_Z(Z \mid Y)$ = valore atteso della domanda durante il lead time, fissato il lead time L. Sarà pari al valore atteso della domanda D nell'unità di tempo moltiplicato per il lead time L, e quindi $= E(D)\cdot L$

si ha dunque che la varianza della domanda durante il lead time sarà pari a:

$$\sigma_Z^2 = E_L[L\cdot V(D)] + V_L[E(D)\cdot L] = E(L)\cdot V(D) + E(D)^2\cdot V(L) \quad (7.83)$$

che è quanto espresso dalla (7.77)

ESEMPIO NUMERICO

Si consideri un item avente domanda annuale con valor medio pari a D=450 pezzi/anno e deviazione standard σ= 100 pezzi. Consideriamo due casi:

Lead time deterministico

Consideriamo il caso in cui il lead time di approvvigionamento sia deterministico e pari a L=3 mesi. La deviazione standard durante il lead time sarà pari a:

$$\sigma_L = \sqrt{L \cdot V(D)} = \sqrt{\frac{3}{12} \cdot (100)^2} = 50 \text{ pezzi}$$

Lead time aleatorio
Supponiamo ora che il lead time L sia anch'esso una variabile aleatoria, con valor medio E(L)=3 mesi, e varianza V(L)=1 [mesi^2]. Nell'utilizzo della (7.77) occorre fare particolare attenzione ad utilizzare la stessa unità misura per la scala temporale sia per il lead time che per la domanda. Prendendo ad esempio come unità di misura temporale il mese, avremo che il lead time L debba essere espresso in mesi, e la domanda D in pezzi/mese, e quindi:
E(L) = 3
V(L) = 1
E(D) = 450/12 = 37,5
V(D) = (1/12)·100^2=833,33

Avremo quindi:

$$\sigma_L = \sqrt{E(L)V(D) + [E(D)]^2 V(L)} = \sqrt{3 \cdot \frac{100^2}{12} + \left(\frac{450}{12}\right)^2 \cdot 1} = 62,5 \text{ pezzi}$$

7.6 Il collegamento fra previsione della domanda e gestione delle scorte

Nei modelli di gestione delle scorte analizzate in questo capitolo, abbiamo modellato la domanda come una variabile aleatoria distribuita normalmente, con un certo valor medio ed una certa deviazione standard. Pur essendo la domanda dunque variabile nel tempo, la modellazione attraverso una densità di probabilità implica che essa sia stazionaria, ovvero che il suo valor medio non cambi nel tempo.
Si pone il problema di come stimare il valor medio D e la deviazione standard σ della domanda, che servono per il dimensionamento delle politiche (s,Q) ed (R,S). Ricordiamo che infatti tali grandezze sono necessarie nella politica (s,Q) per determinare:

$$Q = EOQ = \sqrt{\frac{2AD}{vr}} \tag{7.84}$$

$$s = \hat{x}_L + k \cdot \sigma_L = D \cdot L + k \cdot \sigma_L \tag{7.85}$$

e nella politica (R,S) per determinare:

$$R = T_{EOQ} = \sqrt{\frac{2A}{Dvr}} \tag{7.86}$$

$$S = \hat{x}_{R+L} + SS = D \cdot (R+L) + k \cdot \sigma_{R+L} \tag{7.87}$$

Se veramente ritenessi che la domanda sia stazionaria, e dunque la sua densità di probabilità non cambi nel tempo, potrei stimare il valor medio e la deviazione standard della variabile aleatoria da un campione di dati storici. Ad esempio, avendo a disposizione un certo numero di intervalli temporali per i quali si è registrato il valore di domanda, potrei stimare D e σ attraverso:

$$D = \frac{\sum_{i=1}^{n} D_i}{n} \tag{7.88}$$

$$\sigma = \frac{\sum_{i=1}^{n} (D_i - D)^2}{n-1} \tag{7.89}$$

Stimare il valor medio della domanda attraverso la (7.88) significa dare lo stesso peso a tutti i valori di domanda D_i, quelli più recenti come quelli più lontani nel tempo. D'altronde, visto che la domanda è stazionaria, il suo valor medio non dovrebbe cambiare, e quindi un dato del passato può giustamente essere pesato come un dato recente.
Quando però nella domanda sono presenti le componenti di trend e stagionalità, la domanda evidentemente non è stazionaria. Anche quando trend e stagionalità non sono presenti, nella pratica si tende a non credere che la domanda sia veramente stazionaria, e si utilizzano quindi dei metodi di previsione autoadattativi, per tener conto del fatto che il livello possa variare nel tempo. Ed è per questo che i metodi di previsione presentati nel capitolo 2, come quelli basati sulle medie mobili o sullo smorzamento esponenziale semplice, danno più peso a valori più recenti della domanda, in quanto ritenuti più rappresentativi di possibili recenti variazioni rispetto a valori più lontani nel tempo.

Per quanto riguarda la deviazione standard, è chiaro che se come stima della domada utilizzo la previsione fornitami da un certo metodo, la misura di interesse non è tanto la deviazione standard della domanda, ma la deviazione standard dell'*errore di previsione*. Avendo infatti stimato la domanda attraverso il metodo di previsione, mi interesserà sapere quanto si discosta la domanda effettiva dalla mia previsione, e non più dal suo valor medio.

Ecco che dunque le stime di D e σ variano nel tempo, in quanto verranno calcolate attraverso le previsioni e gli errori di previsione del metodo di previsione adottato, valori che come visto vengono via via aggiornati quando si verificano nuove domande effettive. Ne consegue che il dimensionamento delle politiche (s,Q) ed (R,S) diventi dinamico, ovvero i valori dei parametri s, Q, R, S non siano fissi ma varino anch'essi nel tempo, ogni volta che vengono aggiornate le previsioni. L'approccio cioè è quello di usare modelli di gestione delle scorte sviluppati ipotizzando una domanda stazionaria, ma utilizzando valori in ingresso che ci forniscono metodi di previsione autoadattativi (che invece considerano la domanda non stazionaria).

Vediamo nel dettaglio come utilizzare le previsioni dei metodi autoadattativi per dimensionare le politiche di gestione delle scorte continous e periodic review.

7.6.1 Medie mobili e smorzamento esponenziale semplice

Nel caso più semplice, quello di assenza di trend e stagionalità, la previsione della domanda può essere eseguita attraverso il metodo delle medie mobili o dello smorzamento esponenziale semplice.

Invece di utilizzare la (7.88) per la stima del valore atteso di domanda D, sarà dunque possibile utilizzare la previsione fornita per gli intervalli futuri dal metodo utilizzato, ricordando che:

$$F_{t+1} = L_t$$
$$F_{t,t+r} = L_t$$

Dunque la previsione fornita per un qualsiasi orizzonte temporale è costante, e pari ad L_t, per cui sarà facile stimare un valore di domanda annuo D da utilizzare nelle (7.84)-(7.87).

Per quanto riguarda la deviazione standard, il Mean Square Error, per come è definito, è proprio pari alla varianza dell'errore di previsione. Sarà necessario quindi porre, facendo attenzione all'intervallo temporale a cui ci riferiamo:

$$\sigma = \sqrt{MSE} \quad (7.90)$$ [13]

Come abbiamo visto, per dimensionare ad esempio una politica (s,Q), oltre al valor medio della domanda è necessario stimare anche la deviazione standard della domanda durante il lead time L[14]. La stima della deviazione standard σ ricavata tramite la (7.90) è però in generale riferita all'intervallo temporale 'base' usato dal metodo di previsione, che non necessariamente coincide con L. La pratica comune è quella di supporre che durante L gli errori di previsione in intervalli temporali consecutivi siano

---

[13] Si può inoltre dimostare che assumendo l'errore di previsione distribuito gaussianamente $\sigma \approx 1{,}25\ MAD$.

[14] Ci riferiamo qui ad L considerando una politica (s,Q). In maniera del tutto analoga il discorso è valido per una politica (R,S) considerando un intervallo temporale pari a $R+L$.

tra loro indipendenti[15] e abbiano deviazione standard pari a σ. Sotto questa ipotesi è possibile stimare σ_L come:

$$\sigma_L = \sqrt{L} \cdot \sigma \qquad (7.91)$$

dove L è espresso nell'unità di misura del periodo base.
Nel caso di una politica (R,S), analogamente sarà possibile calcolare:

$$\sigma_{R+L} = \sqrt{R+L} \cdot \sigma \qquad (7.92)$$

ESEMPIO NUMERICO

Si consideri l'item dell'esempio numerico descritto del paragrafo 2.5.2.
Si supponga che un mese sia composto di 22 giorni lavorativi, e si assuma un lead time L pari a 15 giorni lavorativi. Si assuma inoltre un costo di setup A=100€, un valore dell'item v=20€, ed un tasso di mantenimento a scorta annuo r=20%. L'item è gestito tramite una politica a punto di riordino (s,Q) e si vuole rispettare un livello di servizio P_1=95%.
Le previsioni di domanda dell'item sono state ottenute su base mensile tramite lo smorazamento esponenziale semplice. In Tabella 17 vengono riportati i calcoli includendo anche le misure di errore *MAD* e *MSE* eseguite durante la fase di tuning (mesi da 7 a 12).

t	D_t	L_t	F_t	*MAD*	*MSE*
1	130				
2	104				
3	122				
4	143				
5	107				
6	133	123,17			
7	125	123,72	123		
8	139	128,30	124		
9	183	144,71	128		
10	172	152,9	145		
11	168	157,42	153		
12	182	164,8	157	43,43	805,5
13			165		

Tabella 17. Previsioni con smorzamento esponenziale semplice (α = 0,3).

Quali saranno i valori di s e Q da adottare se ci troviamo nel mese 13?

FASE1, calcolo di Q.
La domanda annua prevista sarà pari alla somma delle domande previste dal mese 13 al mese 24, che saranno tutte pari a:
$F_{13}= F_{13,14}=\ldots=F_{13,24}=165$

---

[15] L'ipotesi di indipendenza è in realtà un'approssimazione. Il legame tra la deviazione standard σ riferita all'intervallo base e la deviazione standard durante il lead time σ_L è assai complicato perché dipende in realtà da numerosi aspetti, tra i quali il modello di domanda e il metodo di previsione adottati ed i valori dei coefficienti di smorzamento utilizzati. Una relazione più generale che esprime tale legame è $\sigma_L=L^c\cdot\sigma$, dove c è un coefficiente che dovrebbe essere stimato empiricamente. Se gli errori di previsione sono indipendenti, c = 0,5.

Avremo dunque che:
$D = 12 \cdot 165 = 1980$ pezzi/anno
Da cui:

$$Q^* = EOQ = \sqrt{\frac{2 \cdot 100 \cdot 1980}{20 \cdot 0,2}} = 314,64 \approx 315$$

FASE 2, calcolo di s.
Il valore di domanda attesa durante il lead time sarà:

$$\hat{x}_L = D \cdot L = 1980 \cdot \frac{15}{22 \cdot 12} = 112,5$$

Da notare che D e L devono riferirsi allo stesso intervallo temporale. Avendo utilizzato la domanda annua, abbiamo espresso il lead time in anni (i giorni lavorativi in un anno saranno infatti pari a 22·12).
L'errore di previsione su base mensile ha una deviazione standard pari a:

$$\sigma_{mese} = \sqrt{MSE_{12}} = \sqrt{805,5} = 28,381$$

Si ha quindi, applicando la (7.91):

$$\sigma_L = \sqrt{\frac{15}{22}} \cdot \sigma_{mese} = 23,43$$

Infine, poiché per P_1=95% si ha che k=1,65, otterremo:
s = 112,5+1,65·23,43 = 151,16 ≈ 152.
Quando il metodo di previsione verrà aggiornato, ovvero quando si verificherà la domanda effettiva nel periodo 13, anche le stime di s e Q verranno aggiornate.

7.6.2 Smorzamento esponenziale corretto per il trend (Holt)

Le cose diventano più complicate nel caso di domanda con trend, in quanto in questo caso come detto la domanda è per definizione non stazionaria. Nella letteratura scientifica sono stati sviluppati diversi metodi euristici, che però a causa della loro complessità nella pratica vengono raramente utilizzati. Spesso si tende dunque ad usare metodi più semplici sebbene più approssimativi, come quello che segue.
In questo caso a causa della presenza del trend, il punto di riordino s e la quantità di riordino Q non variano solo quando si aggiorano le stime fornite dal metodo di previsione, ma anche al trascorrere del tempo tra un aggiornamento delle stime ed il successivo. Infatti la domanda attesa tra due istanti temporali (ad esempio la domanda durante il lead time), a causa della presenza del trend dipende proprio dagli istanti che si prendono in considerazione.
Supponiamo di aver utilizzato il metodo di Holt per Prevedere la domanda, e di trovarci nell'istante temporale t=0, per il quale abbiamo appena aggiornato le stime delle componenti L_t e T_t. Abbiamo a disposizione dunque le previsioni F_{t+1}, F_{t+2}, F_{t+3} … e dobbiamo dimensionare una politica (s,Q) per i periodi successivi.
Possiamo pensare che le previsioni F_{t+1}, F_{t+2}, F_{t+3} … siano centrate nei rispettivi intervalli t+1, t+2, t+3 … (vedi Figura 59). Quindi il valore della domanda prevista all'istante 0 sarà pari a $L_t+T_t/2$. L'equazione della retta di domanda prevista $D(t)$ sarà dunque pari a:

$$D(t) = L_t+T_t/2+tT_t$$

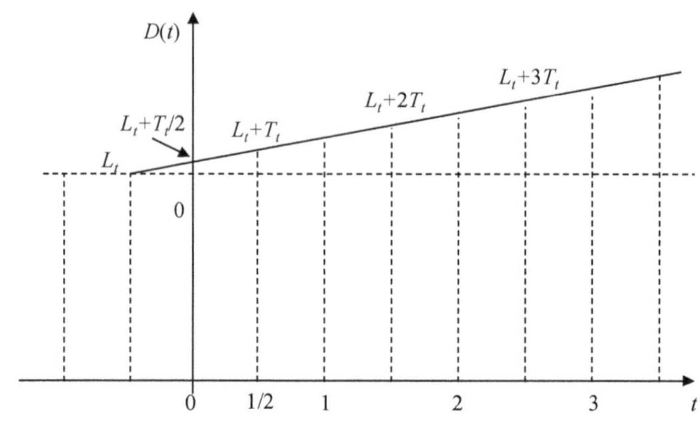

Figura 59. Domanda prevista tramite il metodo di Holt.

Ne consegue che la domanda che si verifica tra due generici istanti di tempo t_0 e $t_0+\Delta t$ sarà pari a:

$$
\begin{aligned}
d(t_0,\Delta t) &= \int_{t_0}^{t_0+\Delta t} D(t)dt = \int_{t_0}^{t_1} L_t + \frac{T_t}{2} + tT_t \, dt = \left[tL_t + t\frac{T_t}{2} + \frac{t^2}{2}T_t \right]_{t_0}^{t_0+\Delta t} \\
&= \left(L_t + \frac{T_t}{2} \right)\Delta t + \left[(t_0+\Delta t)^2 - t_0^2 \right]\frac{T_t}{2} \\
&= \left(L_t + \frac{T_t}{2} \right)\Delta t + (t_0^2 + \Delta t^2 + 2t_0\Delta t - t_0^2)\frac{T_t}{2} = \\
&= \left(L_t + \frac{T_t}{2} + t_0 T_t \right) \cdot \Delta t + \frac{\Delta t^2}{2} T_t
\end{aligned}
\tag{7.93}
$$

7.6.2.1 *Politica (s,Q)*

Si pone il problema di quale valore di domanda D inserire nella (7.84). Essendoci infatti un certo trend, il valore medio della domanda cambia a seconda dell'intervallo di tempo che scegliamo per fare la media. In teoria dovremmo prendere l'intervallo di tempo in cui pensiamo che la quantità Q stessa sia consumata. Si può procedere in questo modo: Sia Q' una stima della quantità da ordinare (ad esempio pari al precedente ordine). Sia t_0 l'istante temporale in cui ci troviamo. Se ordinassimo una quantità Q' essa sarebbe consumata, a partire da t_0+L, per un intervallo di tempo $\Delta t'$ ricavabile utilizzando la (7.93):

$$
Q' = \left(L_t + \frac{T_t}{2} + (t_0+L)T_t \right) \cdot \Delta t' + \frac{\Delta t'^2}{2} T_t \tag{7.94}
$$

Risolvendo l'equazione di secondo grado nell'incognita $\Delta t'$ dalla (7.94) si ottiene:

$$\Delta t' = -\left(\frac{L_t}{T_t} + \frac{1}{2} + t_0 + L\right) + \sqrt{\left(\frac{L_t}{T_t} + \frac{1}{2} + t_0 + L\right)^2 + 2\frac{Q'}{T_t}} \qquad (7.95)$$

La domanda media D (in [pezzi/intervallo base]) da inserire nella (7.88) attraverso cui calcolare la quantità di riordino Q sarà dunque pari a $D = Q'/\Delta t'$.

Un metodo ancora più semplice per arrivare a Q, che introduce una ulteriore approssimazione, consiste nello stimare la domanda D andando a considerare la domanda annuale prevista per l'intero anno successivo. Se ad esempio l'intervallo base è il mese, la domanda prevista per l'anno successivo sarà quindi pari alla somma $F_{t+1}+F_{t+2}+\ldots+F_{t+12}$. Il vantaggio di questo approccio è che la quantità Q dovrà essere aggiornata solo quando si aggiorneranno le previsioni.

Per calcolare il punto di riordino s attraverso la (7.85) è necessario conoscere la domanda che mediamente si verificherà durante il lead time, $\hat{x}_L$, e la deviazione standard dell'errore di previsione durante il lead time, σ_L. Se all'istante t_0 dovesse essere emesso l'ordine, la domanda che si verificherà secondo le previsioni nell'intervallo di tempo tra t_0 e t_0+L sarà, utilizzando la (7.93):

$$\hat{x}_L = d(t_0, L) = \left(L_t + \frac{T_t}{2} + t_0 T_t\right) \cdot L + \frac{L^2}{2} T_t \qquad (7.96)$$

Anche in questo caso, un metodo più semplice per stimare la domanda durante il lead time consiste nel considerare costante la domanda all'interno dell'intervallo base. Anche quest'ultimo approccio permette di aggiornare il punto di riordino s solo quando vengono aggiornate le stime del sistema di previsione.

La deviazione standard dell'errore di previsione durante il lead time può essere calcolata analogamente al caso dello smorzamento esponenziale semplice, ovvero calcolando la deviazione standard dell'errore di previsione nell'intervallo base tramite la (7.90), e riferendolo al lead time tramite la (7.91).

ESEMPIO NUMERICO

Si consideri l'item dell'esempio numerico del paragrafo 2.5.3.

t	D_t	L_t	T_t	F_t	E_t	A_t	E_t^2	MAD	MSE
0		87,10							
1	97	98,60							
2	118	110,10							
3	107	121,60							
4	145	133,10							
5	141	144,60	11,50						
6	128	133,62	2,51	156	28	28	784		
7	135	135,23	2,15	136	1	1	1		
8	216	200,27	27,31	137	-79	79	6241		
9	245	241,52	32,88	228	-17	17	289		
10	360	342,88	60,27	274	-86	86	7396		
11	400	400,63	59,26	403	3	3	9		
12	460	459,98	59,30	460	0	0	0	30,57	2103
13				519					

Tabella 18. Previsioni con modello di Holt ($\alpha = 0,8$ e $\beta = 0,4$).

Si supponga che un mese sia composto di 22 giorni lavorativi, e si assuma un lead time L pari a 15 giorni lavorativi. Si assuma inoltre un costo di setup A=100€, un valore dell'item v=20€, ed un tasso di mantenimento a scorta annuo r=20%. L'item è gestito tramite una politica a punto di riordino (s,Q), e si vuole rispettare un livello di servizio P_1=95%.
Le previsioni di domanda dell'item sono state ottenute su base mensile tramite il modello di Holt. In Tabella 18 vengono riportati i calcoli includendo anche le misure di errore MAD e MSE eseguite durante la fase di tuning (intervalli da 6 a 12).
Si supponga di essere ora nel mese 13, nel 10° giorno lavorativo del mese.
Quanto varranno oggi i valori di Q ed s?

FASE1, calcolo di Q.
Ipotizziamo un valore di Q' = 500 di primo tentativo (potrebbe essere la grandezza dell'ordine solitamente effettuato), ed utilizzando la (7.95) calcoliamo $\Delta t'$. Ricordiamo che il tempo t_0 ed il lead time L devono essere espressi nella stessa unità di misura dell'intervallo base di previsione, in questo caso il mese, e che quindi t_0 = 10/22 = 0,45455 mesi, L = 15/22 = 0,68182 mesi). Avremo dunque:

$$\left(\frac{L_t}{T_t}+\frac{1}{2}+t_0+L\right)=\left(\frac{459,98}{59,3}+0,5+0,45455+0,68182\right)=9,3934$$

$$\Rightarrow \Delta t'=-9,3934+\sqrt{(9,3934)^2+2\frac{500}{59,3}}=0,85842 \text{ mesi}$$

La domanda mensile da inserire nella per il calcolo di Q sarà dunque:

$$D=\frac{500}{0,85842}=582,46 \text{ pezzi/mese}$$

Da cui:

$$Q^*=EOQ=\sqrt{\frac{2\cdot 100\cdot 582,46\cdot 12}{20\cdot 0,2}}=591,16\approx 591$$

Volendo essere precisi è possibile trovare un valore più accurato di Q^* ripetendo iterativamente il procedimento, ovvero ponendo Q' = Q^*, ricalcolando $\Delta t'$, D e di nuovo Q^*. Il procedimento converge molto rapidamente ed in ogni caso il risultato si discosta poco dalla quello della prima iterazione.

FASE 2, calcolo di s.
Per calcolare il punto di riordino s dobbiamo calcolare il valore di domanda attesa durante il lead time, e la deviazione standard dell'errore di previsione durante il lead time σ_L. Dalla (7.96):

$$\hat{x}_L=\left(459,98+\frac{59,3}{2}+0,45455\cdot 59,3\right)0,68182+\frac{0,68182^2}{2}59,3=366$$

Inoltre, avremo che l'errore di previsione su base mensile ha una deviazione standard pari a:

$$\sigma_{\text{mese}}=\sqrt{MSE_{12}}=\sqrt{2103}=45,87$$

Si ha quindi, applicando la (7.91):

$$\sigma_L=\sqrt{\frac{15}{22}}\cdot\sigma_{\text{mese}}=37,87$$

Infine, poiché per P_1=95% si ha che k=1,65, otterremo:
s = 366+1,65·37,87 = 428,5 ≈ 429.

Si ha dunque che nel 13° giorno lavorativo, se la disponibilità dell'item è minore di 429 unità si procederà ad un ordine di 591 unità. Nei giorni successivi il punto di riordino *s* e la quantità *Q* dovranno essere ricalcolati con lo stesso procedimento.

7.6.2.2 Politica (R,S)

Nel caso della politica periodic review, è necessario determinare il periodo di riordino *R* e l'order up-to level *S*. In analogia a quanto succede per la quantità *Q* nella politica continous review, in presenza di trend *R* dovrebbe variare dinamicamente ad ogni aggiornamento delle stime di previsione e anche all'interno tra un aggiornamento ed il successivo. Variare però molto frequentemente il perodo di riordino farebbe venir meno una delle caratteristiche vantaggiose della politica periodic review, che è quella di avere ordini equispaziati nel tempo, permettendo al fornitore di organizzare in anticipo le spedizioni (*A* e *L* potenzialmente più bassi).
Per questo il periodo di riordino *R* viene di solito mantenuto costante almeno per un certo periodo (ad esempio un anno). Per determinarne il valore, si sceglie dunque il periodo in cui *R* deve rimanere 'congelato' e si procede come segue.
Viene calcolata la domanda annuale prevista *D* per l'intero anno successivo. Se ad esempio l'intervallo base è il mese, la domanda prevista per l'anno successivo sarà quindi pari alla somma F_{t+1}+ F_{t+2}+...+ F_{t+12}. L'intervallo ottimale di riordino può quindi essere calcolato tramite la (7.86).
Per calcolare la disponibilità obiettivo *S* tramite la (7.87) si deve conoscere la domanda che mediamete si verifica durante *R*+*L*, $\hat{x}_{R+L}$, e la deviazione standard dell'errore di previsione durante *R*+*L*, σ_L. Nell'istante t_0 in cui viene eseguito l'ordine, si calcola la domanda che si prevede durante l'intervallo di tempo tra t_0 e t_0+(*R*+*L*) utilizzando la (7.93):

$$\hat{x}_{R+L} = d(t_0, R+L) = \left(L_t + \frac{T_t}{2} + t_0 T_t \right) \cdot (R+L) + \frac{(R+L)^2}{2} T_t \qquad (7.97)$$

Anche in questo caso, un approccio più semplice ed approssimato consiste nel considerare costante la domanda all'interno di un intervallo base, permettendo di aggiornare la disponibilità obiettivo *S* solo quando vengono aggiornate le stime del sistema di previsione.
La deviazione standard dell'errore di previsione durante (*R*+*L*) può essere calcolata analogamente al caso dello smorzamento esponenziale semplice, ovvero calcolando la deviazione standard dell'errore di previsione nell'intervallo base tramite la (7.90), e riferendolo al (*R*+*L*) tramite la (7.92).

7.6.3 Smorzamento esponenziale corretto per trend e stagionalità (Winters)

Nel caso in cui la domanda presenti trend e stagionalità, è conveniente utilizzare approcci approssimati che considerano la domada come costante all'interno di un periodo base. Risulterebbe infatti difficile modellare l'evoluzione della domanda all'interno di un intervallo temporale tenendo contemporaneamente conto delle due componenti.
Per determinare la quantità *Q* attraverso la (7.84), o la quantità *R* attraverso (7.86), la domanda *D* viene stimata andando prendere la domanda annuale prevista per l'intero periodo di oscillazione. Se ad esempio l'intervallo base è il mese, e la periodicità è annuale, la domanda prevista per l'anno successivo sarà quindi pari alla somma F_{t+1}+ F_{t+2}+...+ F_{t+12}.

Per la determinazione di s e di S, nell'utilizzare la (7.85) e la (7.87) occorre considerare come valor medio di domanda D la previsione di domada relativa all'intervallo di tempo in cui ci si trova. Da notare anche che L e R e D devono essere espressi nella stessa unità di misura temporale.
La deviazione standard dell'errore di previsione durante L o $R+L$ può essere calcolata analogamente agli altri casi, ovvero calcolando la deviazione standard dell'errore di previsione nell'intervallo base tramite la (7.90), e riferendolo L tramite la (7.91) o a $R+L$ tramite la (7.92).

ESEMPIO NUMERICO

Si consideri l'item dell'esempio numerico del paragrafo 2.5.4. L'item ha una domanda stagionale, e per la previsione è stato adottato il metodo di Winters. Il metodo è stato inizializzato utilizzando tre anni di dati storici (dal 2015 al 2017), ed è stata eseguita una fase di tuning sugli anni 2017 e 2018, che ha portato alla scelta dei paramatri α=0,2, β=0,8 e γ = 0,1.
Si vuole dimensionare una politica di riordino con periodo fisso per tutto il 2019, con un livello di servizio P_2 = 99%. L'item ha un costo di lancio ordine A=100€/ordine, un lead time di riempimento L=5 giorni, un valore v=10€/pezzo, e un tasso di mantenimento a scorta r=24% annuo.

In tabella sono riportati i calcoli relativi alla fase di tuning, dalla quale risulta che l'*MSE* alla fine dell'intervallo 19 è pari a:

$$MSE = \frac{1155^2+804^2+2906^2+1043^2+415^2+(-1967)^2+(-1520)^2}{7} = 2552684$$

t	D_t	L_t	T_t	S_t	F_t	E_t	A_t
13	4800	12134,7	–129,8	0,4717	5955	1155	1155
14	7400	11769,6	–318,0	0,6834	8204	804	804
15	10500	10955,0	–715,3	1,1707	13406	2906	2906
16	16000	10114,4	–815,5	1,6644	17043	1043	1043
17	3900	9119,9	–958,7	0,4641	4315	415	415
18	7500	8741,5	–494,4	0,6779	5533	-1967	1967
19	11000	8511,6	–282,8	1,1495	9480	-1520	1520

Tabella 19. Previsioni con modello di Winters (α = 0,2, β = 0,8 e γ = 0,1).

FASE 1, calcolo di R.
Le previsioni di domanda per l'anno 2019 sono state calcolate utilizzando la (2.26):
$F_{19,20}$ = 13628, $F_{19,21}$ = 3658, $F_{19,22}$ = 5333, $F_{19,23}$ = 8589
Da queste possiamo stimare una domanda annuale pari a:
D = 13628+3658+5333+8589=31208 pezzi/anno
Dimensioniamo il periodo ottimale di riordino R per tutto l'anno 2019, applicando quindi la formula del T_{EOQ} in cui inseriremo la domanda annuale attesa:

$$T_{EOQ} = \frac{EOQ}{D} = \sqrt{\frac{2A}{D \cdot vr}} = \sqrt{\frac{2 \cdot 100}{31208 \cdot 10 \cdot 0,24}} = 0,05176 \text{ anni}$$

Ipotizzando un numero di giorni lavorativi pari a 250 gg/anno, avremo che:
$R = T_{EOQ} = 0,05176 \cdot 250 = 12,96 \approx 13 \text{ giorni}$

FASE 2, calcolo di S.

Volendo un livello di servizio P_2 = 99% dimensioneremo il coefficiente k in modo da soddisfare l'equazione:

$$G_u(k) = \frac{D \cdot R}{\sigma_{R+L}}(1 - P_2)$$

In questa formula $D{\cdot}R$ rappresenta la domanda attesa durante il periodo R. La domanda durante il periodo R dipende chiaramente da quale trimestre si considera. Ecco perché il dimensionamento del k e poi della disponibilità obiettivo S sarà diverso da trimestre a trimestre.

Per il primo trimestre del 2019 la domanda prevista è pari a 13628. Considerando che i giorni in un trimestre sono pari a 250/4, il periodo R espresso in trimestri sarà pari a (13/(250/4). Si avrà dunque:

$$\hat{x}_R = D \cdot (R + L) = 13628 \cdot [(13 + 5) / (250 / 4)] = 3924,8$$

La deviazione standard dell'errore di previsione trimestrale sarà pari a:

$$\sigma_{\text{trim}} = \sqrt{MSE} = \sqrt{2552684} = 1598$$

La deviazione standard durante $R{+}L$ sarà quindi pari a:

$$\sigma_{R+L} = \sqrt{\frac{13+5}{250/4}}\sigma_{\text{trim}} = 857,6$$

Si ottiene dunque:

$$G_u(k) = \frac{13628 \cdot (13/(250/4))}{857,4}(1 - 0,99) = 0,03306 \quad \rightarrow \quad k{=}1,45$$

La disponibilità obiettivo per il primo trimestre del 2019 sarà pari a:

$$S = D \cdot (R + L) + k \cdot \sigma_{R+L} = 13628 \cdot [(13 + 5) / (250 / 4)] + 1,45 \cdot 857,6 = 5168$$

Da notare che anche in questa formula, $D{\cdot}(R{+}L)$ rappresenta la domanda durante $R{+}L$, e dobbiamo far riferimento quindi alla domanda del trimestre di cui stiamo calcolando la disponibilità obiettivo.

Il procedimento può essere ripetuto analogamente per calcolare la disponibilità obiettivo da applicare nei restanti trimestri dell'anno. Da notare però che non è conveniente calcolare queste disponibilità obiettivo fin da ora, visto che passato il primo trimestre del 2019 si avrà a disposizione il dato effettivo di domanda D_{20}. Questo dato permetterà infatti di aggiornare sia le previsioni di domanda per i trimestri successivi, sia il valore del MSE. Converrà dunque ricalcolare la disponibilità obiettivo per il secondo trimestre solo al termine del primo trimestre.

Problemi

7.1 Si consideri un item gestito con la politica (s, Q) con le seguenti caratteristiche. A = 25€; D = 1000 pezzi/anno; σ = 200; v = 4€/pezzo; L = 1 mese; B_1 = 30€; r = 10% annuo. Determinare:

- l'EOQ in €
- k usando il criterio B_1
- le scorte di sicurezza in €
- i costi di mantenimento a scorta annui
- le rimanenze medie (ovvero le giacenze medie espresse in €)
- il numero atteso di episodi di stock-out in un anno
- i costi attesi di stock-out all'anno.

Qual sarebbe l'effetto, sulle grandezze sopra calcolate, di un aumento di r?

7.2 Per l'item dell'esercizio precedente, trovare i valori relativi agli altri criteri (B_2, B_3, P_1, P_2, TBS) che porterebbero allo stesso dimensionamento della politica.

7.3 La domanda durante il lead time di riempimento dell'item XC32 è distribuita normalmente, con valor medio pari a 20 unità/mese e deviazione standard pari a 4,2 unità.

- Imponendo una probabilità di non andare in stock-out in un ciclo P_1 pari al 90%, calcolare il fattore di sicurezza k, le scorte di sicurezza SS e il punto di riordino s.
- Ripetere il procedimento per P_1 = 94%, 98% e 99,9%
- Disegnare per punti la funzione $SS(P_1)$. La relazione tra SS e P_1 è lineare? Discutere.

7.4 Un'azienda chimica ha un contratto per la fornitura del composto VR57 ad un importante cliente. Il VR57 costa all'azienda fornitrice 15 €/l, ed è rivenduto al cliente a 20 €/l. La domanda media annua da parte del cliente è pari 4000 l/anno, con deviazione standard pari a 800. Il contratto di fornitura prevede che il composto sia stoccato presso il magazzino del cliente, che paga il fornitore solo nel momento in cui effettivamente preleva il composto dal proprio magazzino. I costi di spedizione e di handling sono inoltre a carico del fornitore e vengono stimati in 150€/riempimento. Il cliente inoltre applica una penale al fornitore se al momento del prelievo il VR57 non è presente: 0,5€/l per ogni giorno di stock-out. Il tasso di mantenimento a scorta r è pari al 20% annuo.

- dimensionare la politca (s, Q) ottimale per il fornitore, assumendo un lead time aleatorio, con valor medio L = 30gg, e deviazione standard 6.
- il cliente comunica di voler aggiornare il contratto di fornitura proponendo di cambiare il sistema di penali, e propone due alternative:
  - 1000€ per ogni evento di stock-out
  - 65€ per ogni litro di stock-out

  Come cambierebbe la politica per entrambe le alternative? Sono entrambe accettabili?

N.B. come dovrebbe essere stato calcolato il tasso di mantenimento a scorta r?

7.5 Un'azienda che vende prodotti fotografici adotta una politica di controllo delle scorte periodic review (R, S). Ogni mese viene eseguito il riordino, ed il fornitore consegna la merce presso l'azienda con un lead time di 10 giorni. Il tasso di mantenimento a scorta è del 12% annuo.

È stata osservata la seguente domanda per 3 prodotti di una certa linea:

Item i	Demand D_i (items/anno)	v_i (€/item)	σ_i (items)
1	1200	10	35
2	350	35	50
3	700	17	40

dove σ_i è la deviazione standard della domanda annua per l'item i. Si supponga che si vogliano investire 1200 € in scorte di sicurezza da allocare tra i tre prodotti. Si considerino i seguenti livelli di servizio richiesti:

- Stesso k per i tre prodotti
- Stesso P_1 per i tre prodotti
- Stesso *TBS* per i 3 prodotti
- Stesso B_1 per i 3 prodotti
- Stesso B_2 per i 3 prodotti

Per ciascuno di essi, determinare:

- Come vengono allocati i 1200 € di scorte tra i tre prodotti
- Numero di incidenti di stock-out attesi per anno
- Valore totale atteso delle unità di stock-out all'anno

7.6 Per gli item dell'esercizio 7.5, si costruisca la frontiera efficiente della politica di minimizzazione dei costi totali in funzione di un costo per evento di stock-out B_1, graficando il valore delle scorte di sicurezza in ascissa e il numero totale di stock-out all'anno in ordinata.

7.7 Per gli item dell'esercizio 7.5, si costruisca la frontiera efficiente della politica di minimizzazione dei costi totali in funzione di un costo per unità e valore di stock-out B_2, graficando il valore delle scorte di sicurezza in ascissa e il numero totale di stock-out all'anno in ordinata.

7.8 Ripetere gli esercizi 7.6 e 7.7 graficando stavolta il valore delle scorte di sicurezza in ascissa e il valore totale delle unità di stock-out all'anno in ordinata.

7.9 Si consideri l'item degli esercizi 2.1 e 2.2 (scheda di memoria da 128 Gb). Dopo aver selezionato il metodo di previsione più accurato tra quelli proposti, si dimensioni una politica (s,Q) per l'item considerando un tasso di mantenimento a scorta del 14% annuo, un costo di setup di 50€, un valore dell'item di 20€, ed un lead time di 15 giorni. Si ipotizzino 22 giorni lavorativi al mese.

7.10 Si consideri l'item dell'esercizio 2.4. Dopo aver selezionato il metodo di previsione più accurato tra quelli proposti, si dimensioni una politica (s,Q) per l'item considerando un tasso di mantenimento a scorta del 14% annuo, un costo di setup di 50€, un valore dell'item di 35€, ed un lead time di 15 giorni lavorativi. Si ipotizzino 22 giorni lavorativi al mese.

7.11 Si consideri l'item dell'esempio numerico del paragrafo 7.6.1. Le domande effettivavemente riscontrate nei periodi da 13 a 18 sono riportate in tabella.

t	13	14	15	16	17	18
D_t	170	195	184	205	190	167

Continuando ad utilizzare lo stesso metodo di previsione, aggiornare le previsioni ed i valori del punto di riordino s e della quantità Q al passare dei mesi.

7.12 Si consideri l'item dell'esempio numerico del paragrafo 7.6.2. Si calcolino i punti di riordino s e le quantità di riordino Q per ogni giorno lavorativo dal 14° al 22° dell'intervallo temporale 13.

7.13 Si consideri l'item dell'esempio numerico del paragrafo 7.6.2. Le domande effettivavemente riscontrate nei periodi da 13 a 18 sono riportate in tabella.

t	13	14	15	16	17	18
D_t	500	545	620	699	713	784

Continuando ad utilizzare lo stesso metodo di previsione, aggiornare le previsioni e calcolare i valori del punto di riordino s e della quantità Q che si hanno nel 1° giorno lavorativo di ogni mese.

7.14 Si consideri l'item dell'esempio numerico del paragrafo 7.6.3.
Si dimensioni una politica (s, Q) per il trimestre 20, considerando sempre un livello di servizio $P_2 = 99\%$.

7.15 Si consideri l'item dell'esempio numerico del paragrafo 7.6.3. Le domande effettivavemente riscontrate nei periodi da 20 a 18 sono riportate in tabella.

t	20	21	22	23	24	25
D_t	500	545	620	699	713	784

Continuando ad utilizzare lo stesso metodo di previsione, aggiornare le previsioni e calcolare i valori dell'intervallo di riordino R e della disponibilità obiettivo S allo scorrere dei trimestri.

7.16 Si consideri l'item dell'esercizio 7.15. Adottando stavolta una politica (s,Q), calcolare i valori della quantità di riordino Q e del punto di riordino s allo scorrere dei trimestri.

Appendice

La densità di probabilità Normale

La densità di probabilità Normale, o di Gauss, è senz'altro la più importante funzione densità di probabilità utilizzata nell'ambito dei modelli per la gestione delle scorte. Essa è definita attraverso la seguente funzione:

$$f(x) = \frac{1}{\sqrt{2\pi}\sigma} e^{-\frac{1}{2}\left(\frac{x-\mu}{\sigma}\right)^2}$$

Il valore medio e la varianza di una variabile aleatoria x avente densità di probabilità normale sono rispettivamente:

$$E(x) = \int_{-\infty}^{+\infty} x \cdot \frac{1}{\sqrt{2\pi}\sigma} e^{-\frac{1}{2}\left(\frac{x-\mu}{\sigma}\right)^2} dx = \mu$$

$$V(x) = \int_{-\infty}^{+\infty} (x-\mu)^2 \cdot \frac{1}{\sqrt{2\pi}\sigma} e^{-\frac{1}{2}\left(\frac{x-\mu}{\sigma}\right)^2} dx = \sigma^2$$

La densità di probabilità Normale ha la forma di una campana simmetrica (si veda la Figura 60). Il valor medio μ corrisponde al valore in ascissa in cui è posizionato l'asse di simmetria, mentre la deviazione standard σ, pari alla radice quadrata della varianza, è pari alla distanza tra l'asse di simmetria ed i punti di flesso della campana.

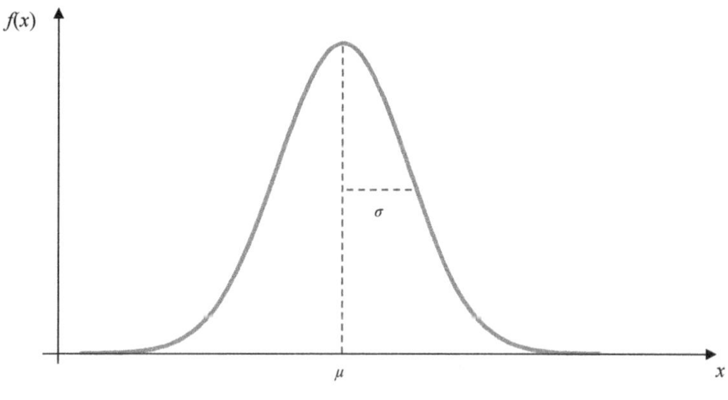

Figura 60. Densità di probabilità Normale con valor medio μ e dev. standard σ.

Le probabilità che la variabile x si trovi all'interno di un intervallo centrato attorno al valor medio μ, di semi-ampiezza rispettivamente pari a σ, 2σ, 3σ sono:

$$P\{\ \mu-\sigma \le x \le \mu+\sigma\ \} \cong 68\%$$
$$P\{\ \mu-2\cdot\sigma \le x \le \mu+2\cdot\sigma\ \} \cong 95\%$$
$$P\{\ \mu-3\cdot\sigma \le x \le \mu+3\cdot\sigma\ \} \cong 99\%$$

Densità di probabilità Normale Standardizzata o Unitaria.

Un caso importante della densità di probabilità normale è quello in cui il valor medio è nullo, e la deviazione standard è unitaria. In questo caso la densità di probabilità prende il nome di densità normale standardizzata o unitaria, ed è dunque esprimibile attraverso la formula:

$$f_u(x) = \frac{1}{\sqrt{2\pi}} e^{-\frac{1}{2}x^2}$$

La cumulata della densità di probabilità normale standardizzata viene indicata con $F_u(x)$, e rappresenta la probabilità che la variabile aleatoria assuma un valore compreso tra $-\infty$ e x:

$$F_u(x) = \int_{-\infty}^{x} f_u(u)du$$

Il complemento a uno della cumulata della densità di probabilità normale standardizzata viene indicata con $P_u(x)$, e rappresenta la probabilità che la variabile aleatoria x assuma valori tra x e $+\infty$:

$$P_u(x) = 1 - F_u(x) = \int_{x}^{+\infty} f_u(u)du$$

$F_u(x)$ e $P_u(x)$ sono quindi pari rispettivamete all'area sottesa dalla curva prima e dopo il valore x in Figura 61.

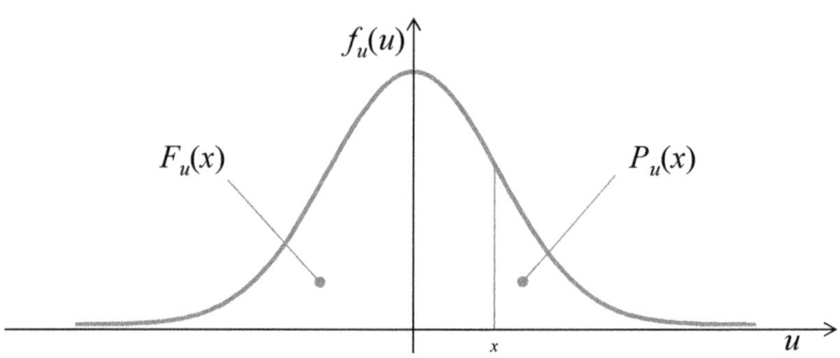

Figura 61. Cumulata della funzione densità di probabilità normale e suo complemeto a uno..

Altre funzioni di interesse per i modelli di gestione delle scorte che fanno uso della densità di probabilità normale standardizzata sono:

$$G_u(x) = \int_{x}^{+\infty} (u - x) f_u(u)du$$

$$H_u(x) = \int_{x}^{+\infty} G_u(u)du$$

Le funzioni $P_u(x)$, $G_u(x)$ e $H_u(x)$, che richiedono il calcolo numerico per la determinazione dell'integrale, sono tabulate in Appendice.

Riferire qualsiasi densità di probabilità Normale a quella Standardizzata

Per calcolare la probabilità che una variabile distribuita normalmente assuma valori maggiori o uguali ad un certo valore s, occorre calcolare:

$$P\{x \geq s\} = \int_s^{+\infty} f(x)dx = \int_s^{+\infty} \frac{1}{\sqrt{2\pi}\sigma} e^{-\frac{1}{2}\left(\frac{x-\mu}{\sigma}\right)^2} dx \qquad (7.98)$$

Tale quantità rappresenta l'area sottesa dalla curva a partire dal punto s in poi.

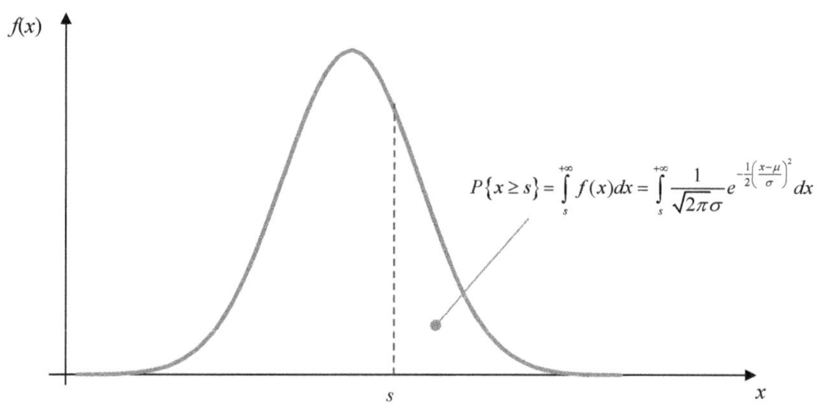

Figura 62. Probabilità che una variabile x assuma valori maggiori o uguali ad s.

Non esistendo la primitiva della funzione $f(x)$, l'integrale andrebbe calcolato numericamente. Per evitare il calcolo numerico ogni volta che abbiamo una distribuzione di probabilità normale con un certo valor medio e una certa varianza, è possibile riferirsi all'integrale calcolato numericamente per la densità di probabilità normale standardizzata, che si trova tabulato in Appendice. Operando infatti la seguente sostituzione nella (7.98):

$$u = \frac{x-\mu}{\sigma}$$

e osservando che $du/dx = \sigma$, è possibile scrivere:

$$P\{x \geq s\} = \int_s^{+\infty} \frac{1}{\sqrt{2\pi}\sigma} e^{-\frac{1}{2}\left(\frac{x-\mu}{\sigma}\right)^2} dx = \int_{\frac{s-\mu}{\sigma}}^{+\infty} \frac{1}{\sqrt{2\pi}\sigma} e^{-\frac{1}{2}u^2} \sigma du = \int_{\frac{s-\mu}{\sigma}}^{+\infty} \frac{1}{\sqrt{2\pi}} e^{-\frac{1}{2}u^2} du = \int_{\frac{s-\mu}{\sigma}}^{+\infty} f_u(u)du$$

Ciò significa che l'area sottesa dalla curva $f(x)$ dal punto s in poi (Figura 62), equivale all'area sottesa dalla curva $f_u(x)$ dal punto $x=(s-\mu)/\sigma$ in poi. Come detto, il vantaggio sta nel fatto che l'integrale della $f_u(x)$ a partire dal generico punto x è già stato calcolato numericamente ed è pari a $P_u(x)$, funzione che si trova tabulata in appendice.

$$P\{x \geq s\} = \int_{\frac{s-\mu}{\sigma}}^{+\infty} f_u(u)du = P_u\left(\frac{s-\mu}{\sigma}\right)$$

Proprietà delle funzioni della gaussiana standardizzata

Nel seguito si forniscono le dimostrazioni di alcune formule relative a funzioni della densità di probabilità normale standardizzata utilizzate nel testo:

1) $f_u'(x) = -x \cdot f_u(x)$ (7.99)

DIM:

$$f_u'(x)=\frac{d}{dx}\left(\frac{1}{\sqrt{2\pi}}e^{-\frac{x^2}{2}}\right)=-\frac{2x}{2}\left(\frac{1}{\sqrt{2\pi}}e^{-\frac{x^2}{2}}\right)=-x\left(\frac{1}{\sqrt{2\pi}}e^{-\frac{x^2}{2}}\right)=-x\cdot f_u(x)$$

2) $F_u'(x)=f_u(x)=-P_u'(x)$ (segue immediatamente dalla definizione) (7.100)

3) $G_u(x)=f_u(x)-x\cdot P_u(x)=f_u(x)-x\cdot(1-F_u(x))$ (7.101)

DIM: dalla (7.99)

$$\int_x^\infty u\cdot f_u(u)du=\left[-f_u(u)\right]_x^\infty=-\left[\lim_{u\to\infty}f_u(u)-f_u(x)\right]=f_u(x) \qquad (7.102)$$

applicando la (7.102) alla definizione di $G_u(x)$ si ottiene:

$$G_u(x)=\int_x^\infty(u-x)f_u(u)du=\int_x^\infty u\cdot f_u(u)du-x\int_x^\infty f_u(u)du=f_u(x)-x\cdot P_u(x)$$

4) $G_u'(x)=-P_u(x)=F_u(x)-1$ (7.103)

DIM: dalla (7.101)

$$G_u'(x)=f_u'(x)-P_u(x)-x\cdot P_u'(x)$$

utilizzando la (7.99) e la (7.100):

$$G_u'(x)=-x\cdot f_u(x)-P_u(x)+x\cdot f_u(x)=-P_u(x)$$

5) $H_u(x)=\frac{1}{2}\left[\left(x^2+1\right)P_u(x)-x\cdot f_u(x)\right]$ (7.104)

DIM:

$$H_u(x)=\int_x^\infty G_u(u)\cdot du=\int_x^\infty[f_u(u)-u\cdot P_u(u)]\cdot du=$$

$$=\int_x^\infty f_u(u)du-\int_x^\infty u\cdot P_u(u)du=P_u(x)-\int_x^\infty u\cdot P_u(u)du \qquad (7.105)$$

Si ha che, utilizzando la relazione $f_u(x)=-P_u(x)$, ed integrando per parti:

$$\int_x^\infty u\cdot P_u(u)du=\frac{1}{2}x^2P_u(x)+\frac{1}{2}\int_x^\infty u^2\cdot f(u)du \qquad (7.106)$$

Ricordando che $f_u'(x)=-x\cdot f_u(x)$, possiamo scrivere:

$$\frac{1}{2}\int_x^{\infty} u^2 \cdot f_u(u)du = \frac{1}{2}\int_x^{\infty} u \cdot f_u'(u)du$$

Integrando di nuovo per parti:

$$\frac{1}{2}\int_x^{\infty} u \cdot f_u'(u)du = \frac{1}{2}\left[x \cdot f_u(x) + \int_x^{\infty} f_u(u)du\right] = \frac{1}{2}\left[x \cdot f_u(x) + P_u(x)\right]$$

e quindi, sostituendo l'espressione appena ottenuta nella (7.106):

$$\int_x^{\infty} u \cdot P_u(u)du = \frac{1}{2}x^2 P_u(x) + \frac{1}{2}\left[xf_u(x) + P_u(x)\right].$$

Dunque, riprendendo la (7.105):

$$H_u(x) = \int_x^{\infty} G_u(u) \cdot du = P_u(x) - \left\{\frac{1}{2}x^2 P_u(x) + \frac{1}{2}\left[x \cdot f_u(x) + P_u(x)\right]\right\} =$$

$$= \frac{1}{2}\left[\left(x^2+1\right)P_u(x) - x \cdot f_u(x)\right].$$

6) $H_u(x) = \int_x^{\infty} G_u(u) \cdot du = \int_x^{\infty} (u-x) \cdot P_u(u) \cdot du$ (7.107)

DIM:

$$\int_x^{\infty} (u-x) \cdot P_u(u) \cdot du = \int_x^{\infty} u \cdot P_u(u) \cdot du - x\int_x^{\infty} P_u(u) \cdot du \qquad (7.108)$$

Ricordando dalla (7.103) che $G_u'(u) = -P_u(u)$, ed integrando per parti:

$$\int_x^{\infty} u \cdot P_u(u) \cdot du = \int_x^{\infty} G_u(u) \cdot du - \frac{d}{du}\int_x^{\infty} u \cdot G_u(u) \cdot du$$

$$\Rightarrow \int_x^{\infty} u \cdot P_u(u) \cdot du = \int_x^{\infty} G_u(u) \cdot du + x \cdot G_u(x). \qquad (7.109)$$

Inoltre:

$$-x\int_x^{\infty} P_u(u) \cdot du = -x \cdot G_u(x) \qquad (7.110)$$

Utilizzando la (7.109) e la (7.110) nella (7.108) otterremo:

$$\int_x^{\infty} (u-x) \cdot P_u(u) \cdot du = \int_x^{\infty} G_u(u) \cdot du + x \cdot G_u(x) - x \cdot G_u(x)$$

$$\Rightarrow \int_x^{\infty} (u-x) \cdot P_u(u) \cdot du = \int_x^{\infty} G_u(u) \cdot du = H_u(x)$$

Grafici e valori delle funzioni della Normale Standardizzata

$$f_u(x) = \frac{1}{\sqrt{2\pi}} e^{-\frac{1}{2}x^2}$$

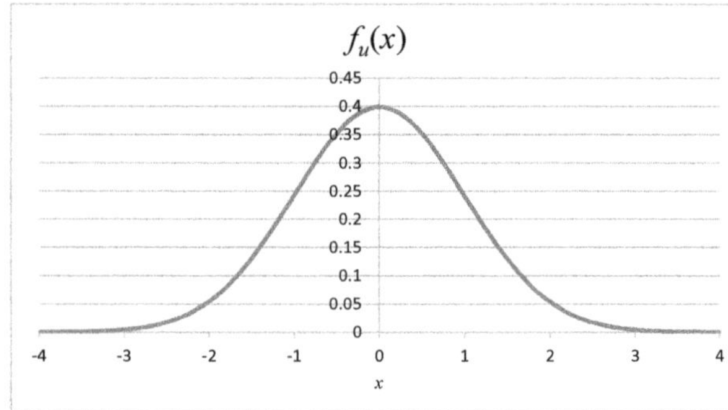

$$F_u(x) = \int_{-\infty}^{x} f_u(u)du$$

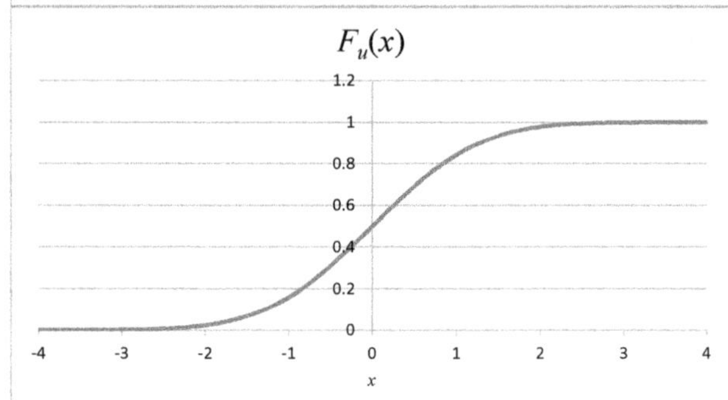

$$P_u(x) = 1 - F_u(x) = \int_{x}^{+\infty} f_u(u)du$$

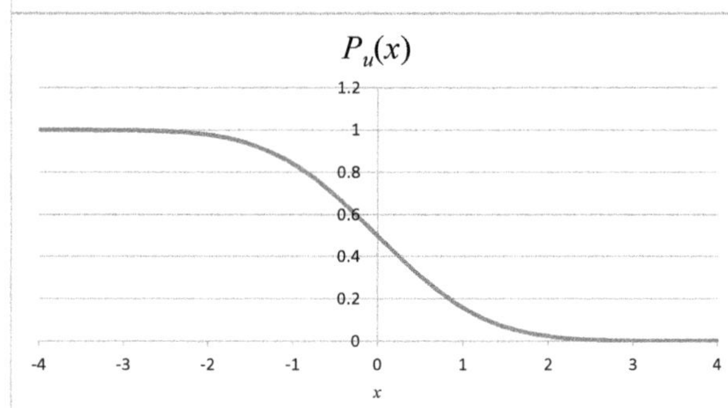

$$G_u(x) = \int_{x}^{+\infty} (u-x) f_u(u)du$$

$$= f_u(x) - x \cdot P_u(x)$$

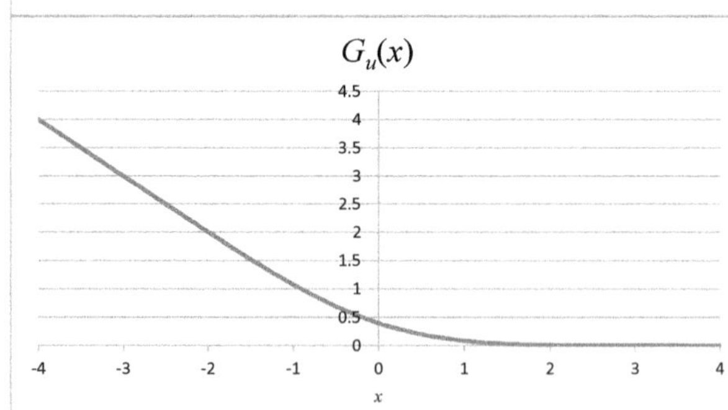

$$H_u(x) = \int_{x}^{+\infty} G_u(u)du$$

$$= \int_{x}^{\infty} (u-x) \cdot P_u(u) \cdot du$$

$$= \frac{1}{2}\left[\left(x^2+1\right)P_u(x) - x \cdot f_u(x)\right]$$

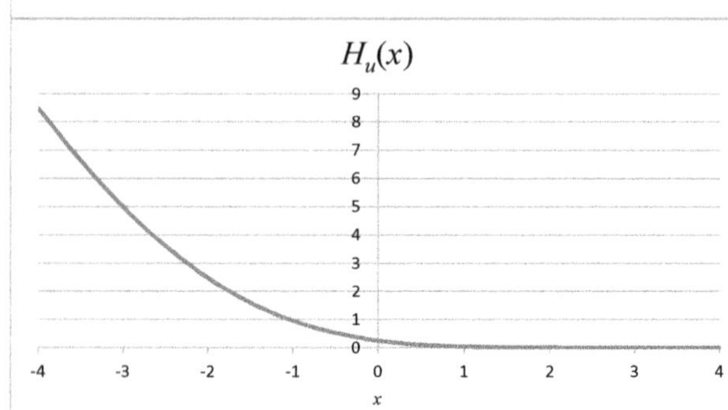

k	$f_u(k)$	$P_u(k)$	$G_u(k)$	$H_u(k)$
0	0,3989	0,5000	0,3989	0,2500
0,01	0,3989	0,4960	0,3940	0,2460
0,02	0,3989	0,4920	0,3890	0,2421
0,03	0,3988	0,4880	0,3841	0,2383
0,04	0,3986	0,4840	0,3793	0,2344
0,05	0,3984	0,4801	0,3744	0,2307
0,06	0,3982	0,4761	0,3697	0,2269
0,07	0,3980	0,4721	0,3649	0,2233
0,08	0,3977	0,4681	0,3602	0,2197
0,09	0,3973	0,4641	0,3556	0,2161
0,1	0,3970	0,4602	0,3509	0,2125
0,11	0,3965	0,4562	0,3464	0,2091
0,12	0,3961	0,4522	0,3418	0,2056
0,13	0,3956	0,4483	0,3373	0,2022
0,14	0,3951	0,4443	0,3328	0,1989
0,15	0,3945	0,4404	0,3284	0,1956
0,16	0,3939	0,4364	0,3240	0,1923
0,17	0,3932	0,4325	0,3197	0,1891
0,18	0,3925	0,4286	0,3154	0,1859
0,19	0,3918	0,4247	0,3111	0,1828
0,2	0,3910	0,4207	0,3069	0,1797
0,21	0,3902	0,4168	0,3027	0,1766
0,22	0,3894	0,4129	0,2986	0,1736
0,23	0,3885	0,4090	0,2944	0,1707
0,24	0,3876	0,4052	0,2904	0,1677
0,25	0,3867	0,4013	0,2863	0,1649
0,26	0,3857	0,3974	0,2824	0,1620
0,27	0,3847	0,3936	0,2784	0,1592
0,28	0,3836	0,3897	0,2745	0,1564
0,29	0,3825	0,3859	0,2706	0,1537
0,3	0,3814	0,3821	0,2668	0,1510
0,31	0,3802	0,3783	0,2630	0,1484
0,32	0,3790	0,3745	0,2592	0,1458
0,33	0,3778	0,3707	0,2555	0,1432
0,34	0,3765	0,3669	0,2518	0,1407
0,35	0,3752	0,3632	0,2481	0,1382
0,36	0,3739	0,3594	0,2445	0,1357
0,37	0,3725	0,3557	0,2409	0,1333
0,38	0,3712	0,3520	0,2374	0,1309
0,39	0,3697	0,3483	0,2339	0,1285
0,4	0,3683	0,3446	0,2304	0,1262
0,41	0,3668	0,3409	0,2270	0,1239
0,42	0,3653	0,3372	0,2236	0,1217
0,43	0,3637	0,3336	0,2203	0,1194
0,44	0,3621	0,3300	0,2169	0,1173
0,45	0,3605	0,3264	0,2137	0,1151
0,46	0,3589	0,3228	0,2104	0,1130
0,47	0,3572	0,3192	0,2072	0,1109
0,48	0,3555	0,3156	0,2040	0,1088
0,49	0,3538	0,3121	0,2009	0,1068
0,5	0,3521	0,3085	0,1978	0,1048
0,51	0,3503	0,3050	0,1947	0,1029
0,52	0,3485	0,3015	0,1917	0,1009

k	$f_u(k)$	$P_u(k)$	$G_u(k)$	$H_u(k)$
0,53	0,3467	0,2981	0,1887	0,0990
0,54	0,3448	0,2946	0,1857	0,0972
0,55	0,3429	0,2912	0,1828	0,0953
0,56	0,3410	0,2877	0,1799	0,0935
0,57	0,3391	0,2843	0,1771	0,0917
0,58	0,3372	0,2810	0,1742	0,0900
0,59	0,3352	0,2776	0,1714	0,0882
0,6	0,3332	0,2743	0,1687	0,0865
0,61	0,3312	0,2709	0,1659	0,0849
0,62	0,3292	0,2676	0,1633	0,0832
0,63	0,3271	0,2643	0,1606	0,0816
0,64	0,3251	0,2611	0,1580	0,0800
0,65	0,3230	0,2578	0,1554	0,0784
0,66	0,3209	0,2546	0,1528	0,0769
0,67	0,3187	0,2514	0,1503	0,0754
0,68	0,3166	0,2483	0,1478	0,0739
0,69	0,3144	0,2451	0,1453	0,0724
0,7	0,3123	0,2420	0,1429	0,0710
0,71	0,3101	0,2389	0,1405	0,0696
0,72	0,3079	0,2358	0,1381	0,0682
0,73	0,3056	0,2327	0,1358	0,0668
0,74	0,3034	0,2296	0,1334	0,0654
0,75	0,3011	0,2266	0,1312	0,0641
0,76	0,2989	0,2236	0,1289	0,0628
0,77	0,2966	0,2206	0,1267	0,0615
0,78	0,2943	0,2177	0,1245	0,0603
0,79	0,2920	0,2148	0,1223	0,0591
0,8	0,2897	0,2119	0,1202	0,0578
0,81	0,2874	0,2090	0,1181	0,0567
0,82	0,2850	0,2061	0,1160	0,0555
0,83	0,2827	0,2033	0,1140	0,0543
0,84	0,2803	0,2005	0,1120	0,0532
0,85	0,2780	0,1977	0,1100	0,0521
0,86	0,2756	0,1949	0,1080	0,0510
0,87	0,2732	0,1922	0,1061	0,0499
0,88	0,2709	0,1894	0,1042	0,0489
0,89	0,2685	0,1867	0,1023	0,0478
0,9	0,2661	0,1841	0,1004	0,0468
0,91	0,2637	0,1814	0,09860	0,04584
0,92	0,2613	0,1788	0,09680	0,04486
0,93	0,2589	0,1762	0,09503	0,04390
0,94	0,2565	0,1736	0,09328	0,04296
0,95	0,2541	0,1711	0,09156	0,04204
0,96	0,2516	0,1685	0,08986	0,04113
0,97	0,2492	0,1660	0,08819	0,04024
0,98	0,2468	0,1635	0,08654	0,03937
0,99	0,2444	0,1611	0,08491	0,03851
1	0,2420	0,1587	0,08332	0,03767
1,01	0,2396	0,1562	0,08174	0,03684
1,02	0,2371	0,1539	0,08019	0,03603
1,03	0,2347	0,1515	0,07866	0,03524
1,04	0,2323	0,1492	0,07716	0,03446
1,05	0,2299	0,1469	0,07568	0,03370

k	$f_u(k)$	$P_u(k)$	$G_u(k)$	$H_u(k)$
1,06	0,2275	0,1446	0,07422	0,03295
1,07	0,2251	0,1423	0,07279	0,03221
1,08	0,2227	0,1401	0,07138	0,03149
1,09	0,2203	0,1379	0,06999	0,03079
1,1	0,2179	0,1357	0,06862	0,03009
1,11	0,2155	0,1335	0,06727	0,02941
1,12	0,2131	0,1314	0,06595	0,02875
1,13	0,2107	0,1292	0,06465	0,02809
1,14	0,2083	0,1271	0,06336	0,02745
1,15	0,2059	0,1251	0,06210	0,02683
1,16	0,2036	0,1230	0,06086	0,02621
1,17	0,2012	0,1210	0,05964	0,02561
1,18	0,1989	0,1190	0,05844	0,02502
1,19	0,1965	0,1170	0,05726	0,02444
1,2	0,1942	0,1151	0,05610	0,02387
1,21	0,1919	0,1131	0,05496	0,02332
1,22	0,1895	0,1112	0,05384	0,02277
1,23	0,1872	0,1093	0,05274	0,02224
1,24	0,1849	0,1075	0,05165	0,02172
1,25	0,1826	0,1056	0,05059	0,02121
1,26	0,1804	0,1038	0,04954	0,02071
1,27	0,1781	0,1020	0,04851	0,02022
1,28	0,1758	0,1003	0,04750	0,01974
1,29	0,1736	0,0985	0,04650	0,01927
1,3	0,1714	0,0968	0,04553	0,01881
1,31	0,1691	0,0951	0,04457	0,01836
1,32	0,1669	0,0934	0,04363	0,01792
1,33	0,1647	0,0918	0,04270	0,01748
1,34	0,1626	0,0901	0,04179	0,01706
1,35	0,1604	0,0885	0,04090	0,01665
1,36	0,1582	0,0869	0,04002	0,01624
1,37	0,1561	0,0853	0,03916	0,01585
1,38	0,1539	0,0838	0,03831	0,01546
1,39	0,1518	0,0823	0,03748	0,01508
1,4	0,14973	0,08076	0,03667	0,01471
1,41	0,14764	0,07927	0,03587	0,01435
1,42	0,14556	0,07780	0,03508	0,01399
1,43	0,14350	0,07636	0,03431	0,01365
1,44	0,14146	0,07493	0,03356	0,01331
1,45	0,13943	0,07353	0,03281	0,01298
1,46	0,13742	0,07215	0,03208	0,01265
1,47	0,13542	0,07078	0,03137	0,01233
1,48	0,13344	0,06944	0,03067	0,01202
1,49	0,13147	0,06811	0,02998	0,01172
1,5	0,12952	0,06681	0,02931	0,01142
1,51	0,12758	0,06552	0,02865	0,01113
1,52	0,12566	0,06426	0,02800	0,01085
1,53	0,12376	0,06301	0,02736	0,01057
1,54	0,12188	0,06178	0,02674	0,01030
1,55	0,12001	0,06057	0,02612	0,01004
1,56	0,11816	0,05938	0,02552	0,00978
1,57	0,11632	0,05821	0,02494	0,00953
1,58	0,11450	0,05705	0,02436	0,00928

k	$f_u(k)$	$P_u(k)$	$G_u(k)$	$H_u(k)$
1,59	0,11270	0,05592	0,02380	0,00904
1,6	0,11092	0,05480	0,02324	0,00881
1,61	0,10915	0,05370	0,02270	0,00858
1,62	0,10741	0,05262	0,02217	0,00835
1,63	0,10567	0,05155	0,02165	0,00813
1,64	0,10396	0,05050	0,02114	0,00792
1,65	0,10226	0,04947	0,02064	0,00771
1,66	0,10059	0,04846	0,02015	0,00751
1,67	0,09893	0,04746	0,01967	0,00731
1,68	0,09728	0,04648	0,01920	0,00711
1,69	0,09566	0,04551	0,01874	0,00692
1,7	0,09405	0,04457	0,01829	0,00674
1,71	0,09246	0,04363	0,01785	0,00656
1,72	0,09089	0,04272	0,01742	0,00638
1,73	0,08933	0,04182	0,01699	0,00621
1,74	0,08780	0,04093	0,01658	0,00604
1,75	0,08628	0,04006	0,01617	0,00588
1,76	0,08478	0,03920	0,01578	0,00572
1,77	0,08329	0,03836	0,01539	0,00556
1,78	0,08183	0,03754	0,01501	0,00541
1,79	0,08038	0,03673	0,01464	0,00526
1,8	0,07895	0,03593	0,01428	0,00512
1,81	0,07754	0,03515	0,01392	0,00498
1,82	0,07614	0,03438	0,01357	0,00484
1,83	0,07477	0,03362	0,01323	0,00470
1,84	0,07341	0,03288	0,01290	0,00457
1,85	0,07206	0,03216	0,01257	0,00445
1,86	0,07074	0,03144	0,01226	0,00432
1,87	0,06943	0,03074	0,01195	0,00420
1,88	0,06814	0,03005	0,01164	0,00408
1,89	0,06687	0,02938	0,01134	0,00397
1,9	0,06562	0,02872	0,01105	0,00386
1,91	0,06438	0,02807	0,01077	0,00375
1,92	0,06316	0,02743	0,01049	0,00364
1,93	0,06195	0,02680	0,01022	0,00354
1,94	0,06077	0,02619	0,009957	0,003437
1,95	0,05959	0,02559	0,009698	0,003338
1,96	0,05844	0,02500	0,009445	0,003243
1,97	0,05730	0,02442	0,009198	0,003150
1,98	0,05618	0,02385	0,008957	0,003059
1,99	0,05508	0,02330	0,008721	0,002970
2	0,05399	0,02275	0,008491	0,002884
2,01	0,05292	0,02222	0,008266	0,002801
2,02	0,05186	0,02169	0,008046	0,002719
2,03	0,05082	0,02118	0,007832	0,002640
2,04	0,04980	0,02068	0,007623	0,002562
2,05	0,04879	0,02018	0,007418	0,002487
2,06	0,04780	0,01970	0,007219	0,002414
2,07	0,04682	0,01923	0,007024	0,002343
2,08	0,04586	0,01876	0,006835	0,002273
2,09	0,04491	0,01831	0,006649	0,002206
2,1	0,04398	0,01786	0,006468	0,002140
2,11	0,04307	0,01743	0,006292	0,002077

k	$f_u(k)$	$P_u(k)$	$G_u(k)$	$H_u(k)$
2,12	0,04217	0,01700	0,006120	0,002015
2,13	0,04128	0,01659	0,005952	0,001954
2,14	0,04041	0,01618	0,005788	0,001896
2,15	0,03955	0,01578	0,005628	0,001839
2,16	0,03871	0,01539	0,005472	0,001783
2,17	0,03788	0,01500	0,005320	0,001729
2,18	0,03706	0,01463	0,005172	0,001677
2,19	0,03626	0,01426	0,005028	0,001626
2,2	0,03547	0,01390	0,004887	0,001576
2,21	0,03470	0,01355	0,004750	0,001528
2,22	0,03394	0,01321	0,004616	0,001481
2,23	0,03319	0,01287	0,004486	0,001436
2,24	0,03246	0,01255	0,004358	0,001391
2,25	0,03174	0,01222	0,004235	0,001348
2,26	0,03103	0,01191	0,004114	0,001307
2,27	0,03034	0,01160	0,003996	0,001266
2,28	0,02965	0,01130	0,003882	0,001227
2,29	0,02898	0,01101	0,003770	0,001188
2,3	0,02833	0,01072	0,003662	0,001151
2,31	0,02768	0,01044	0,003556	0,001115
2,32	0,02705	0,01017	0,003453	0,001080
2,33	0,02643	0,009903	0,003352	0,001046
2,34	0,02582	0,009642	0,003255	0,001013
2,35	0,02522	0,009387	0,003159	0,000981
2,36	0,02463	0,009137	0,003067	0,000950
2,37	0,02406	0,008894	0,002977	0,000920
2,38	0,02349	0,008656	0,002889	0,000890
2,39	0,02294	0,008424	0,002804	0,000862
2,4	0,02239	0,008198	0,002720	0,000834
2,41	0,02186	0,007976	0,002640	0,000807
2,42	0,02134	0,007760	0,002561	0,000781
2,43	0,02083	0,007549	0,002484	0,000756
2,44	0,02033	0,007344	0,002410	0,000732
2,45	0,01984	0,007143	0,002337	0,000708
2,46	0,01936	0,006947	0,002267	0,000685
2,47	0,01888	0,006756	0,002199	0,000663
2,48	0,01842	0,006569	0,002132	0,000641
2,49	0,01797	0,006387	0,002067	0,000620
2,5	0,01753	0,006210	0,002004	0,000600
2,51	0,01709	0,006037	0,001943	0,000580
2,52	0,01667	0,005868	0,001883	0,000561
2,53	0,01625	0,005703	0,001826	0,000542
2,54	0,01585	0,005543	0,001769	0,000524
2,55	0,01545	0,005386	0,001715	0,000507
2,56	0,01506	0,005234	0,001662	0,000490
2,57	0,01468	0,005085	0,001610	0,000474
2,58	0,01431	0,004940	0,001560	0,000458
2,59	0,01394	0,004799	0,001511	0,000442
2,6	0,01358	0,004661	0,001464	0,000428
2,61	0,01323	0,004527	0,001418	0,000413
2,62	0,01289	0,004396	0,001373	0,000399
2,63	0,01256	0,004269	0,001330	0,000386
2,64	0,01223	0,004145	0,001288	0,000373

k	$f_u(k)$	$P_u(k)$	$G_u(k)$	$H_u(k)$
2,65	0,01191	0,004025	0,001247	0,000360
2,66	0,01160	0,003907	0,001207	0,000348
2,67	0,01130	0,003793	0,001169	0,000336
2,68	0,01100	0,003681	0,001132	0,000324
2,69	0,01071	0,003573	0,001095	0,000313
2,7	0,01042	0,003467	0,001060	0,000302
2,71	0,01014	0,003364	0,001026	0,000292
2,72	0,00987	0,003264	0,000993	0,000282
2,73	0,00961	0,003167	0,000961	0,000272
2,74	0,00935	0,003072	0,000929	0,000263
2,75	0,00909	0,002980	0,000899	0,000253
2,76	0,00885	0,002890	0,000870	0,000245
2,77	0,00861	0,002803	0,000841	0,000236
2,78	0,00837	0,002718	0,000814	0,000228
2,79	0,00814	0,002635	0,000787	0,000220
2,8	0,007915	0,002555	0,0007611	0,0002120
2,81	0,007697	0,002477	0,0007359	0,0002046
2,82	0,007483	0,002401	0,0007115	0,0001973
2,83	0,007274	0,002327	0,0006879	0,0001903
2,84	0,007071	0,002256	0,0006650	0,0001836
2,85	0,006873	0,002186	0,0006428	0,0001770
2,86	0,006679	0,002118	0,0006213	0,0001707
2,87	0,006491	0,002052	0,0006004	0,0001646
2,88	0,006307	0,001988	0,0005802	0,0001587
2,89	0,006127	0,001926	0,0005606	0,0001530
2,9	0,005953	0,001866	0,0005417	0,0001475
2,91	0,005782	0,001807	0,0005233	0,0001422
2,92	0,005616	0,001750	0,0005055	0,0001370
2,93	0,005454	0,001695	0,0004883	0,0001320
2,94	0,005296	0,001641	0,0004716	0,0001272
2,95	0,005143	0,001589	0,0004555	0,0001226
2,96	0,004993	0,001538	0,0004398	0,0001181
2,97	0,004847	0,001489	0,0004247	0,0001138
2,98	0,004705	0,001441	0,0004101	0,0001096
2,99	0,004567	0,001395	0,0003959	0,0001056
3	0,004432	0,001350	0,0003822	0,0001017
3,01	0,004301	0,001306	0,0003689	0,0000980
3,02	0,004173	0,001264	0,0003560	0,0000943
3,03	0,004049	0,001223	0,0003436	0,0000908
3,04	0,003928	0,001183	0,0003316	0,0000875
3,05	0,003810	0,001144	0,0003199	0,0000842
3,06	0,003695	0,001107	0,0003087	0,0000811
3,07	0,003584	0,001070	0,0002978	0,0000780
3,08	0,003475	0,001035	0,0002873	0,0000751
3,09	0,003370	0,001001	0,0002771	0,0000723
3,1	0,003267	0,0009676	0,0002672	0,0000696
3,11	0,003167	0,0009354	0,0002577	0,0000669
3,12	0,003070	0,0009043	0,0002485	0,0000644
3,13	0,002975	0,0008740	0,0002396	0,0000620
3,14	0,002884	0,0008447	0,0002311	0,0000596
3,15	0,002794	0,0008164	0,0002227	0,0000573
3,16	0,002707	0,0007888	0,0002147	0,0000552
3,17	0,002623	0,0007622	0,0002070	0,0000531

k	$f_u(k)$	$P_u(k)$	$G_u(k)$	$H_u(k)$
3,18	0,002541	0,0007364	0,0001995	0,0000510
3,19	0,002461	0,0007114	0,0001922	0,0000491
3,2	0,002384	0,0006871	0,0001852	0,0000472
3,21	0,002309	0,0006637	0,0001785	0,0000454
3,22	0,002236	0,0006410	0,0001720	0,0000436
3,23	0,002165	0,0006190	0,0001657	0,0000419
3,24	0,002096	0,0005976	0,0001596	0,0000403
3,25	0,002029	0,0005770	0,0001537	0,0000387
3,26	0,001964	0,0005571	0,0001480	0,0000372
3,27	0,001901	0,0005377	0,0001426	0,0000358
3,28	0,001840	0,0005190	0,0001373	0,0000344
3,29	0,001780	0,0005009	0,0001322	0,0000330
3,3	0,001723	0,0004834	0,0001273	0,0000317
3,31	0,001667	0,0004665	0,0001225	0,0000305
3,32	0,001612	0,0004501	0,0001179	0,0000293
3,33	0,001560	0,0004342	0,0001135	0,0000281
3,34	0,001508	0,0004189	0,0001093	0,0000270
3,35	0,001459	0,0004041	0,0001051	0,0000259
3,36	0,001411	0,0003897	0,0001012	0,0000249
3,37	0,001364	0,0003758	0,0000973	0,0000239
3,38	0,001319	0,0003624	0,0000937	0,0000229
3,39	0,001275	0,0003495	0,0000901	0,0000220
3,4	0,001232	0,0003369	0,0000867	0,0000211
3,41	0,001191	0,0003248	0,0000834	0,0000203
3,42	0,001151	0,0003131	0,0000802	0,0000195
3,43	0,001112	0,0003018	0,0000771	0,0000187
3,44	0,001075	0,0002909	0,0000741	0,0000179
3,45	0,001038	0,0002803	0,0000713	0,0000172
3,46	0,001003	0,0002701	0,0000685	0,0000165
3,47	0,000969	0,0002602	0,0000659	0,0000158
3,48	0,0009358	0,0002507	0,0000633	0,0000152
3,49	0,0009037	0,0002415	0,00006085	0,00001457
3,5	0,0008727	0,0002326	0,00005848	0,00001397
3,51	0,0008426	0,0002241	0,00005620	0,00001340
3,52	0,0008135	0,0002158	0,00005400	0,00001285
3,53	0,0007853	0,0002078	0,00005188	0,00001232
3,54	0,0007581	0,0002001	0,00004984	0,00001181
3,55	0,0007317	0,0001926	0,00004788	0,00001132
3,56	0,0007061	0,0001854	0,00004599	0,00001085
3,57	0,0006814	0,0001785	0,00004417	0,00001040
3,58	0,0006575	0,0001718	0,00004242	0,00000997
3,59	0,0006343	0,0001653	0,00004073	0,00000955
3,6	0,0006119	0,0001591	0,00003911	0,00000915
3,61	0,0005902	0,0001531	0,00003755	0,00000877
3,62	0,0005693	0,0001473	0,00003605	0,00000840
3,63	0,0005490	0,0001417	0,00003460	0,00000805
3,64	0,0005294	0,0001363	0,00003321	0,00000771
3,65	0,0005105	0,0001311	0,00003188	0,00000739
3,66	0,0004921	0,0001261	0,00003059	0,00000707
3,67	0,0004744	0,0001213	0,00002935	0,00000677
3,68	0,0004573	0,0001166	0,00002816	0,00000649
3,69	0,0004408	0,0001121	0,00002702	0,00000621
3,7	0,0004248	0,0001078	0,00002592	0,00000595

k	$f_u(k)$	$P_u(k)$	$G_u(k)$	$H_u(k)$
3,71	0,0004093	0,0001036	0,00002486	0,00000569
3,72	0,0003944	0,0000996	0,00002385	0,00000545
3,73	0,0003800	0,0000957	0,00002287	0,00000521
3,74	0,0003661	0,0000920	0,00002193	0,00000499
3,75	0,0003526	0,0000884	0,00002103	0,00000478
3,76	0,0003396	0,0000850	0,00002016	0,00000457
3,77	0,0003271	0,0000816	0,00001933	0,00000437
3,78	0,0003149	0,0000784	0,00001853	0,00000418
3,79	0,0003032	0,0000753	0,00001776	0,00000400
3,8	0,0002919	0,0000723	0,00001702	0,00000383
3,81	0,0002810	0,0000695	0,00001632	0,00000366
3,82	0,0002705	0,0000667	0,00001563	0,00000350
3,83	0,0002604	0,0000641	0,00001498	0,00000335
3,84	0,0002506	0,0000615	0,00001435	0,00000320
3,85	0,0002411	0,0000591	0,00001375	0,00000306
3,86	0,0002320	0,0000567	0,00001317	0,00000293
3,87	0,0002232	0,0000544	0,00001262	0,00000280
3,88	0,0002147	0,0000522	0,00001208	0,00000267
3,89	0,0002065	0,0000501	0,00001157	0,00000256
3,9	0,0001987	0,0000481	0,00001108	0,00000244
3,91	0,0001910	0,0000461	0,00001061	0,00000233
3,92	0,0001837	0,0000443	0,00001016	0,00000223
3,93	0,0001766	0,0000425	0,00000972	0,00000213
3,94	0,0001698	0,0000407	0,00000931	0,00000204
3,95	0,0001633	0,0000391	0,00000891	0,00000194
3,96	0,0001569	0,0000375	0,00000853	0,00000186
3,97	0,0001508	0,0000359	0,00000816	0,00000177
3,98	0,0001449	0,0000345	0,00000781	0,00000169
3,99	0,0001393	0,0000330	0,00000747	0,00000162
4	0,0001338	0,0000317	0,00000715	0,00000155

Bibliografia

Axsater, S. (2006). *Inventory control - Second Edition*. Springer.

Chopra, S. (2019). *Supply Chain Management - Strategy, Planning and Operation - 7th edition*. Pearson.

Dallari, F., & Marchet, G. (2000). *Casi applicativi di logistica*. Milano: Edizioni CUSL.

Muckstadt, J. A., & Sapra, A. (2010). Principles of Inventory Management: When you are down to four, order more. In *Springer Series in Operations Research and Financial Engineering*. Springer.

Montgomery, D. C., Runger, G. C. and Norma, F. H. (2001). *Engineering Statistics - 2nd edition*. John Wiley & Sons.

Nahmias, S. (2008). Production and Operation Analysis - Sixth Edition. In *McGraw-Hill/Irwin Series Operation and Decision Science*. McGraw-Hill.

Pareschi, A., Ferrari, E., Persona, A., & Regattieri, A. (2011). *Logistica Integrata e Flessibile*. Bologna: Esculapio.

Schiraldi, M. M. (2007). *La gestione delle scorte - Fondamenti e principi applicativi*. Napoli: Esselibri.

Sianesi, A. (2011). *La gestione del sistema di produzione pianificazione, programmazione, controllo, misura e miglioramento*. Milano: ETAS.

Silver, E. A., Pyke, D. F., & Peterson, R. (1998). *Inventory Management and Production Planning and Scheduling, Third Edition*. John Wiley & Sons.

Silver, E. A., Pyke, D. F., & Thomas, D. J. (2016). *Inventory and Production Management in Supply Chains*. CRC Press.

Weiers, R. M. (2008) *Introduction to Business Statistics - 6th edition*. Thomson South-Western.

Lightning Source UK Ltd.
Milton Keynes UK
UKHW031958290322
400807UK00005B/200

9 781684 743865